DYNAMIC HUMAN ANATOMY

动态人体结构

艺用人体解剖、姿势与动态解析

AN ARTIST'S GUIDE TO STRUCTURE, GESTURE, AND THE FIGURE IN MOTION

[美]罗伯特·奥斯提 著
魏 立 译

電子工業出版社
Publishing House of Electronics Industry
北京·BEIJING

Original title: DYNAMIC HUMAN ANATOMY: AN ARTIST'S GUIDE TO STRUCTURE, GESTURE, AND THE FIGURE IN MOTION © 2021 Roberto Osti and The Monacelli Press

This edition is published by Publishing House of Electronics Industry under licence from Phaidon Press Limited (of 2 Cooperage Yard, London, E15 2QR, UK) on behalf of The Monacelli Press, arranged through Chinese Connection Agency

本书英文版的简体中文翻译版权由 Phaidon 出版有限公司代表 Monacelli 出版社通过姚氏顾问社版权代理授予电子工业出版社。版权所有，未经版权方事先书面同意，不得以任何形式或任何方式复制本书的任何部分。

版权贸易合同登记号 图字：01-2022-5253

图书在版编目（CIP）数据

动态人体结构：艺用人体解剖、姿势与动态解析 /(美) 罗伯特·奥斯提 (Roberto Osti) 著；魏立译.
--北京：电子工业出版社，2022.12
书名原文: Dynamic human anatomy : an artist's guide to structure, gesture, and the figure in motion
ISBN 978-7-121-44433-3

Ⅰ.①动… Ⅱ.①罗… ②魏… Ⅲ.①人体结构 – 研究 Ⅳ.①Q983

中国版本图书馆CIP数据核字(2022)第193607号

责任编辑：张艳芳
印　　刷：北京盛通印刷股份有限公司
装　　订：北京盛通印刷股份有限公司
出版发行：电子工业出版社
　　　　　北京市海淀区万寿路173信箱　邮编：100036
开　　本：787×1092 1/12　印张：29　字数：626.4 千字
版　　次：2022 年 12 月第 1 版
印　　次：2022 年 12 月第 1 次印刷
定　　价：198.00 元

凡所购买电子工业出版社图书有缺损问题，请向购买书店调换。若书店售缺，请与本社发行部联系，联系及邮购电话：（010）88254888，88258888。
质量投诉请发邮件至zlts@phei.com.cn，盗版侵权举报请发邮件至dbqq@phei.com.cn。
本书咨询联系方式：（010）88254161 ~ 88254167转1897。

谨以此书纪念我挚爱的妻子，安吉拉·康拉德（Angela Conrad）

1966 年 8 月 17 日—2019 年 3 月 27 日

她是我的知己，她过早地离开了我们。

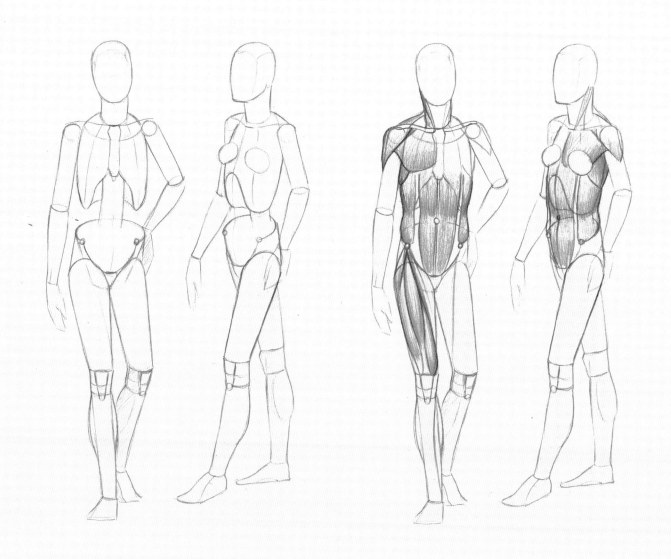

目 录

序

现在是一个时间碎片化、知识获取成本很低的时代，我们很难集中精力长时间关注一件事情。你完全可以从短视频或其他更快捷的渠道去获取艺用人体解剖的知识。但是，坦白地讲，碎片化地捕捉是一种效率很低的方式。什么才是最有效的途径？答案是：系统地学习加动手练习。看完这本书，你便会认可这一点。

冗长的文字对于视觉反馈更敏感的艺术爱好者而言是难以忍受的。所以，我用最简短的几段话向你说明这本书与其他一众艺用解剖图书的不同之处。

本书作者罗伯特·奥斯提（Roberto Osti）有一段鲜为人知的学习经历，他在意大利完成五年艺术学院的教育之后，又同时接受了专业的医学解剖和绘画训练。这在从事绘画甚至包括艺用解剖教学的专业教师中是非常罕见的。他的这段医学解剖训练的经历，使得这本书呈现的方法论和深度都有异于其他的解剖教程，其中对于人体各部位特别是肌肉组织的起始点的描述清晰、肯定，并且易于记忆。

奥斯提于2005年开始自己的艺用解剖学教学工作，目前同时在费城艺术大学、宾夕法尼亚美术学院和纽约艺术学院以及线上网站（Craftsy）担任教师职务，同时还从事插图师的工作。近年则开始结合自己深厚的解剖学绘画功力转向艺术创作。所以，可以说，本书作者同时也是一位真正的艺术家。

奥斯提对于人体各部位的概括和归纳是非常实用且易于掌握的。每一位研究艺用解剖学的作者都会总结出自己的人体结构模块公式，以便讲解和易于理解掌握。但不得不说的是，有很多归纳法是会让学习者头大的。

奥斯提归纳的人体结构中的模块形式，最大限度地提取了大多数人的比例公约数，简化到不能再简，同时又易于记忆。特别是他对运动中人体结构变化规律的研究，对于初学者非常有帮助。本书对各种运动姿态下的结构比例变化、各部分形体在动势条件中的特征和流线走向的规律，都有清晰明确的总结，并且，所有这些说明的图例都是作者自己亲手绘制的。

初学者普遍对人体解剖会有畏惧感，但按照奥斯提提供的步骤，不知不觉地跨过重重难关。这种循序渐进的课程设计和作业安排，体现在以下几步：首先，通过将人体各主要部位概括为几何形体以掌握基本比例和透视；然后，安排人体的骨骼结构以确定受力点和重心；最后，将肌肉按真实的人体构造附着在骨骼上，认识肌肉的层次与方向以及它们的运动牵引关系，进而掌握运动中肌肉的力度、表象与美感。

这种循序渐进的方式更直接的目的其实

是告诉初学者如何观察，如何获得主动理解人体各种形态的技能，并用这种方法扩展到我们对于整个物质世界的感知。当我们逐步掌握科学的解剖学理论和技法之后，做到烂熟于心，并能自觉地运用到艺术创作中，就不会只看到人体的局部或外在的表面形态，而是能看出相邻部位相互作用的特定形式，进而创作出生动的、有节奏的、更加和谐的作品。也就是说，要做到对人体艺术造型有很好的表现，起码要做到基本的两步：

1. 吃透人体解剖的特点；
2. 将解剖知识融汇到人体动态结构中并把它忘掉。

借用国画等级的分法：能、妙、神、逸四品，要使自己的作品达到能品的标准，需要熟练和深入地掌握解剖学的知识。但要达到妙品以上的境界，就要做到忘掉解剖才行。这也是奥斯提这本书的高明之处，他从来没有忘记强调：对解剖的理解应是为艺术创作服务的。

回到最初的问题，怎么才能快速、全面地掌握解剖学知识？本书的作者提供了一个简单有效的方法：准备一个专门用来学习人体解剖的素描本。在本书每一章的最后，都会有一系列关于章节内容的图例和重点提示，这些示例图都是作者亲手画的，你可以用这个素描本记录所有学习过的重点、感悟，特别是解剖图例练习。随着学习的深入，不断对自己之前遇到的难点、重点进行复盘，动手多画几遍，你会发现：深入掌握解剖学知识并没有想象中的那么困难。

俄罗斯列宾美术学院教授 雕塑家
李富军
2022 年 10 月

前言

在解剖学领域，众多的理论是具象艺术家创意不竭的源泉，是他们展现情感与智慧的媒介。绘画时，面对某一摆好姿势的人物，有的绘画者可能认为人物的形象不言自明，无须过多地探究；但在他人看来，尚有大量的信息等待挖掘，有些我们已了然于心，有些却知之甚少。身体形态之间是相互作用的，例如，肌肉的形态会随骨骼的运动而发生变化。当我们在摆出某一姿势时，体内的生态系统似乎被唤醒，相互联结，产生共鸣，渐渐平息，然后重新组合……为什么人体组织能够停留在结构如此复杂、看似摇摇欲坠却又摄人心魄的优美状态之中呢？如何看待这些构成人体但又制约着人体的未解之谜？为什么即使站在那里，人体也能有效地传递情感？而在工程师的眼里，保持某种姿势令人匪夷所思，难以置信。

怎样将解剖学知识转化为艺术的理解力？罗伯特·奥斯提用他卓越的洞察力揭开了谜底。基于他 2016 年的著作 *Basic Human Anatomy*，罗伯特又一次踏上探究之旅，探寻解剖构造更深的秘境。他挖掘历史上对人类形态的描述，阐明了机械解剖学与自然秩序之间巧妙的结合方式。随后，他分析了具有历史意义、持续发展、内涵丰富且不断演变的解剖学比例标准。他从当代美学体验出发，主张放弃使用静态网格绘制人体，提出整体绘制形体的方法。他的画作始终坚持动态比例关系的理念，因此，重构出的人体呈现出强烈的表现力。

本书反映了 21 世纪早期绘画教育所呈现的振奋人心的景象，在此期间，诸多原则得以重塑。以往的艺术教育常依赖现成的样本，这可能导致作品中的人体形态不和谐。如今，学习人物素描的学生埋首于画室之中，致力于精进画艺。他们明白，如果不能证明自己在绘画方面有不容置疑的天资，那么自己的艺术发展之路就岌岌可危了。罗伯特在此书中传授的知识内容丰富、实用性强，会得到这些学子们的认可和接受。

罗伯特的书会引起共鸣，成为证明美学与解剖学在新兴领域交织发展的试金石。追溯这种发展轨迹，本书将成为解读人体密码的工具，并激发更多的人探讨传统解剖学及生理学与艺术创作的关系。艺术家们一直以来在充满不确定性的领域间探索，拓展前沿，这使我相信这种充满想象与智慧的视角意义深远。罗伯特激发了这种潜力，正如这本书那样，通过画作，展现了人体真实的、诗意的美。

费城当代写实艺术中心美术学院院长
丹·汤普森（Dan Thompson）

引言

对于具象艺术家而言，取得成就的标志就是创作出卓越的艺术作品——传达生命力或表达内心情感的艺术作品。要获得这种技能不仅需要掌握绘画技巧，练习描绘生活中的人体形态，还要学会解读人体语言及意图：运动、力量、紧张或放松、友好或敌对，不一而足。

在教学中，我希望以精准、中立的方式为学生讲解人体解剖学和力学知识，而不在风格或美学方面影响他们的艺术创作，因为每位艺术家都要在艺术探索中发展个人的风格与审美。在我的人体解剖和人体绘画课上，学生们要学会先分析对象，进而再用"知情"的线条作画，而不是被动地模仿。

在本书中，我探索、解码、诠释并描述了人体形态表现出的无限的活力、表现力及美学特质。对人体绘画的解读也意味着定义人体在不同历史时期所代表的内容。数千年以来，人体艺术作品向我们诉说着过往文化的价值观念——正如我们在创作素描、绘画或雕塑作品时，也必须考虑当代的价值观一样，这样，艺术才能与所处的时代紧密结合。

本书的前两个章节旨在讨论古风时期、古典时期、希腊化时期的希腊艺术作品以及文艺复兴时期艺术作品的人体比例、解剖知识、文化价值观以及美学发展。第 3 章和第 4 章从运动、动态和比例和谐的角度研究解剖学和人体结构。我用的方法遵循了文艺复兴时期的传统，核心在于研究人体的界标和肌肉的起止点。肌肉与骨骼的连接是整体欣赏人体结构的关键，也是评估人体运动与美学关联的必要条件，这些概念将在第 5 章和第 6 章中讨论。第 7 章和第 8 章分别针对手部和头部，探讨二者的结构和表现特征。

每一章节都是探究审视与观察人体形态的一种具体方法。本书在帮助读者提升个人创造力和个人风格的同时，能使读者对于人体这个拥有无限可能的绘画对象，形成多方面的理解。第 9 章也沿用了这一方法，将各种绘画技巧与不同的人体概念分析相结合。掌握了这些知识，你就可以深入地"解读"人体形态，欣赏其迷人的复杂性，避免乏味、被动地模仿，创作出描绘精准、表达丰富、独具美感的艺术作品。

Ill.me et Exc.mo D.no Iacobo Boncompagno Arcis Præfecto, ingeniosi ac industriæ Fautori, Artiu nobiliu praxim, á Io. Straden Belga artificiosé expresa, Lauréti. Vaccarius D.D. Romæ Anno 1578.

第 1 章

艺用解剖学——
发展史

当此对页的版画问世时，人体解剖学成了艺术家的一门必修
课。人物画在绘画领域中占据主导地位，在此画作发表后的
几个世纪中依然如此。版画中的人物承载着美学与政治意义，
是历史、宗教叙事的核心，因此对于艺术家而言，深入了解
人体结构至关重要。在此对页的版画中，学生们似乎正运用
人物画的渐进画法进行创作。这一画法是由莱昂·巴蒂斯塔·阿
尔伯蒂（Leon Battista Alberti）在 20 世纪提出的，即先画骨骼，
再画肌肉、脂肪和皮肤，最后画衣服。

对页图：科内利斯·科特，仿史特拉丹奴斯，《艺术寓言》，
1578年， 版画，43.2cm×29.5cm，阿姆斯特丹国立博物馆，阿
姆斯特丹

此幅版画展现了 16 世纪艺术家在佛罗伦萨或罗马学院接受训练
的情形。雕塑、绘画、建筑和版画都在此时期涌现出来，解剖学
也是如此。忙于绘制站立骨架的学生年龄很小，从这一点可以判
断，解剖学似乎是绘画的基础——同时，可能也是所有其他艺
术的基础。值得注意的是，解剖学家（左中）正心无旁骛地准
备尸体，以便学生们进入人体研究的下一阶段。

本章探讨了解剖学知识在艺术创作中的基本作用：使作品逼真地讲述故事，激发情感并传递文化内涵。本章强调了准确绘制的人体形态，以及基于丰富的解剖学知识进行艺术性解读，讲解如何为艺术作品注入美学特质。

永恒的躯干

对人体的美学阐释有无限种可能，每一种阐释都源自其特定历史时期或艺术时期的文化价值。然而，有些艺术作品可以提供永恒的灵感来源，其中就包括对页中的《贝维德雷的躯干》以及群雕《拉奥孔和他的儿子们》（又称《拉奥孔群雕》）。这两个标志性的杰作历经几个世纪，仍被诸多艺术家重新解读。二者的共同之处不仅体现在极富戏剧性和表现力的姿态上，还体现在创作者对人体解剖学的深入了解中。在这些作品中，美学内涵通过解剖形态得以展现。

文艺复兴时期，《贝维德雷的躯干》和《拉奥孔群雕》被再次发现，成为后期许多艺术作品的灵感源泉。例如，米开朗基罗为西斯廷教堂创作的《最后的审判》中的耶稣和圣母玛利亚。在画作中，耶稣的躯干包括腿的位置，与贝维德雷的躯干非常相似；圣母玛利亚的姿态也让人清晰地回想起拉奥孔之子被巨蟒杀害时的情景。不同之处在于，圣母和耶稣都在俯瞰受审判的人们，而拉奥孔和他的儿子们都面对即将来临的死亡，抬头痛苦地望向审判他们的众神。

米开朗基罗也见证了"金殿"的重新发现，这座"金宫"曾被长久地掩埋于地下，是罗马帝国皇帝尼禄在罗马为自己建造的供享乐的宫殿。米开朗基罗让人用绳子把他放到地下的房间里，看到了如对页的《阿波罗》那样的湿壁画，并深受启发。

永恒的灵感来源。

对页左上图：《贝维德雷的躯干》，公元1世纪对更早期原作的复制品，大理石，高160cm，梵蒂冈博物馆

对页右上图：《拉奥孔和他的儿子们》，可能为公元前200年希腊原作的复制品，82cm×64cm×44cm，梵蒂冈博物馆

对页左下图：湿壁画，罗马金殿

对页右下图：米开朗基罗·博那罗蒂，《最后的审判》（细节图）1536–1541年，湿壁画，西斯廷教堂，梵蒂冈

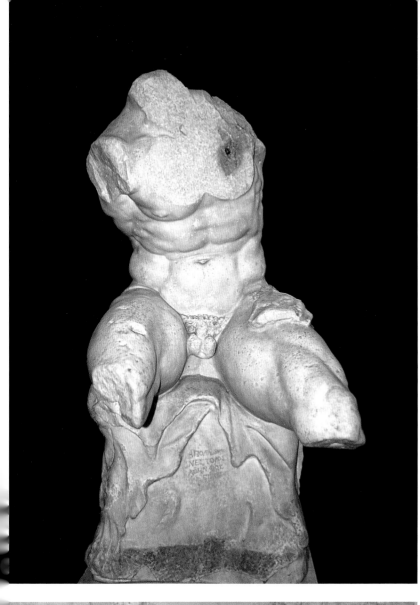

13

达·芬奇的艺用解剖学

　　列奥纳多·达·芬奇在绘制人像的时候会全面考虑解剖学方面的细节。他以科学家和艺术家的双重视角研究解剖学。作为科学家，达·芬奇有对知识的纯粹渴求——他想要揭示人类生命的奥秘。他对人体的描绘不仅准确，而且富于美感。作为艺术家，他从审美的角度研究解剖学。他曾做过多次人体解剖，随后又在画作中重塑身体，赋以生命力、表现力和运动感。

 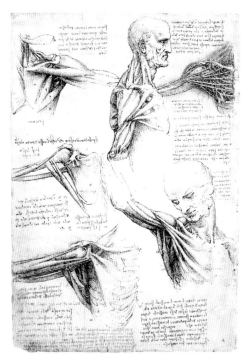 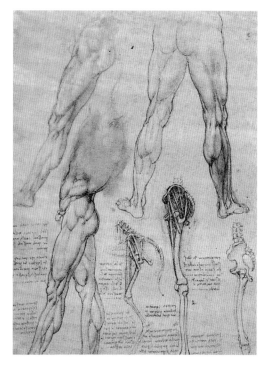

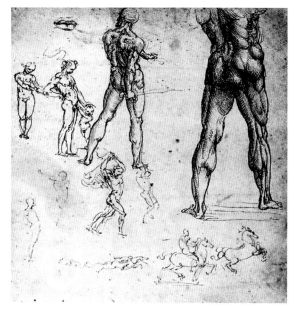

左上图：列奥纳多·达·芬奇，《荒野中的圣杰罗姆》，约1480年，坦培拉混合技法／胡桃木，103 cm×75 cm，梵蒂冈博物馆达·芬奇未完成圣杰罗姆的底色。

中上图：列奥纳多·达·芬奇，《肩关节的解剖学研究》，1510–1511年，黑色粉笔／墨水／纸，28.9cm×19.9cm，英国皇家图书馆，温莎

该页内容选自达·芬奇的《大西洋古抄本》，展现了他用于解剖和人体研究的现代方

法，令人难以置信。在画稿中，他将肌肉简化为绳状结构，以便让人更容易理解肌肉的动作、肌肉起点和止点。

右上图：列奥纳多·达·芬奇，《人腿与马腿研究》，1506–1507年，墨水／红色粉笔／红纸，28.5cm×20.5cm，皇家图书馆（英国）

下图：列奥纳多·达·芬奇，《人体的研究》，约1505年，都灵皇家图书馆

解剖学名称和首字母缩略词

对于初学者而言，解剖学名词数量之多，难度之大，似乎令人难以应付。以下是记忆肌肉名称的诀窍，以及常见的首字母缩略词列表。书中用这些缩略词表示那些特别长和/或令人生畏的肌肉或骨骼结构名称。

记忆肌肉名称

肌肉的拉丁语名称似乎是学习的最大障碍。我鼓励被这些名称吓到的学生用单词的一部分记忆这类名词，就像用"gym"（体育馆）记忆"gymnasium"（体育馆）一样：那么，背阔肌（latissimus dorsii）就可以记成"lats"，"quads"指代四头肌（quadriceps）"gluts"代表臀肌（glutei），"pecs"代表胸大肌（pectoralis），诸如此类。

理解肌肉名称的含义也有助于记忆。一旦理解其含义，你就会发现肌肉的名称非常实用：表明肌肉的起止点（从哪里开始，到哪里结束），或者体现肌肉的动作或形态（形状）。例如，胸锁乳突肌（sternocleidomastoid）表明肌肉起自胸骨和锁骨（cleido），止于耳后的乳突。背阔肌（Latissimus dorsii），或简称"lats"，意思是背部（dorsii）的"大肌肉"。阔筋膜张肌（Tensor fasciae latae）意思是"使侧边绷紧的肌肉"（即髂胫束 iliotibial band）。

对于一些甚至更复杂的肌肉名称，如果你能理解其拉丁语的含义，也能更轻松地记忆。例如，桡侧腕长伸肌（extensor carpi radialis longus）的名字很长，意思是从"桡骨一侧延伸至手腕（腕骨）的肌肉"。提上唇鼻翼肌（levator labii superioris alequae nasi），名称长得令人难以置信，意思是"提起鼻翼和上唇的肌肉"。

在英语中，"肌肉"这个单词的起源也十分有趣，或者说有点滑稽。这个词来源于拉丁语 mus，意思是"老鼠"，或许是因为在皮肤下运动的肌肉令人联想到了毯子下面乱窜的老鼠。

一些常见的解剖学首字母缩略词

在本书中，尤其是在标注图时，我使用了一些常见的缩略词，用于表示那些名字又长又复杂的骨骼结构。列表如下：

AIIS	髂前下棘
ASIS	髂前上棘
ECRB	桡侧腕短伸肌
ECRL	桡侧腕长伸肌
ECU	尺侧腕伸肌
EPB	拇短伸肌
EP	拇长伸肌
FCR	桡侧腕屈肌
FCU	尺侧腕屈肌
PIIS	髂后下棘
PSIS	髂后上棘
TFL	阔筋膜张肌

解剖学、美学、写实主义——"被解剖"的雕塑

    20世纪40年代,艺术史学家吉塞拉·里希特(Gisela Richter)出版了著作《青年雕像:公元前7世纪末至公元前5世纪初希腊库罗斯人发展研究》。在书中,她探讨了如何依据库罗斯——裸体年轻男子独立雕塑——展示的写实程度来确定年代。为详细阐述里希特的观点,我将在下文结合古希腊时期(公元前5世纪)至欧洲巴洛克时期(17世纪)的若干艺术作品来阐述解剖学的准确性与写实的逼

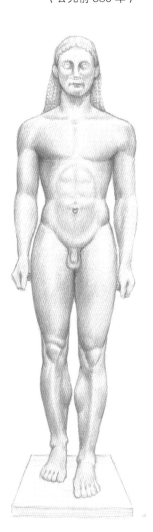

纽约大都会博物馆的库罗斯
古风时期
(公元前590年)

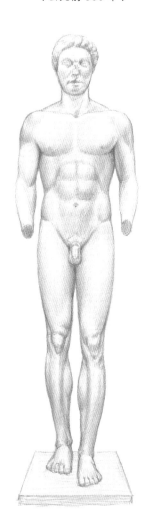

克罗伊索斯
古风时期
(公元前530年)

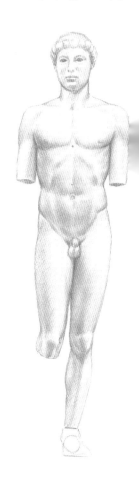

亚里斯多迪科
古风时期
(公元前500年)

克雷提奥斯的少年
古典时期早期
(公元前480年)

真效果之间的联系。按照艺术时期的顺序，我分析了八件作品，旨在说明随着知识的不断累积和解剖学的准确描述，艺术作品对生命与运动的表现力也随之加强，并形成了独特的美学风格。我选择的这些作品都极具标志性，代表了当时最高水平的技巧、概念与美学表达。

古希腊时期雕塑写实主义的发展
在古希腊，历经约五百年的时间，雕塑对人像的描摹经历了翻天覆地的变化。随着解剖学越来越准确，写实感、动态感、人物情感和生命力的展现也更加传神。

多里弗罗斯
古典时期
（公元前 440 年）

阿基亚斯
古典时期晚期
（公元前 337 年）

拉奥孔
希腊化时期
（约公元前 100 年）

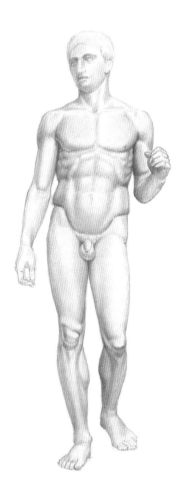

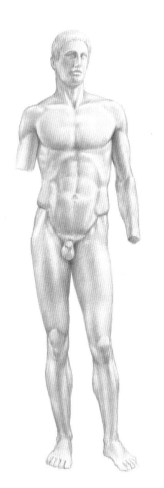

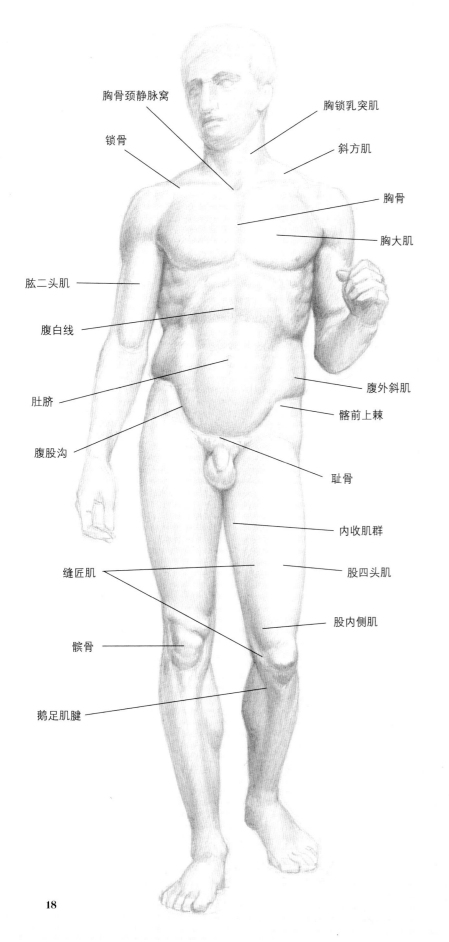

胸骨颈静脉窝

锁骨

胸锁乳突肌

斜方肌

胸骨

胸大肌

肱二头肌

腹白线

腹外斜肌

肚脐

髂前上棘

腹股沟

耻骨

内收肌群

缝匠肌

股四头肌

髌骨

股内侧肌

鹅足肌腱

多里弗罗斯

《多里弗罗斯》又名《持矛者》，是公元前5世纪希腊古典时期雕塑家波利克里托斯（Polykleitos）的作品，展示了波利克里托斯制定的人体比例标准法则（关于此标准法则的更多内容，请参见第2章）。青铜的原件是公元前440年创作的，已经遗失。留存下来的是一些罗马的大理石复制品。在波利克里托斯的雕塑中，对立式平衡姿势和准确的（假定的理想状态）解剖结构给人一触即发的运动感和写实感，使作品富有生命力。

《多里弗罗斯》展示了人体所有的基本骨骼和肌肉界标的准确位置，体现了艺术家对骨骼结构、肌肉与骨骼连接的透彻理解。依照这些界标，我们可以如对页图所示，重构持矛者的骨骼结构。尽管该作品是一个理想化的"类型"作品，某种程度上也删减了一些肌体组织，但是人体的肌肉形态组合完美，肌肉组织处于骨架的正确位置。可以推断，以这种标准化的人体比例和解剖形态来创作，有助于保持某些审美准则，此作品以及其他的古典艺术品具有很高的艺术水准。（骨骼界标与肌肉体积的识别将在第3章和第4章深入探讨）。

左图：波利克里托斯的《多里弗罗斯》（又名《持矛者》）素描效果图，原作创作于约公元前440年

该雕塑以及后续雕塑素描效果图上的标注表明，骨骼界标和肌肉的位置是准确的。这可以证明，创作这些作品的艺术家对解剖结构理解的关联。在我看来，这也证明了雕塑的形态不是单纯地模仿，而是要对真实的解剖构造有综合的理解和理想化的加工。

对页图：《多里弗罗斯》的骨骼重构，显示骨骼界标

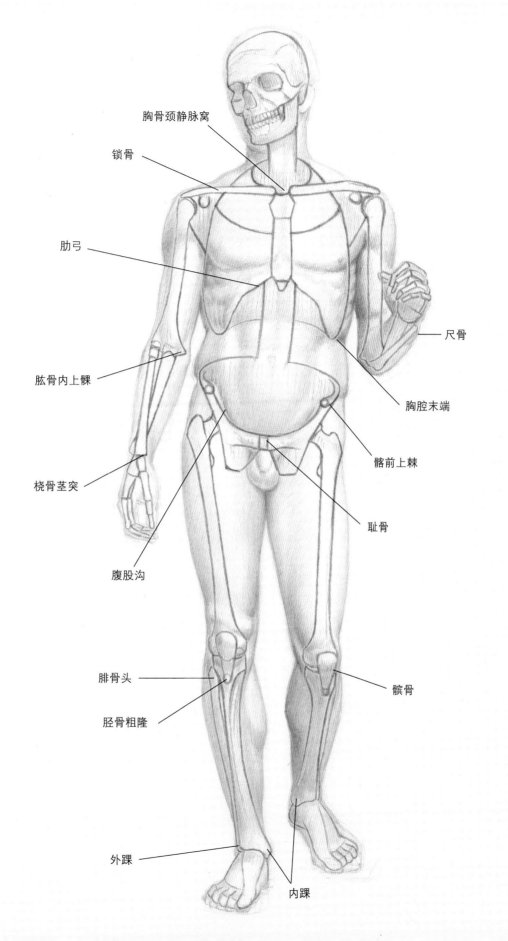

胸骨颈静脉窝

锁骨

肋弓

肱骨内上髁

桡骨茎突

腹股沟

腓骨头

胫骨粗隆

外踝

内踝

尺骨

胸腔末端

髂前上棘

耻骨

髌骨

19

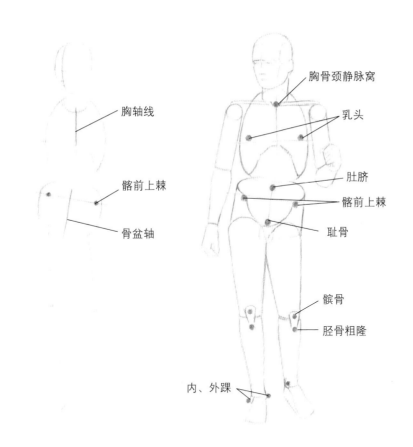

胸轴线

髂前上棘

骨盆轴

胸骨颈静脉窝

乳头

肚脐

髂前上棘

耻骨

髌骨

胫骨粗隆

内、外踝

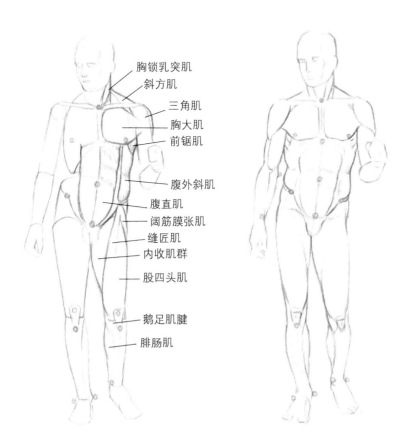

胸锁乳突肌

斜方肌

三角肌

胸大肌

前锯肌

腹外斜肌

腹直肌

阔筋膜张肌

缝匠肌

内收肌群

股四头肌

鹅足肌腱

腓肠肌

上、下图：《多里弗罗斯》的绘制步骤
图，从骨骼界标到外部形态

通过这种"反向解剖"，我希望探寻在《多
里弗罗斯》中，骨骼与肌肉结构是否存
在关联。可以看出，可以利用这些界标
重建结构及比例合理的骨骼。接下来，
添加肌肉，就可以获得完整的外部形态。
这说明《多里弗罗斯》的创作者对肌肉
和骨骼结构有深入的了解。

阿基亚斯

　　利希波斯是古典时期晚期的雕塑家，有众多传世之作，这座雕像就是其中之一。雕像刻画的人物名为阿基亚斯，是位家喻户晓、战无不胜的潘克拉辛（潘克拉辛，古代奥运会项目，是一种自由式搏击运动，近似现在的综合格斗）运动员。青铜雕塑原像创作于公元前340年，已不复存在。整体而言，阿基亚斯的形体比多里弗罗斯更修长，其结构细节也略多于早期作品。但在肌肉形态方面，阿基亚斯大体上仍然符合先前古希腊雕塑的类型特征。新标准调整了先前标准中的比例关系，这说明产生了新的雕塑方法体系，以及对解剖学知识有了更深入的理解。新的美学也就此诞生。

一位家喻户晓、
战无不胜的运动员。

右图：利希伯斯，《阿基亚斯》素描效果图，约公元前340年

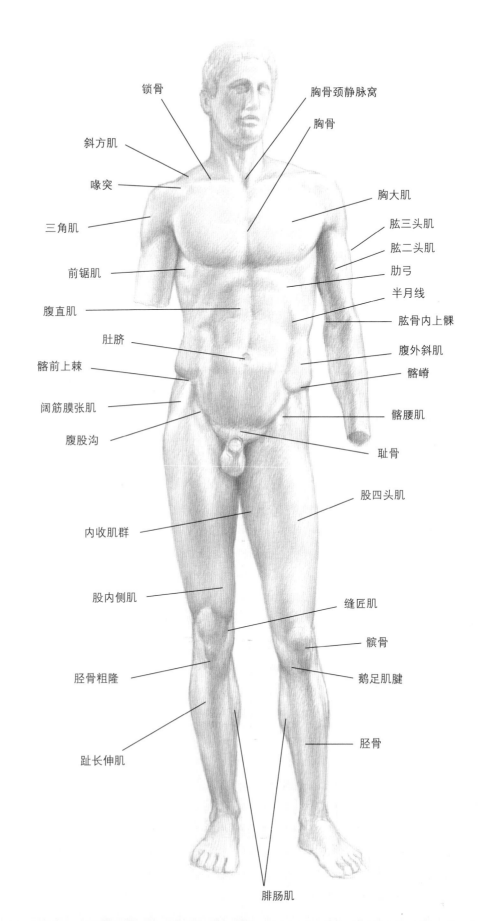

锁骨
胸骨颈静脉窝
胸骨
斜方肌
喙突
胸大肌
三角肌
肱三头肌
肱二头肌
前锯肌
肋弓
半月线
腹直肌
肱骨内上髁
肚脐
腹外斜肌
髂前上棘
髂嵴
阔筋膜张肌
髂腰肌
腹股沟
耻骨
股四头肌
内收肌群
股内侧肌
缝匠肌
髌骨
胫骨粗隆
鹅足肌腱
胫骨
趾长伸肌
腓肠肌

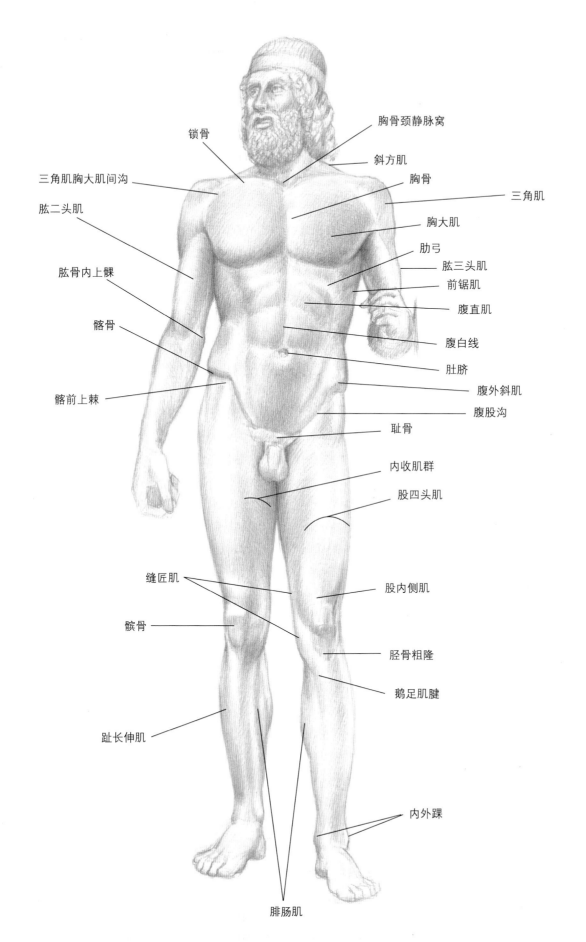

锁骨

胸骨颈静脉窝

斜方肌

三角肌胸大肌间沟

胸骨

三角肌

肱二头肌

胸大肌

肋弓

肱骨内上髁

肱三头肌

前锯肌

腹直肌

髂骨

腹白线

肚脐

髂前上棘

腹外斜肌

腹股沟

耻骨

内收肌群

股四头肌

缝匠肌

股内侧肌

髌骨

胫骨粗隆

鹅足肌腱

趾长伸肌

内外踝

腓肠肌

里亚切青铜武士像

    1972 年，在意大利里亚切亚得里亚海的海面上，发现了两尊罕见且保存完好的希腊青铜像。这两尊被称为里亚切铜像的武士像均以对立式平衡姿势站立，展现出与多里弗罗斯相似的解剖学结构。他们的胸大肌、三角肌、腹肌、肋弓、腹外斜肌以及腹股沟的形态符合古典时期众多雕塑的理想化类型。鉴于两尊铜像的原作都出自希腊，我们可以推断，罗马临摹者并不是必须使用标准化的某一类型的姿势和人体有机形态，而是选择了这种风格来展现理想化的人体。

    古希腊雕塑家对解剖学究竟了解多少——他们是通过解剖实操或观察解剖过程直接获得知识，还是依赖已有的类型辅以摆好姿势的人体模特呢？对于这些问题，我们难以得出确切的答案。古典时期的作品是力量与美的结合，但在解剖学细节的呈现方面，却不同于希腊化时期后期的《拉奥孔群雕》作品，也区别于文艺复兴时期的作品，那些创作者是通过"直接经验"获取的知识。

    后来的艺术家，如波拉约洛、达·芬奇、米开朗基罗、提香等，都观摩过解剖过程，甚至亲自实践，以获得更真实的效果。古典时期的希腊艺术家对于展现如此高水平的解剖细节没有那么高的兴趣，这大概是因为他们的作品旨在表现理想的形体和完美的形象。

对理想人体形态的风格选择。

对页图：希腊青铜像中的一位里亚切武士素描效果图（约公元前460-公元前450）

含羞的维纳斯

　　在希腊人看来,理想的女性形体(不同于理想的男性)包含脂肪组织。右侧的《美第奇的维纳斯》在正确的位置连贯地展现了肌肉上的脂肪层。虽然骨骼界标没有男性那样显而易见,但都在正确的位置隐约可见。

　　含羞的维纳斯一词被用于描述裸体的女神遮掩乳房与外阴部的姿态。有时,她正从沐浴的水中走出,在其他版本中,她在寻找浴巾,想要擦干或包裹自己。在另一个被称为"蹲伏的维纳斯"的版本中,女神对自己的裸体显得更害羞,身体呈自我保护的蹲伏姿势。这些姿态与近乎全裸的男性雕像展现的自信姿态形成了鲜明的反差。在 1996 年的《含羞的维纳斯:揭露艺术史中的"隐秘事项"和有害谱系》一文中,艺术史学家娜内特·所罗门探讨了维纳斯这位强大的女神如何被描绘成遮掩或保护隐私部位的脆弱而性感的形象。然而,有些学者却认为维纳斯身为爱神,这种姿势代表诱惑而非羞耻。雅典娜(罗马称为密涅瓦)与赫拉(朱诺)等其他女神并未被描绘得如此脆弱或性感。

右图:《美第奇的维纳斯》素描效果图,约公元前1世纪

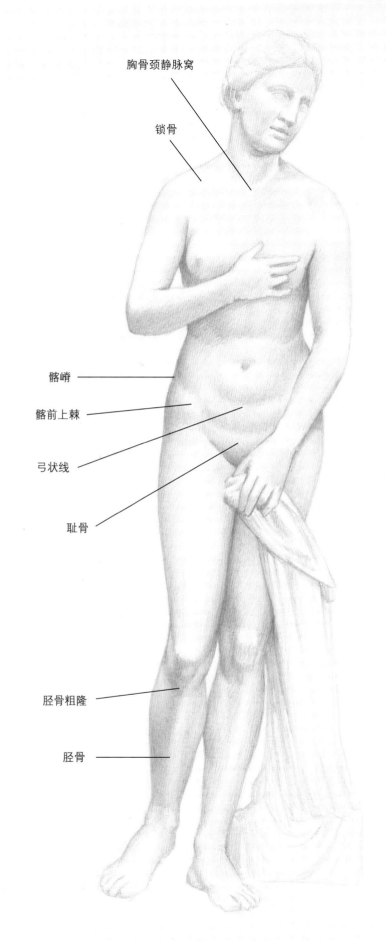

胸骨颈静脉窝

锁骨

髂嵴

髂前上棘

弓状线

耻骨

胫骨粗隆

胫骨

巴贝里尼的农牧神

《巴贝里尼的农牧神》（实际是半人半兽、耽于淫乐的萨蒂尔）作为一件没有生命的艺术品，其经历可谓跌宕起伏：公元前220年前后创作于希腊，随后被偷运到罗马。公元前6世纪，在一次对罗马的周期性劫掠中，罗马哈德良陵墓（后被称为圣天使堡）的守卫者将其投掷到入侵的野蛮人群中。1620年，在泥沙中埋藏了几个世纪的雕像在城堡的护城河中被发现，并最终成为红衣主教马费奥·巴尔贝里尼的收藏品。18世纪末，该作品被卖给雕塑家温琴佐·帕切蒂，后几经协商，被巴伐利亚的国王路德维希一世购得，并将其陈列于慕尼黑古代雕塑展览馆至今。显然，无论去哪里，牧神都会不断地知会他的主人们。

因为雕像的头部、腿部及手臂都经历过大量修复，我不会过多探讨这个作品的细节。但值得注意的是，这个希腊风格作品的姿势与《拉奥孔群雕》的人像有着明显的相似之处。牧神的头部、胸腔和骨盆沿弯曲的轴线排列，手臂和腿部呈涡状，暗示了他的梦令人不安，也许是个噩梦。尽管在该作品中，肌肉形态没有像拉奥孔那样突出呈现出来，但还是展现了扎实的解剖学知识。复杂的腋窝区域和下面的胸腔部分也清晰地展现了解剖的准确性。

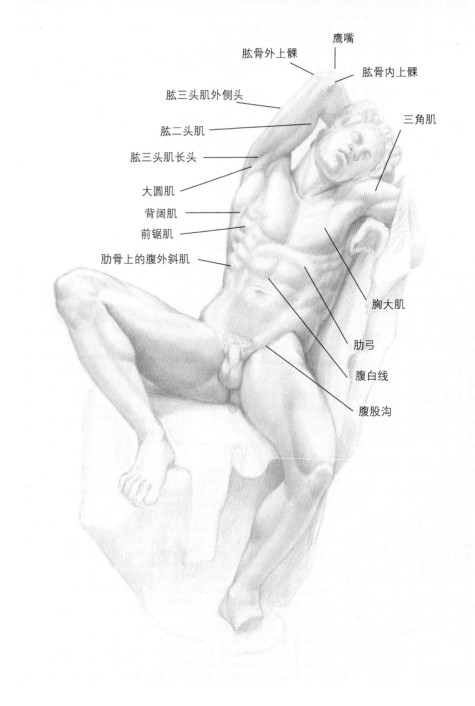

上图：《巴贝里尼的农牧神》素描效果图，约公元前220年

在《巴贝里尼的农牧神》中，姿势和解剖学成为了表达内心隐秘而强烈情感的工具。

无生命的艺术品，跌宕起伏的一生。

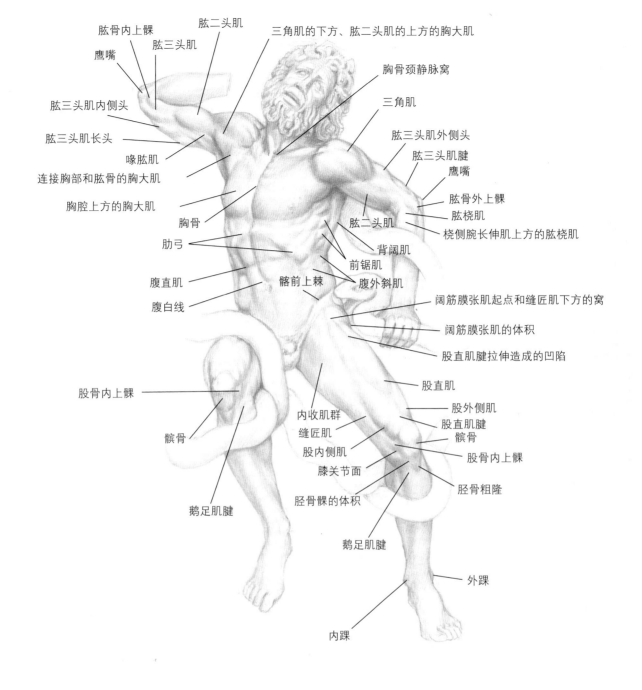

肱骨内上髁 　肱二头肌 　三角肌的下方、肱二头肌的上方的胸大肌

鹰嘴 　肱三头肌

胸骨颈静脉窝

三角肌

肱三头肌内侧头

肱三头肌外侧头

肱三头肌长头

肱三头肌腱

喙肱肌

鹰嘴

连接胸部和肱骨的胸大肌

肱骨外上髁

胸腔上方的胸大肌

肱桡肌

桡侧腕长伸肌上方的肱桡肌

胸骨

肱二头肌

肋弓

背阔肌

前锯肌

腹直肌

髂前上棘

腹外斜肌

腹白线

阔筋膜张肌起点和缝匠肌下方的窝

阔筋膜张肌的体积

股直肌腱拉伸造成的凹陷

股直肌

股骨内上髁

股外侧肌

股直肌腱

髌骨

内收肌群

髌骨

缝匠肌

股骨内上髁

股内侧肌

膝关节面

胫骨粗隆

鹅足肌腱

胫骨髁的体积

鹅足肌腱

外踝

内踝

拉奥孔

　　古希腊杰作《拉奥孔和他的儿子们》,或被称为《拉奥孔群雕》,创作于公元前 2 世纪至公元 1 世纪之间。罗马作家老普林尼认为,它是罗德岛的三位希腊雕塑家(阿格桑德罗斯 、波利多罗斯和阿典诺多罗斯)的杰作,然而其创作者目前仍然无法完全确定。1506 年,在罗马埃斯奎利诺山挖掘一个葡萄园时,该雕塑被发现。米开朗基罗作为文艺复兴时期第一批见到该雕塑的艺术家,也深受影响。雕塑出土后不久即被教皇尤里乌斯二世购得,现存于梵蒂冈博物馆。

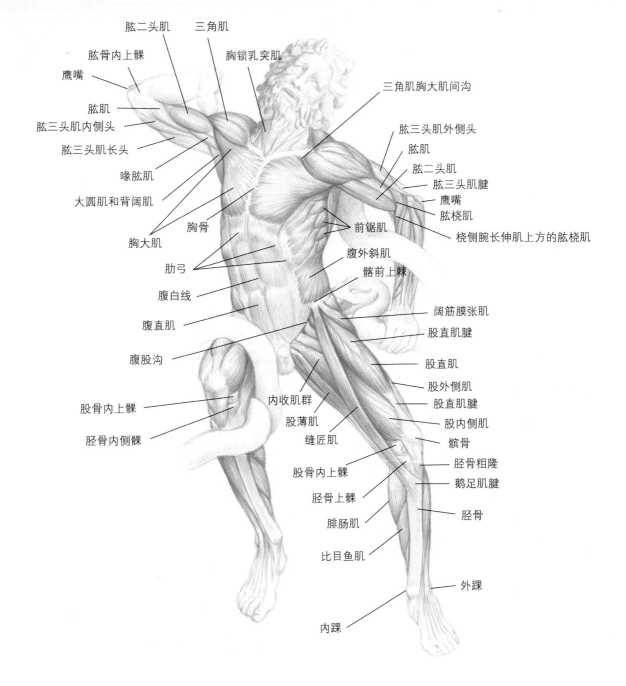

肱二头肌　三角肌

肱骨内上髁

胸锁乳突肌

鹰嘴

三角肌胸大肌间沟

肱肌

肱三头肌外侧头

肱三头肌内侧头

肱肌

肱三头肌长头

肱二头肌

喙肱肌

肱三头肌腱

大圆肌和背阔肌

鹰嘴

肱桡肌

胸骨

前锯肌

桡侧腕长伸肌上方的肱桡肌

胸大肌

腹外斜肌

肋弓

髂前上棘

腹白线

阔筋膜张肌

腹直肌

股直肌腱

腹股沟

股直肌

股外侧肌

股骨内上髁

内收肌群

股直肌腱

股薄肌

股内侧肌

胫骨内侧髁

缝匠肌

髌骨

股骨内上髁

胫骨粗隆

鹅足肌腱

胫骨上髁

胫骨

腓肠肌

比目鱼肌

外踝

内踝

　　尽管该作品可能是青铜原件的大理石复本，《拉奥孔群雕》还是展现出了高超的解剖学知识。写实主义、运动感以及身心的紧张感，通过身体的扭曲、肌肉的收缩、挤压和膨胀，以及精确的解剖结构充分地传递出来，使拉奥孔栩栩如生。

　　观察那个抬起的弯曲的右臂时，我们可以看到，屈臂时，肱二头肌聚成一团。当拉奥孔用力抬起手臂，与缠绕在他和他的儿子们周围的巨蟒搏斗时，肱三头肌膨胀，肌肉被分成了更小的肌束，内部线条清晰可见。

上图：拉奥孔的肌肉与骨骼图

在制作这个剖视版本的拉奥孔时，我更真切地感到，对人体结构的粗浅了解不足以创作这一杰作。艺术家明显对人体的骨骼有着透彻的了解，单纯地模仿是无法准确再现解剖意义上的所有形态和细节的。

就在三角肌的下方，我们可以看到，连接胸部和肱骨的胸大肌逼真地呈现了三角肌抬升手臂助力的状态。同时我们也可以看到，胸大肌位于三角肌的下方、肱二头肌的上方，一直延伸至肱骨的肌肉止点。肱二头肌下方的喙肱肌、肱三头肌的长头和内侧头、肱肌、肱骨内上髁以及鹰嘴全部清晰可见。

在我看来，唯有通过解剖，深入了解解剖学知识，才能展现出这种高水平的解剖细节。希腊的艺术家会像 1500 年之后的文艺复兴时期艺术家一样解剖人体吗？我们无从知晓。公元前 4 世纪，埃拉西斯特拉图斯和赫罗菲拉斯等希腊医师、解剖学家在亚历山大开展了解剖实践。但我们并不清楚他们获得的解剖学知识是否会传授给艺术家。如果这一假设成立，那么就存在一个问题：当时的艺术家不属于知识分子，地位低于医师，二者很难建立起联系。尽管如此，不言而喻的是，希腊化时期的雕塑呈现出了古典时期作品鲜有的、高水平的解剖学细节。希腊化时期艺术作品这种更深入的解剖写实有助于更逼真、更有效地刻画人物叙事心理。

拉奥孔人像展现了艺术家对解剖学知识令人难以置信的精准掌握。例如，他抬起的手臂，微屈的左腿，无论是股直肌起点处的肌腱产生的凹痕，还是股骨内上髁和胫骨内侧髁的肌肉体积，都证明了这一点。我们还可以辨识出位于缝匠肌远端的鹅足肌腱，以及附近的胫骨粗隆。令人更为惊叹的是，这一雕塑中的解剖学细节完全符合人物极度紧张的运动状态。

希腊人会进行解剖实践吗？

拉斯佩科拉博物馆的解剖蜡像

佛罗伦萨的拉斯佩科拉博物馆是全世界最古老的科学博物馆，里面陈列的解剖蜡像是艺术与科学相结合的伟大典范。为延缓用于解剖的尸体的腐烂速度，之前的尸体解剖只能在每年最寒冷的月份进行。而这些真人大小、高度仿真的蜡像为医学生和艺术生提供了全年研究解剖的可能。这些蜡像不仅所有的细节准确无误，而且姿态与表情也兼具美学特征。此外，在技术层面上，蜡像的完成质量非常高，远远超过仅作为科研工具的要求。在这些作品中，解剖学和美学实现了完美融合。

下图：解剖模型，18世纪，蜡像，佛罗伦萨拉斯佩科拉博物馆

用艺术拯救肉身

此幅木刻版画选自15世纪末期的外科教科书，至今人们依然把它与中世纪的传染病"死亡之舞"联系在一起，以此来提醒人们生命的脆弱。相比之下，人文主义革命推动了意大利文艺复兴，创造了超越死亡的人物形象，如列奥纳多·达·芬奇的人体解剖素描以及曼特尼亚的作品《哀悼基督》（见对页图）。

文艺复兴时期的人体再现

　　中世纪晚期，人体解剖开始复兴。大约在1370年，人体解剖最早在意大利博洛尼亚大学开始发展，约50年后人体解剖学对美术产生影响。当时，为了描绘出更加逼真的人体结构，许多艺术家出席或亲自参与人体解剖，比如早期这类艺术家中的安东尼奥·德尔·波拉约洛和安德烈亚·曼特尼亚。波拉约洛的作品《哀悼死去的英雄》中描绘的尸体，使人身临其境般地看到了解剖台上的人体。下页图中曼特尼亚绘制的基督也产生了同样的效果。

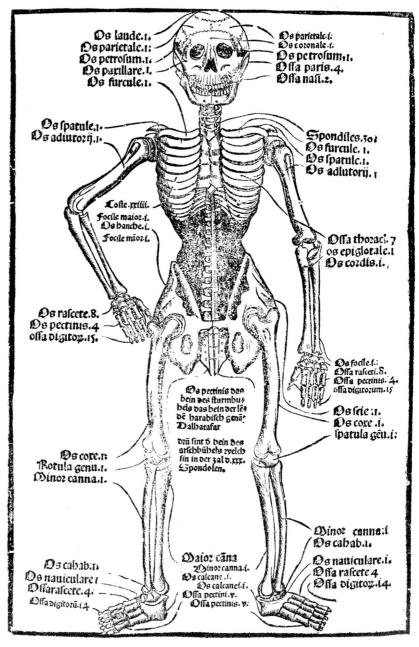

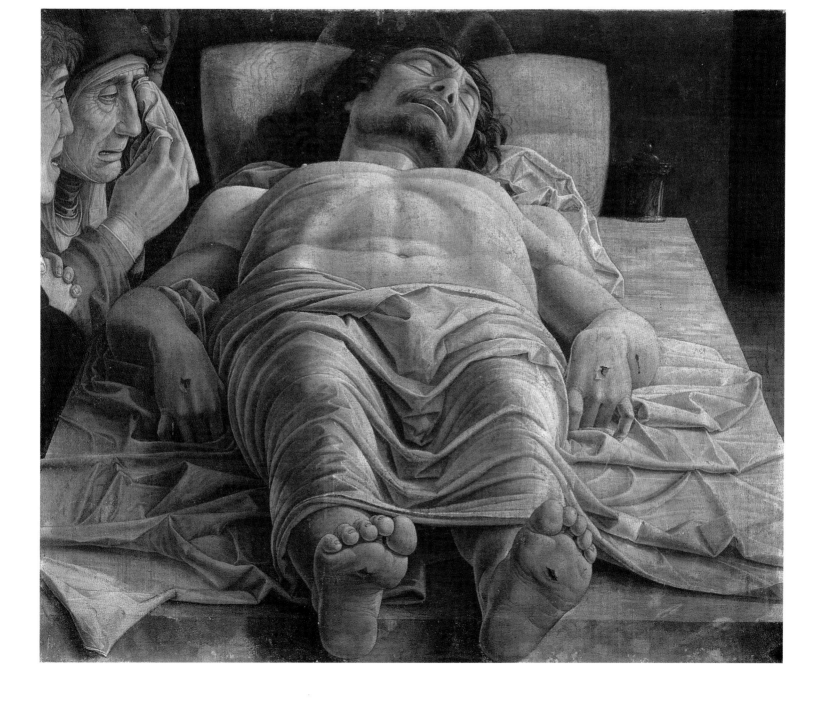

艺术家用人文主义的方式对待解剖：解剖台上或吊在绳子上的尸体也许令人毛骨悚然，但是艺术赋予它们英雄、宗教或美学的意义。扬·范·卡尔卡为维萨里的《人体结构》所绘的木刻版画插图（见 40 页）中，处于解剖各个阶段的人体都出现在一个恬静的环境中，它们不再是中世纪骇人的"黑腹"尸体和令人想起恐怖的黑死病（见对页图），相反，人文主义灵感为人体增添了生命力，象征着肉身的救赎，现在被美化为神圣的体现。

上图：安德烈亚·曼特尼亚，《哀悼基督》，1490年，布面坦培拉，68cm×81cm，意大利布雷拉美术馆，布雷拉

米开朗基罗的解剖学研究

　　米开朗基罗通过解剖研究人体结构，并绘制了很多草图，如下图的腿部，既可用于人体结构研究，也可为创作某一艺术作品做准备。位于佛罗伦萨的博纳罗蒂之家至今仍藏有他研究手臂、身体的雕塑手稿。

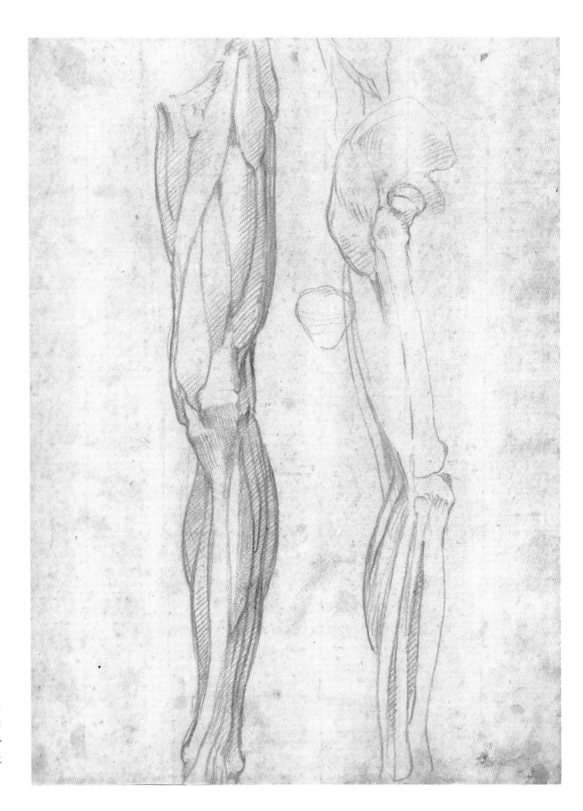

右图：米开朗基罗·博纳罗蒂，左图为左腿肌肉正面图，右图为右腿部骨骼和肌肉的轮廓，中间为髌骨，约1515-1520年，红色粉笔，27.3cm×20.2cm，伦敦惠康图书馆

米开朗基罗的《大卫》

意大利文艺复兴时期，艺术家们将革命性的直接法与直接经验法应用于视觉艺术。在中世纪大部分时期里，人们获取知识的主要途径是通过教条或者思辨的理论推理，文艺复兴时期的艺术家们摒弃了这样的方法，转而开始用好奇的眼光审视自然。

数学、解剖学、哲学和直接经验是他们的指导原则。正如艺术家们利用数学和透视来创造视觉正确的理想景观那样，他们开始解剖人体，以创造更加逼真的人体结构。就像米开朗基罗的一些解剖图所记录的那样，他直接从自己众多的解剖实践中获取了大量的解剖学知识，这一点也可以从他的《大卫》等作品完美地体现出来。《大卫》展示了理想形态与现实有机形态间罕见的平衡。

米开朗基罗对人体固有的美充满激情，他的作品也体现了这一点。与希腊、罗马的雕塑家不同的是，他对创造理想类型并不感兴趣。他的作品《大卫》现今陈列于佛罗伦萨学院美术馆，其展现的解剖结构更加具体、准确、细致。例如，大卫的胸腔与腹部能明显地体现这一点，这两处的肋骨、肋弓、前锯肌和腹直肌，都呈现出希腊、罗马古典雕塑家不具有的现实主义风格。米开朗基罗非常准确地了解并复制了深层骨骼与肌肉结构对表层肌肉造成的影响。

三角肌也比古典雕像更自然，显现出微微突起的喙突以及凹陷的三角肌胸大肌间沟。与胸骨水平的胸大肌上可以看到肌内线，腹外斜肌也不像《持矛者》和《里亚切青铜武士像》那么僵硬、死板。

理想形态和现实有机形态间的罕见平衡。

34页图：米开朗基罗，《大卫》素描效果图（1501-1504年）

35 页图：《大卫》的结构解剖图

像研究拉奥孔那样，我使用了解剖图。我们可以通过想象剥去大卫的皮肤，以揭示米开朗基罗精湛的人体解剖学造诣。

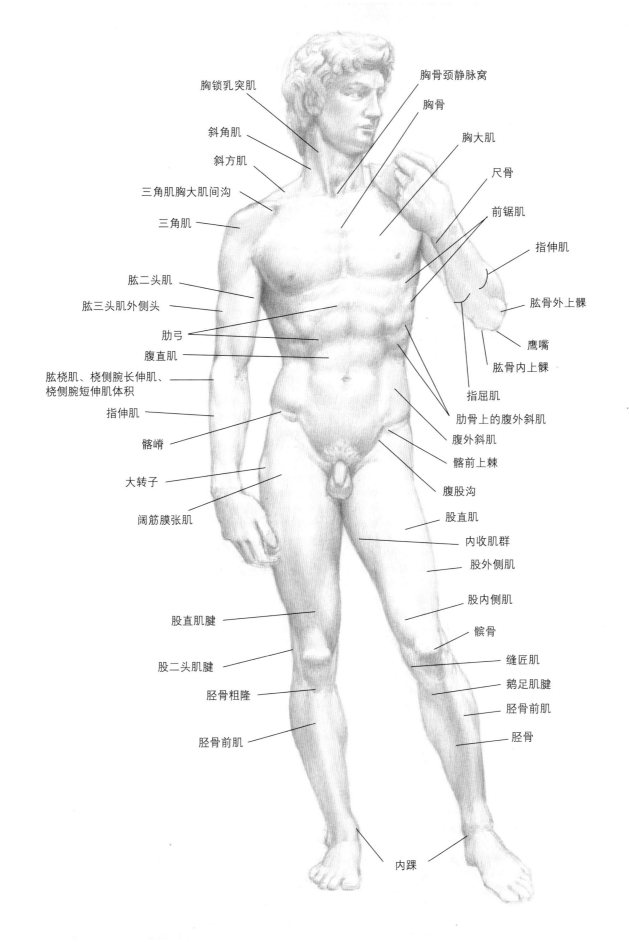

胸锁乳突肌

斜角肌

斜方肌

三角肌胸大肌间沟

三角肌

肱二头肌

肱三头肌外侧头

肋弓

腹直肌

肱桡肌、桡侧腕长伸肌、
桡侧腕短伸肌体积

指伸肌

髂嵴

大转子

阔筋膜张肌

股直肌腱

股二头肌腱

胫骨粗隆

胫骨前肌

胸骨颈静脉窝

胸骨

胸大肌

尺骨

前锯肌

指伸肌

肱骨外上髁

鹰嘴

肱骨内上髁

指屈肌

肋骨上的腹外斜肌

腹外斜肌

髂前上棘

腹股沟

股直肌

内收肌群

股外侧肌

股内侧肌

髌骨

缝匠肌

鹅足肌腱

胫骨前肌

胫骨

内踝

34

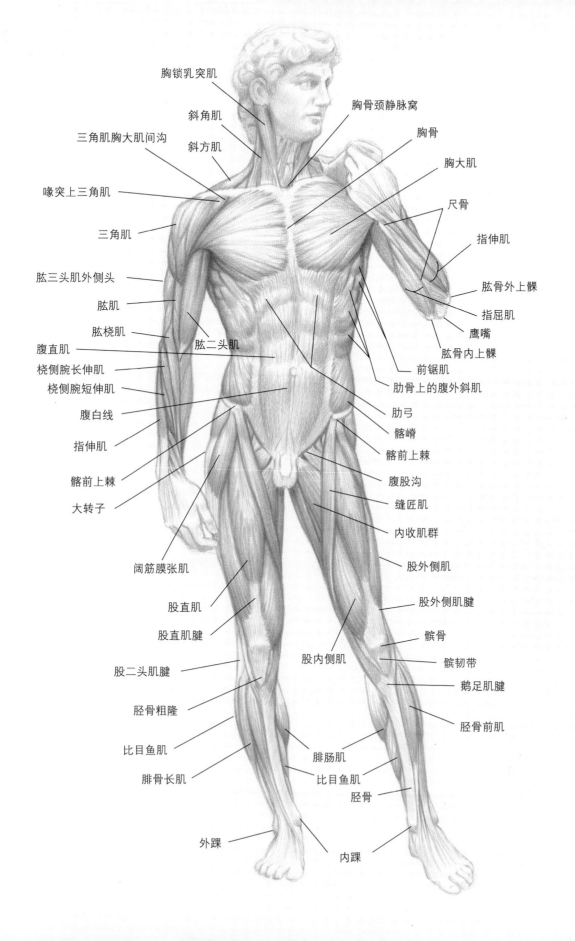

胸锁乳突肌

斜角肌

三角肌胸大肌间沟

斜方肌

喙突上三角肌

三角肌

肱三头肌外侧头

肱肌

肱桡肌

腹直肌

桡侧腕长伸肌

桡侧腕短伸肌

腹白线

指伸肌

髂前上棘

大转子

阔筋膜张肌

股直肌

股直肌腱

股二头肌腱

胫骨粗隆

比目鱼肌

腓骨长肌

外踝

肱二头肌

胸骨颈静脉窝

胸骨

胸大肌

尺骨

指伸肌

肱骨外上髁

指屈肌

鹰嘴

肱骨内上髁

前锯肌

肋骨上的腹外斜肌

肋弓

髂嵴

髂前上棘

腹股沟

缝匠肌

内收肌群

股外侧肌

股外侧肌腱

髌骨

髌韧带

鹅足肌腱

胫骨前肌

股内侧肌

腓肠肌

比目鱼肌

胫骨

内踝

35

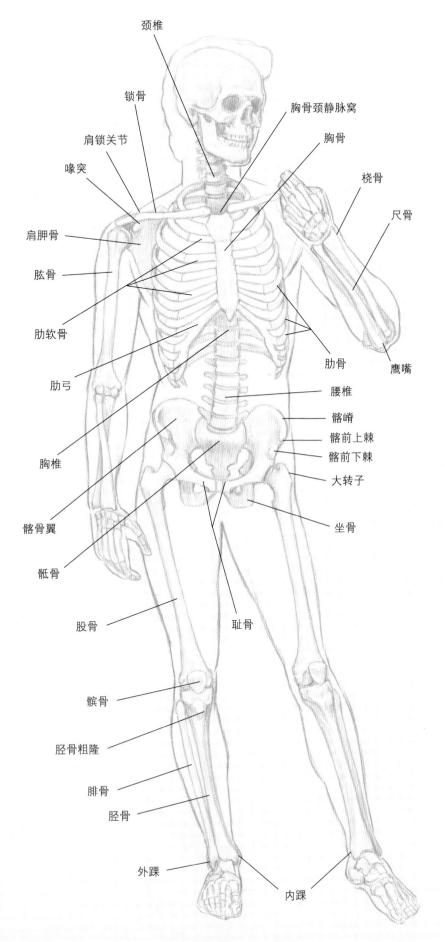

颈椎

锁骨

肩锁关节

喙突

胸骨颈静脉窝

胸骨

桡骨

尺骨

肩胛骨

肱骨

肋软骨

肋弓

胸椎

鹰嘴

肋骨

腰椎

髂嵴

髂前上棘

髂前下棘

大转子

坐骨

髂骨翼

骶骨

股骨

耻骨

髌骨

胫骨粗隆

腓骨

胫骨

外踝

内踝

我运用了与《持矛者》（见18 页）中相同的方法，按照雕塑外部容易辨认的骨骼界标与软界标，重构了米开朗基罗作品中大卫的骨架。骨架、肌肉和外部形态间的连贯是显而易见的；肌肉完美地附着在骨架上。这表明，米开朗基罗对人体结构和解剖特征有着透彻且直观的理解。

左图：《大卫》的骨架

怪诞的人体解剖结构杰作

我尤其喜欢左面这幅作品，它是由荷兰巴洛克艺术家亨德里克·高尔丘斯创作的。在这幅作品中，古代神话英雄赫拉克勒斯几乎被刻画成了16世纪的德国雇佣兵。高尔丘斯的解剖学造诣很深，他的很多作品都能证明这一点，但他的这幅作品似乎在取笑古典传统。赫拉克勒斯魁梧的身体好像是一个大袋子，里面装满了香肠和鸡蛋，而不是肌肉。手中的牛角也许是从克里特岛公牛头上拽下来的，讥讽了赫拉克勒斯短小的阴茎。如果创造这幅作品的解剖版，再审视重新添加肌肉后的样子，会很有趣！将赫拉克勒斯身上由高尔丘斯臆造出的肌肉块，与米开朗基罗绘制的裸体男性人物身上的真实肌肉块（左侧下图）进行比较，这将同样有趣。

上图：亨德里克·高尔丘斯，《大力神赫拉克勒斯》，1589年，版画，55.5cm×40.4cm，纽约大都会艺术博物馆，哈里斯布里斯班迪克基金会，1946年

下图：米开朗基罗·博那罗蒂，《手持旗杆的男性背部裸体》，约1504年，黑色粉笔/白色高光笔，27cm×19.6cm，维也纳阿尔贝提纳博物馆

米开朗基罗的《被缚的奴隶》

如我所提到的，1506 年，当《拉奥孔群雕》在罗马被重新发现时，米开朗基罗是首批见证者之一。特洛伊祭司拉奥孔要为生命、子孙以及特洛伊的安全而战，他扭曲的形态和痛苦的表情令米开朗基罗印象深刻，并激励他创造了一系列强大又奋起反抗的人物，《被缚的奴隶》就是其中之一。这个人物紧绷的身体旨在凸显内心深处的紧张：似乎即将爆裂的膨胀的肌肉被灵魂的激情、情欲的张力、肉体与灵魂的对抗、物质与精神的冲突等所激活。

米开朗基罗 17 岁时开始学习解剖学，并通过解剖实践丰富自己的知识。正因为他精通解剖学，才能如此娴熟地驾驭各种人体形态。他创作的人物，即便肌肉膨胀、身体扭曲，或者四肢伸展，从解剖学角度上看，都是准确的，不像埃尔·格列柯或风格派创作的人物那样身形扭曲，也不像高尔丘斯创作的《大力神赫拉克勒斯》（见 37 页图）那样身形健硕（也许是讽刺的），不真实的肌肉块让他看起来像一袋满满的坚果。相比之下，米开朗基罗创作的强壮的人物都是以精确的解剖学为基础，使人物与我们产生情感共鸣。

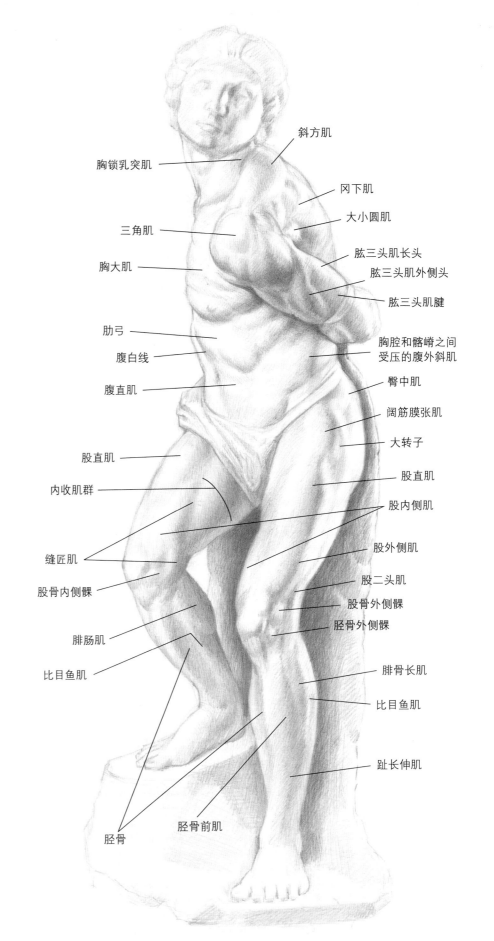

斜方肌

胸锁乳突肌

冈下肌

大小圆肌

三角肌

肱三头肌长头

胸大肌

肱三头肌外侧头

肱三头肌腱

肋弓

胸腔和髂嵴之间受压的腹外斜肌

腹白线

臀中肌

腹直肌

阔筋膜张肌

大转子

股直肌

股直肌

内收肌群

股内侧肌

股外侧肌

缝匠肌

股二头肌

股骨内侧髁

股骨外侧髁

胫骨外侧髁

腓肠肌

腓骨长肌

比目鱼肌

比目鱼肌

趾长伸肌

胫骨

胫骨前肌

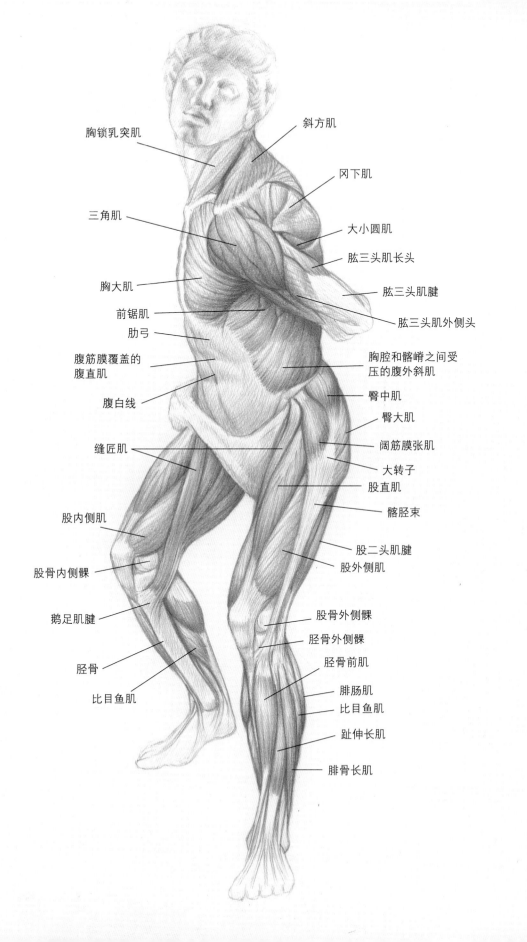

胸锁乳突肌

斜方肌

冈下肌

三角肌

大小圆肌

肱三头肌长头

胸大肌

肱三头肌腱

前锯肌

肋弓

肱三头肌外侧头

腹筋膜覆盖的
腹直肌

胸腔和髂嵴之间受
压的腹外斜肌

腹白线

臀中肌

臀大肌

缝匠肌

阔筋膜张肌

大转子

股直肌

股内侧肌

髂胫束

股骨内侧髁

股二头肌腱

股外侧肌

鹅足肌腱

股骨外侧髁

胫骨外侧髁

胫骨

胫骨前肌

比目鱼肌

腓肠肌

比目鱼肌

趾伸长肌

腓骨长肌

物质与精神
的冲突。

对页图：米开朗基罗，《被缚的
奴隶》素描效果图，1513年

左图：《被缚的奴隶》的解剖图
这张《被缚的奴隶》解剖图显示，
人物膨胀、扭曲的形态仍然是基
于准确的人体解剖学，肌肉的体
积、形态和隆起都对应特定形状
的肌肉。

艺术家与解剖学家

16 世纪，艺术家与解剖学家的合作成果丰硕。16 世纪中叶，伟大的解剖学家安德烈·维萨里撰写了第一部完整、系统的人体解剖学著作——《人体结构》。扬·范·卡尔卡，这位曾受训于威尼斯提香画派的比利时艺术家，为这部著作绘制了精美的插图。

1570 年，提香绘制了画作《圣塞巴斯蒂安的殉教》（对页左图），这幅画作可能受到了米开朗基罗的《被缚的奴隶》和艺术学院经常展示的解剖图（如对页中图）的启发。《人体结构》（对页右图）的肌肉解剖图，显然会令人联想起拉奥孔的姿态，也会让人联想起提香的《圣塞巴斯蒂安的殉教》。

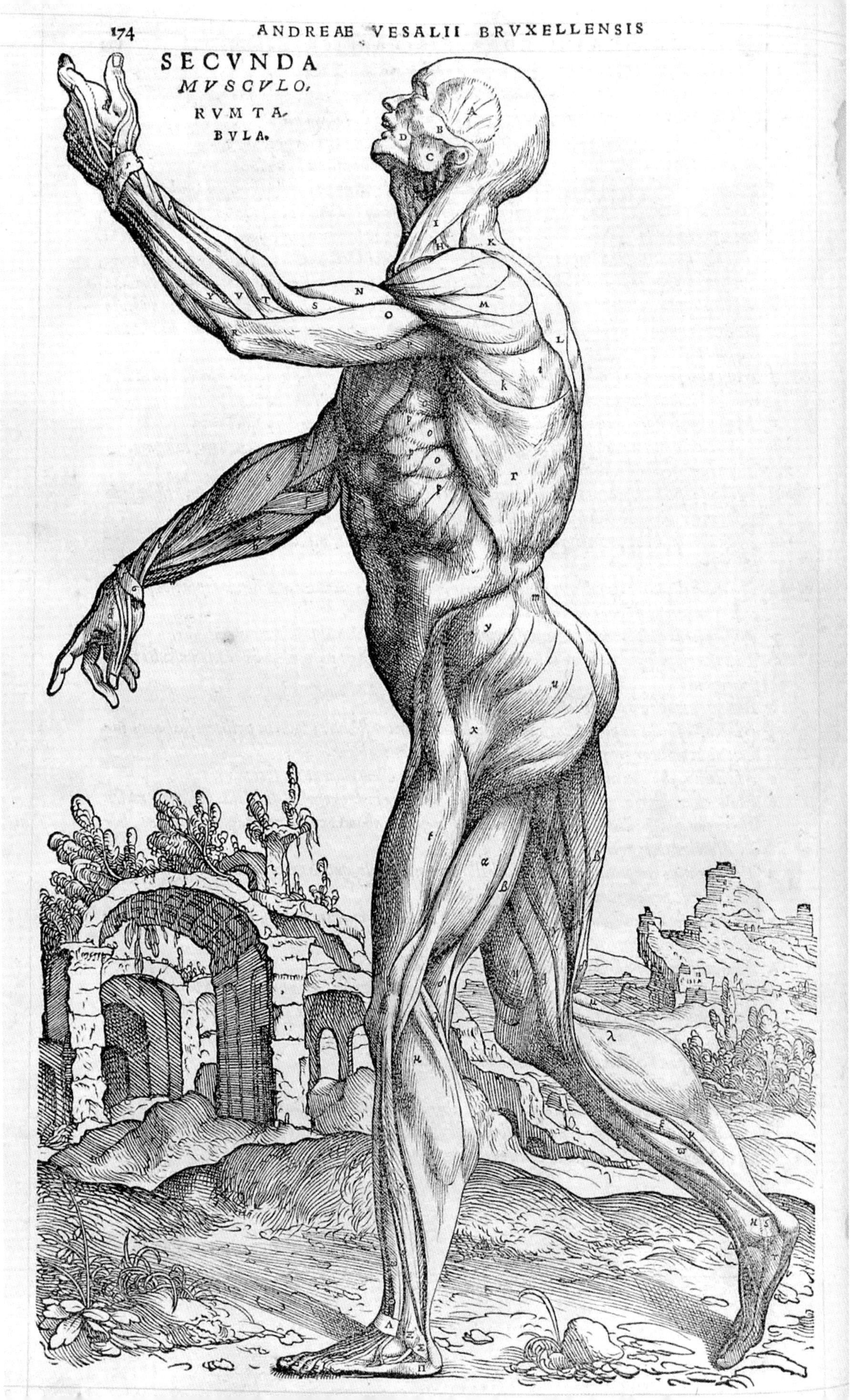
174 ANDREAE VESALII BRVXELLENSIS
SECVNDA
MVSCVLO-
RVM TA-
BVLA.

右图：安德烈·维萨里，《人体结构》插图，1543年

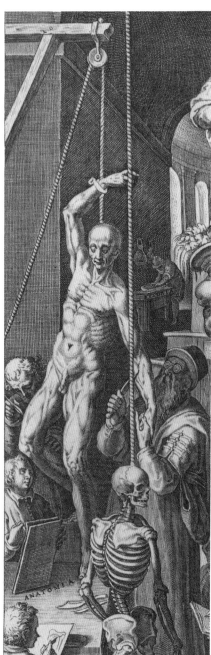

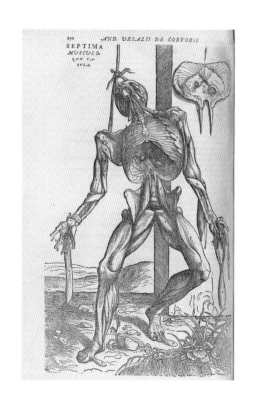

左图：提香，《圣塞巴斯蒂安》，《阿威罗尔迪三联画》中的《阿威罗尔迪祭坛画》，1520-1522年，布面油画，170cm×65cm，意大利巴西利卡风格的圣纳扎罗·塞尔索大教堂，布雷西亚

中图：科内利斯·科特，《艺术寓言》细节图（全图见 10 页）

右图：维萨里，《人体结构》结构解剖图

巴洛克艺术中的互相渗透

巴洛克艺术的本质是互相渗透——光和影，神和人，神话和现实，以及过去、现在和未来间的相互渗透。例如：巴洛克画家卡拉瓦乔通过光影的相互影响，挑战人体形态的真实面目；通过将圣经故事和人物投射到17世纪的罗马，挑战时间与空间的距离。他在自己的画作《圣托马斯的疑惑》中，让托马斯将自己怀疑的手指插入基督胸部的伤口，挑战人与神之间不可逾越的鸿沟。贝尼尼的雕塑《大卫》通过运动感与扭转的身体来表现部分情节，大卫坚毅的眼神对故事的讲述也同样重要：大卫径直瞄向在雕塑中并未出现的歌利亚，并且随时准备把手中的石头砸向他。这个作品中，贝尼尼在表现即将发生的事情时，将艺术作品与观众的想象互相渗透。

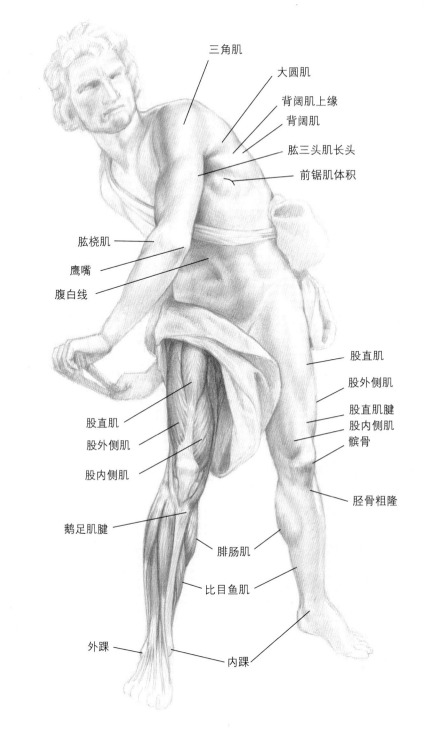

三角肌
大圆肌
背阔肌上缘
背阔肌
肱三头肌长头
前锯肌体积
肱桡肌
鹰嘴
腹白线
股直肌
股外侧肌
股直肌腱
股内侧肌
髌骨
股直肌
股外侧肌
股内侧肌
胫骨粗隆
鹅足肌腱
腓肠肌
比目鱼肌
外踝
内踝

贝尼尼的《大卫》

巴洛克艺术十分富有戏剧性，乔凡尼·洛伦佐·贝尼尼的雕塑就是例证。但贝尼尼的作品不仅是戏剧性的：他的作品《大卫》没有局限于极其详细的刻画，而是展现了高水平的解剖学知识。鼓胀的肌肉、扭转的躯干，甚至人物髋部衣物的摆动，都传达出十分真实的运动感。大卫坚毅的眼神表现了他的专注和意图，也唤起了我们对这个圣经故事和它的结局的记忆。

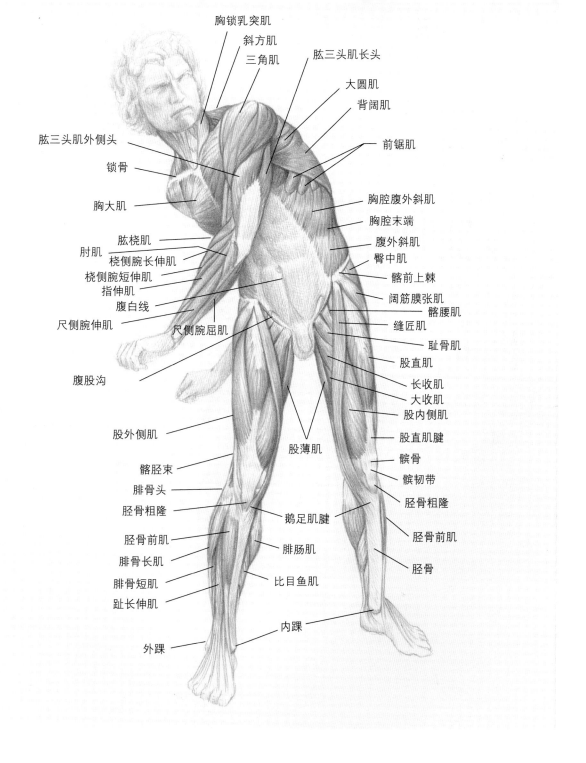

胸锁乳突肌
斜方肌
三角肌
肱三头肌长头
大圆肌
背阔肌
肱三头肌外侧头
前锯肌
锁骨
胸大肌
胸腔腹外斜肌
胸腔末端
腹外斜肌
臀中肌
肱桡肌
肘肌
桡侧腕长伸肌
桡侧腕短伸肌
指伸肌
腹白线
尺侧腕伸肌
尺侧腕屈肌
髂前上棘
阔筋膜张肌
髂腰肌
缝匠肌
耻骨肌
股直肌
长收肌
大收肌
股内侧肌
股直肌腱
髌骨
髌韧带
胫骨粗隆
胫骨前肌
胫骨
腹股沟
股外侧肌
髂胫束
腓骨头
胫骨粗隆
股薄肌
鹅足肌腱
腓肠肌
胫骨前肌
腓骨长肌
腓骨短肌
趾长伸肌
比目鱼肌
内踝
外踝

动作的电影镜头。

这个作品中，解剖的准确性无可挑剔，但也只是叙述的陪衬。当技术的缺陷不再阻碍艺术创作时，叙述会更有说服力。贝尼尼的叙事不是通过夸大身体特征（如米开朗基罗在很多作品中，让人物充满痛苦或者心理压力），而是依靠突出人物面部表情、惟妙惟肖地再现人体解剖结构与人体动作的叙事。他的作品《大卫》通过捕捉一组电影镜头中的瞬间动作，激发观众想象后面的动作。

对页图：贝尼尼，《大卫》素描效果图，1623-1624年，右腿肌肉结构

上图：贝尼尼，《大卫》肌肉与骨骼图

43

练习

学习肌肉名称、位置的一种趣味方法：用不同颜色的彩笔为肌肉涂上颜色，然后标出你认识的肌肉，如下图贝尼尼的《大卫》中的肌肉和骨骼部位图所示。使用接下来的其他三张肌肉和骨骼部位图独立完成练习。

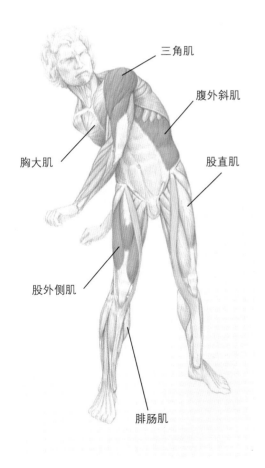

三角肌

腹外斜肌

胸大肌

股直肌

股外侧肌

腓肠肌

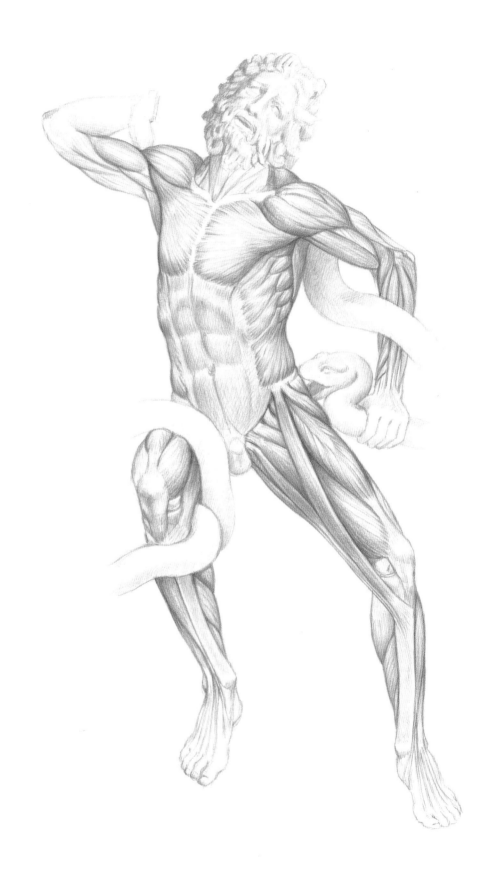

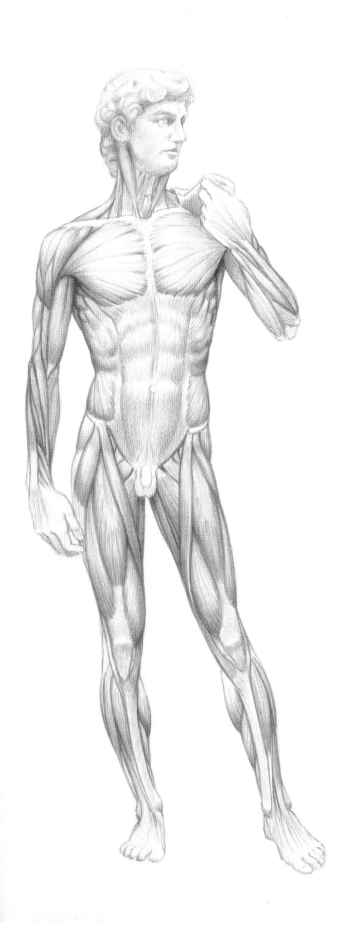
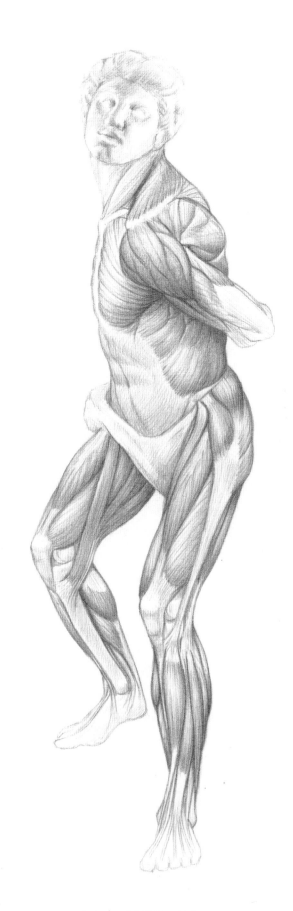

第 2 章

几何图形
与
比例关系的美学

本章讲述几何图形在人体绘画中的应用首先应遵循比例关系的原则（即人体各个部分之间典型的比例关系），之后观察人体的几何图形，运用相关的美学知识进行创作。人体结构本身蕴含着几何图形美学，这体现在肌肉和骨骼结构中，也体现在人体的姿态、构图或动态的身体中。

对页图：佚名罗马雕塑家（仿波利克里托斯），《多里弗罗斯》，又名《持矛者》，公元前50-公元前20年，大理石雕塑，198.12cm×48.26cm×48.26cm，明尼阿波利斯艺术设计学院，约翰·范·凡·德里普基金会捐赠的礼物，由布鲁斯·布利斯·代顿、一位匿名捐赠者、肯尼斯·代顿夫妇、约翰·德里斯科尔夫妇、阿尔弗雷德·哈里森夫妇、约翰·安德鲁斯夫妇、贾德森·代顿夫妇、斯蒂芬·基廷夫妇、皮尔斯·麦克纳利夫妇、唐纳德·代顿夫妇、韦恩·麦克法兰夫妇，以及该学院许多其他慷慨的友人捐赠

许多流传至今的古罗马艺术品都是复制品，原件已经遗失。

自古以来，艺术家们就发明并使用按比例绘制人体的种种方法。第一个成体系的人体比例绘画法可能始于古希腊时期。那时的人们崇尚"至善至美"，大致可以理解为品德美与人体美的完美统一，依据这一概念人们创造了理想化的人体。罗马人后来沿用并调整这一原则为"健全的心灵寓于健全的身体"。公元前5世纪，雕塑家波利克里托斯创造的《多里弗罗斯》，又称《持矛者》（见18页），成为古希腊时期理想人体的典范。

波利克里托斯的著作《法则》（现已遗失，只能通过其他古代作家的作品间接了解）描述了人体的理想比例。其作品《多里弗罗斯》完美地体现了理想的人体比例关系，因此也被称为《法则》。理想化人体形态的技法，基于健全的人体结构与身体各部位之间的和谐关系。但随着基督教的出现，这一方法逐渐被摒弃。在当时，表现裸体的作品被视为异端、罪恶，因而受到压制。

直到15世纪意大利文艺复兴时期，应用理想化人体比例技法，以及艺用人体解剖学研究才重新开始兴起。之后的五百年中，这一理想人体比例方法始终是西方艺术院校美术培训的核心要素之一。这种方法在20世纪曾一度遭到西方艺术院校的摒弃，并在20世纪60年代达到高潮，但是随着人们再次对具象艺术产生兴趣，这一传统的方法得以恢复。如今世界各地的艺术学校和画室都在教授这种方法。

健全的心灵寓于健全的身体。

稳定、实用、美观

重拾古典理想人体的文艺复兴的艺术家们回顾了一些古籍。例如，列奥纳多·达·芬奇著名的作品《维特鲁威人》（见对页图）呈现了公元前1世纪罗马建筑师、军事工程师马尔库斯·维特鲁威·波利奥在《建筑十书》中描述的人体比例。该书在文艺复兴时期曾被艺术家们广泛传阅，其中除了达芬奇，还包括佛罗伦萨建筑师菲利普·布鲁内莱斯基和德国画家及版画家阿尔布雷特·丢勒。

维特鲁威提出，建筑的主要原则是"坚固、实用和美观"。他在书中把完善的建筑与人体结构做了类比：建筑与其周围空间的关系就像人体各部分与外在的身体的关系一样。在达·芬奇创作的《维特鲁威人》中，手臂和腿部上的剖面线界定了人体各个部分之间的比例关系，这种比例关系完全符合维特鲁威在书中描绘的比例关系。《维特鲁威人》的人体比例或许与几世纪以前波利克里托斯提出的完美人体比例大体一致。

回顾古籍。

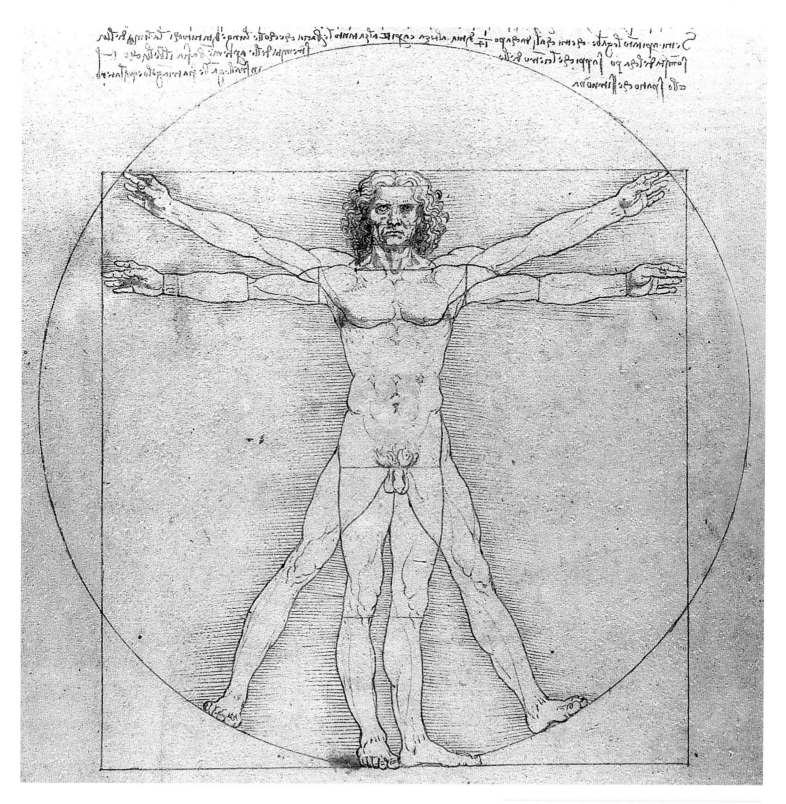

上图：列奥纳多·达·芬奇，《维特鲁威人》，约1490年，钢笔淡彩画/银尖笔/纸，34.6cm×25.5cm，威尼斯学院美术馆

其他比例关系体系

　　继达·芬奇之后,其他艺术家,如米开朗基罗和丢勒等,
也系统地研究了人体结构,发展了各自的比例关系体系。除维
特鲁威之外,其他建筑师也在寻求人体形态与其所处的建筑空
间相协调的方法。20世纪,法国建筑师勒·柯布西耶基于同样
的理念创作了《模度》,提出了与建筑空间协调的人体比例标准。

　　自从波利克里托斯首次编纂《法则》一书后,人们就一直
使用构建人体各部分比例关系(如头身比)这一方法。这几页
展示了17世纪至20世纪的例子。

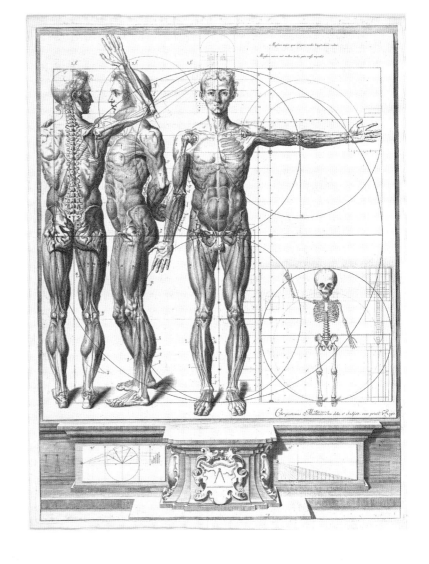

上图:克里索斯托莫·马丁内斯,《阿特拉斯解剖学》插图,未
出版,约1680-1694年,蚀刻版画,版面:70.9cm×53.6cm,纽约
大都会艺术博物馆,玛丽·奥恩斯拉格基金,2016年

克里索斯托莫·马丁内斯开创了人体各部分的关联体系。然而作品
尚未完成,这位艺术家却不幸离世了。

下图:保罗·玛丽·路易斯·皮埃尔·里奇尔,《艺用解剖学》
插图,1890年

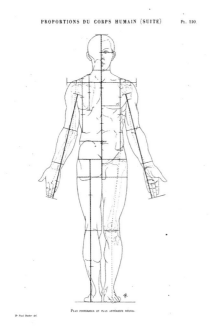

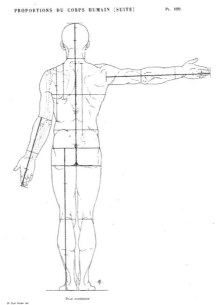

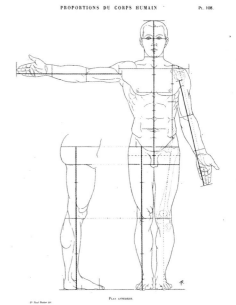

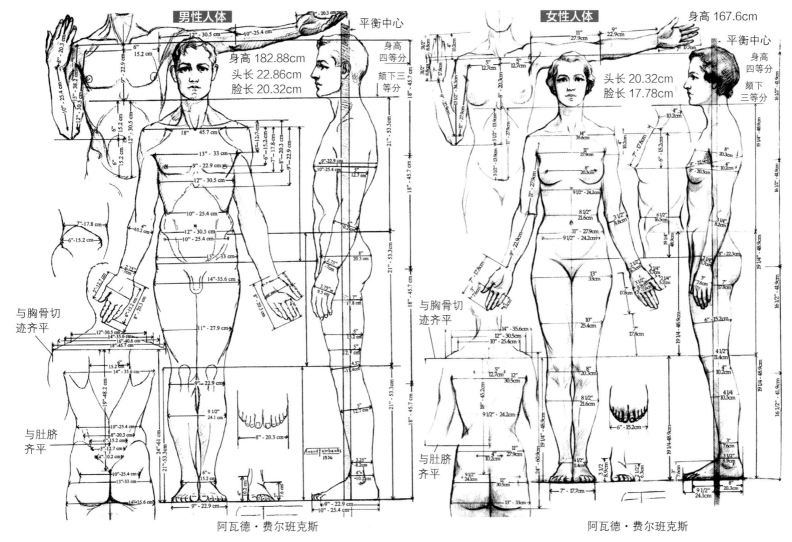

阿瓦德·费尔班克斯

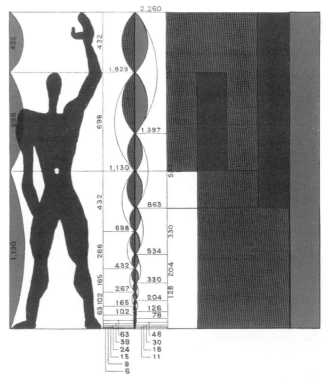

上图：阿瓦德·坦尼森·费尔班克斯和尤金·费尔班克斯，《艺用人体比例》整版插图，1936年

下图：查尔斯-爱德华·让纳雷，也就是人们熟知的勒·柯布西耶，《模度》（1948年）整版插图，勒·柯布西耶基金会提供

20世纪，瑞士裔法国建筑师勒·柯布西耶的《模度》使我们重归人体比例关系的理念。这一理念在呼应维特鲁威的同时，也深受现代主义革命的影响。

几何图形美学

如同自然界中的所有生物一样，物理定律和进化需求决定了人体形态。人体的结构、形态和各部分比例必须符合特定的参数要求，人体才能生长发育。物理定律依赖于数学，因此人体结构实际上基于数学和几何学。因为人体特定的几何图形蕴含着美学意义，所以艺术家可以利用几何学为人体赋予美学意义。

古典时期的希腊雕塑家首次从哲学之外的其他角度，如数学、几何学和解剖学，为人体形态提供了系统的、复杂的阐释。运用上述方式呈现的人体艺术是有机形态与美学特征的综合体：身体成为承载文化构建的载体。

头身比

头身比，这一构建人体比例的方法由来已久，其历史可追溯到古希腊时期，至今人们仍在使用。这种人体比例法，通过衡量头部高度占全身高度的比例，体现头部与身体其他部位的关系。头部高度还能被当作衡量身体其他部分大小的单位，用头部尺寸的倍数或分数表示。比如，如果头部尺寸是 1，那么胸部大约是 $1\frac{1}{2}$ 头，髋是 1 头，上臂是 $1\frac{3}{8}$ 头，手是 $\frac{7}{8}$ 头，以此类推。

公元前 5 世纪，波利克里托斯制定的古希腊早期比例法则中，头身比大约是 $1:7\frac{1}{2}$，意味着全身高度（从头顶到脚底），约为七个半头身。公元前 4 世纪，古希腊晚期利希伯斯的人体比例法则中，头身比约为 1:8。新的比例关系反映了艺术从古典时期到希腊化时期的转变。对页的图对比了两组标准比例。

蕴含美学意义
的人体。

对页图：$1:7\frac{1}{2}$ 的比例与 1:8 的比例对比

图中对比了古希腊早期波利克里托斯创作的《多里弗罗斯》（或《法则》）（左图）与古希腊晚期利希伯斯创作的《阿基亚斯》。

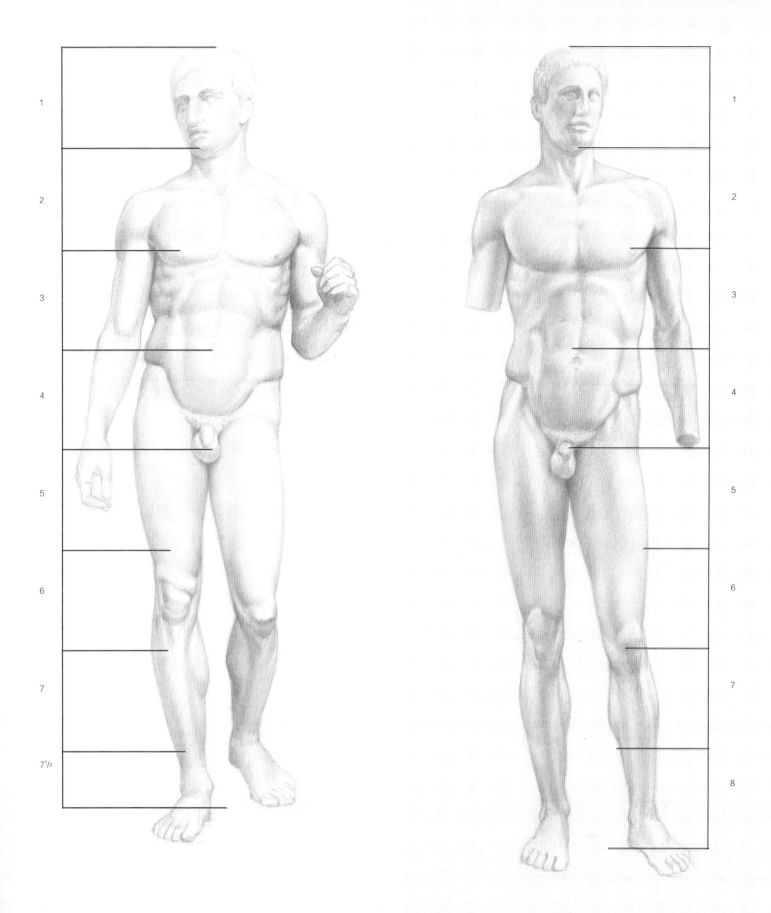

1

2

3

4

5

6

7

7¹/₂

1

2

3

4

5

6

7

8

另一种可能的模块化系统

波利克里托斯和利西波斯创作的雕塑均符合以上的比例关系，但这并不意味他们用头部高度作为基础度量单位进行创作。基于经验与推测观察，我认为也可以用其他方式获得这些比例关系。古风时期和古典时期的希腊雕塑家似乎大多都使用圆规和三角形创作艺术品。当我使用这两种工具分析一些古风时期和古典时期雕塑的画作与照片时，我分辨出一些几何图形，还注意到一些方法常数，以它们为基础可以构建一个不同的人体比例模块化体系。

我着重讨论以下三尊雕塑：古风时期晚期库罗斯的《亚里斯多迪科》（约公元前 500 年），古典时期早期的《克雷提奥斯的少年》（约公元前 480 年），以及被视为古典时期比例法则典范的《多里弗罗斯》（约公元前 440 年）。使用圆规和三角形分析这些作品的图时，我注意到，上述三件作品都可以用五个大小相同的正方形外加一个长度为正方形一半的矩形围住。这可能是一种标准的模块化方法，可以用来创作在主题、姿态和解剖形态等方面与"类型"一致的艺术品。（我并不是想证明希腊艺术家是运用以下所述的方法创作，而是想展示如何使用图形和几何学语言解读人体。）

绘制出五个半正方形之后，可以用圆规和三角形在每个正方形中构建人体界标（见第 3 章）。每个三角形内都包含人体一部分：

- 第一个正方形包含头、颈，下至锁骨；
- 第二个正方形从锁骨至腰部（胸腔下端）；
- 第三个正方形从腰部至生殖器下；
- 第四个正方形从生殖器下延至双膝；
- 最后一个半正方形包含小腿和双脚。

对页图：雕像《亚里斯多迪科》，古风时期，约公元前500年，人体模块化建构示意图

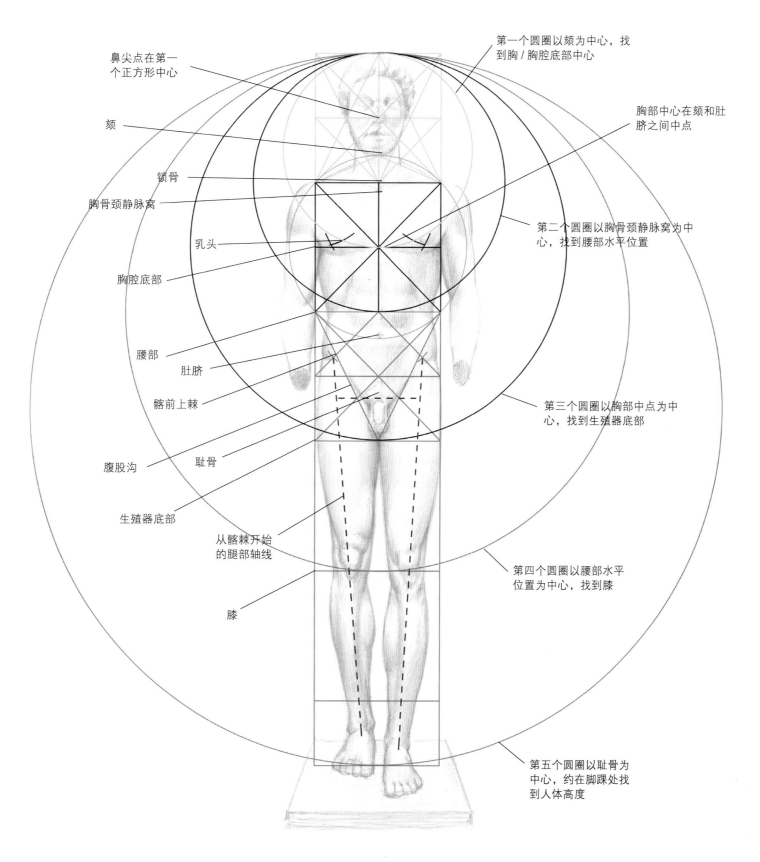

鼻尖点在第一个正方形中心

颏

锁骨

胸骨颈静脉窝

乳头

胸腔底部

腰部

肚脐

髂前上棘

腹股沟

耻骨

生殖器底部

从髂棘开始的腿部轴线

膝

第一个圆圈以颏为中心，找到胸 / 胸腔底部中心

胸部中心在颏和肚脐之间中点

第二个圆圈以胸骨颈静脉窝为中心，找到腰部水平位置

第三个圆圈以胸部中点为中心，找到生殖器底部

第四个圆圈以腰部水平位置为中心，找到膝

第五个圆圈以耻骨为中心，约在脚踝处找到人体高度

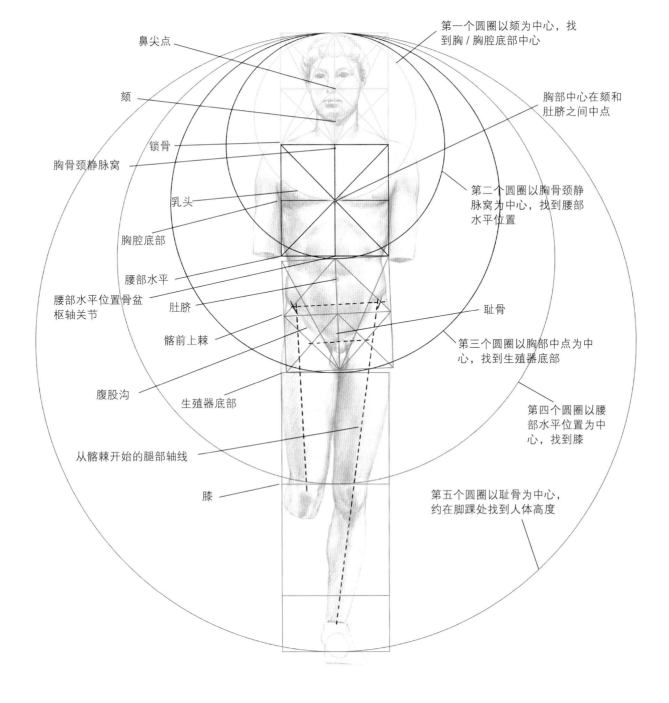

第一个圆圈以颏为中心，找到胸/胸腔底部中心

鼻尖点

颏

胸部中心在颏和肚脐之间中点

锁骨

胸骨颈静脉窝

乳头

第二个圆圈以胸骨颈静脉窝为中心，找到腰部水平位置

胸腔底部

腰部水平

腰部水平位置骨盆枢轴关节

肚脐

耻骨

髂前上棘

第三个圆圈以胸部中点为中心，找到生殖器底部

腹股沟

生殖器底部

第四个圆圈以腰部水平位置为中心，找到膝

从髂棘开始的腿部轴线

膝

第五个圆圈以耻骨为中心，约在脚踝处找到人体高度

上图：《克雷提奥斯的少年》，古典时期早期约公元前480年，人体模块化建构示意图

**对立式平衡姿势的
改革性创新。**

《亚里斯多迪科》（见前页图）仍然遵循埃及雕像的传统，呈古风时期典型的正面直立式姿势。图中正方形沿中轴线整齐叠加，与早期的库罗斯相比，他的形态总体而言更为真实，更好地展现了解剖学特点。《亚里斯多迪科》和《克雷提奥斯的少年》（见上图）的创作时间大约间隔25年。显然，他们的比例及创作方法都很相似，但是《克雷提奥斯的少年》引入了对立式平衡姿势这一革命性创新。以上图第二个方格底部为支点，转动第三个方格，似乎便能产生这样的姿势。对立平衡表现为一条腿略微倾斜站立，另一条腿则微微弯曲提起，但是腿部的轴心仍始于髂棘。（有关对立式平衡姿势的更多信息参见182～185页。）

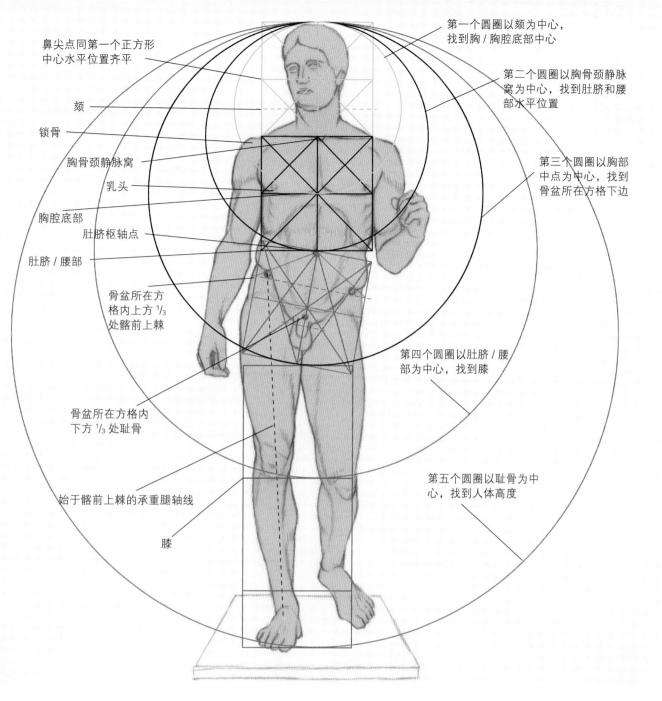

鼻尖点同第一个正方形中心水平位置齐平

第一个圆圈以颏为中心，找到胸 / 胸腔底部中心

第二个圆圈以胸骨颈静脉窝为中心，找到肚脐和腰部水平位置

颏

锁骨

胸骨颈静脉窝

乳头

胸腔底部

肚脐枢轴点

肚脐 / 腰部

第三个圆圈以胸部中点为中心，找到骨盆所在方格下边

骨盆所在方格内上方 ⅓ 处髂前上棘

第四个圆圈以肚脐 / 腰部为中心，找到膝

骨盆所在方格内下方 ⅓ 处耻骨

始于髂前上棘的承重腿轴线

第五个圆圈以耻骨为中心，找到人体高度

膝

波利克罗托斯的《多里弗罗斯》仍然符合五个半正方形的人体模块化构造，但是与前两个示例的不同之处，在于它的一些界标位置发生了变化：肚脐更高，与腰部处于同一水平；髂前上棘位于骨盆上三分之一处，耻骨位于骨盆下三分之一处。骨盆枢轴点位于肚脐处。《克雷提奥斯的少年》刻画的可能是名青少年运动员，他身形修长，体态优雅，而《多里弗罗斯》则是名成年武士，他的身体更强壮，肌肉更发达，胸膛更宽阔，骨盆倾斜得更明显。《克雷提奥斯的少年》呈优雅的休息姿势，而《多里弗罗斯》的对立式平衡姿势则表明他随时会迈出一大步。

上图：《多里弗罗斯》，古典时期，约公元前440年，人体模块化建构示意图

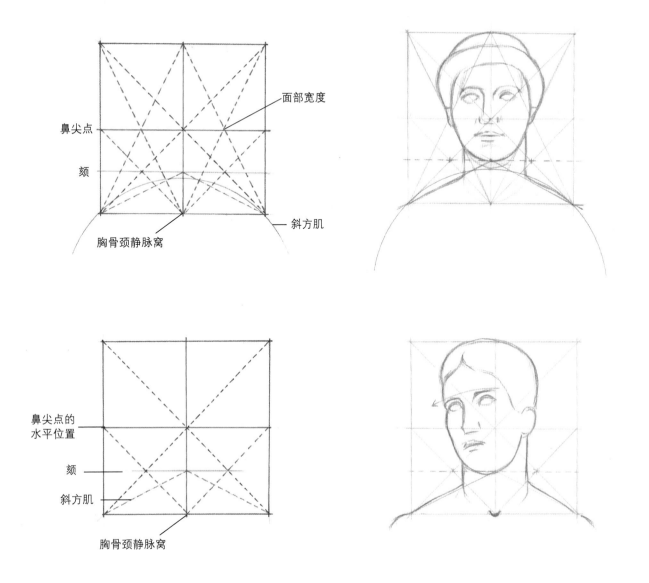

《克雷提奥斯的少年》与《多里弗罗斯》的比例关系对比

　　《克雷提奥斯的少年》的主要界标是应用相同的方式获得的，因此界标也同样位于特定的正方形内。《克雷提奥斯的少年》虽然骨盆倾斜，但是用同样的几何坐标也可以定位肚脐、髂前上棘、腹股沟、耻骨和外生殖器。

　　《多里弗罗斯》的头部比例与早期雕像的比例关系几乎相同，但《多里弗罗斯》的头部沿中轴线从颈根部开始略微倾斜，眉骨的弧度同身体倾斜的弧度一致。肚脐位于第二与第三个方格中间，而《克里提奥斯的少年》的肚脐则位于第三个方格内。髂前上棘与耻骨分别位于第三个方格的上方和下方。第二与第三个方格内的这些变化形成了一个更短、更方的胸腔，使《多里弗罗斯》看起来更健壮、更强大。

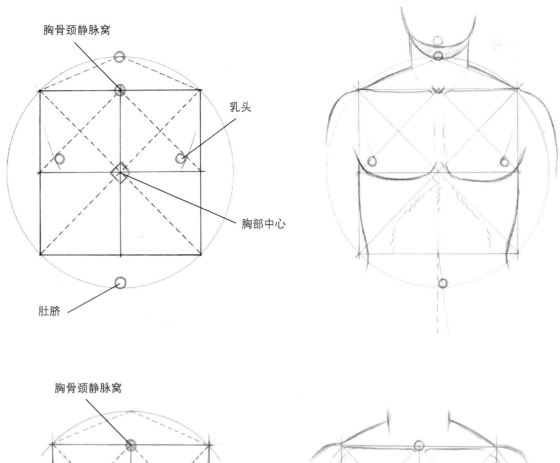

胸骨颈静脉窝

乳头

胸部中心

肚脐

胸骨颈静脉窝

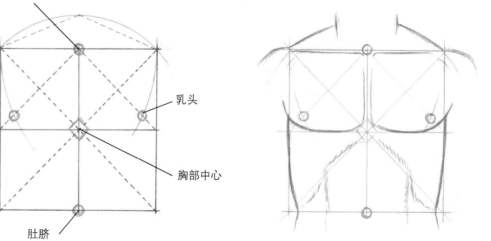

乳头

胸部中心

肚脐

对页上图：《克里提奥斯的少年》的头部建构

对页下图：《多里弗罗斯》的头部建构

《克里提奥斯的少年》与《多里弗罗斯》这两个雕像的头部比例似乎是应用同一种方法获得的，只是略有差异。正方形上边的中心点及下边的中心点连线至正方形四角，其对角线可以勾勒出《克里提奥斯的少年》的面部宽度，但不能勾勒出《多里弗罗斯》的面部宽度，因为后者的头部轻微转动、倾斜。两件作品对于鼻尖点、颔和斜方肌的定位方法相同。

上图：《克里提奥斯的少年》的胸部建构

下图：《多里弗罗斯》的胸部建构

用同样的比例方法可以定位《克里提奥斯的少年》与《多里弗罗斯》的乳头和胸骨颈静脉窝，但是《克里提奥斯的少年》的肚脐在圆圈较低点，而《多里弗罗斯》的肚脐在正方形的底部。《多里弗罗斯》的颈部和肚脐之间间距较短，这使他看起来胸部和肩部更宽，显得更健壮。

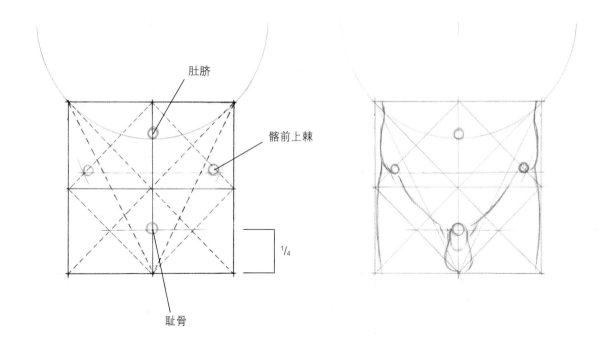

肚脐

髂前上棘

耻骨

$1/4$

肚脐

髂前上棘

耻骨

$1/3$

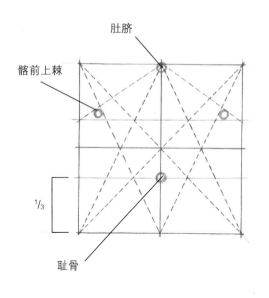

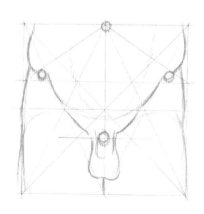

上图：《克里提奥斯的少年》的骨盆建构

下图：《多里弗罗斯》的骨盆建构

两尊雕像的肚脐、髂前上棘和耻骨的位置不同，但都可以用正方形分割成几何图形的方法定位。

法则之争

两个最常见的人体头身比为 $1:7\frac{1}{2}$ 与 $1:8$。我合作的模特中，$1:7\frac{1}{2}$ 头身比比 $1:8$ 更常见，但是后者也常出现。人体比例不仅仅局限于这两种可能，成年人的人体比例通常在与 $1:6\frac{1}{2}$ 至 $1:8$ 之间，但是也有其他比例。

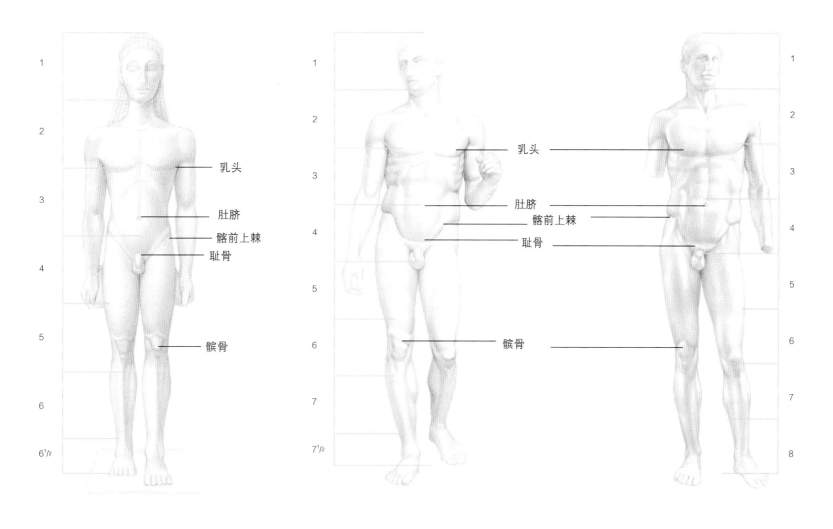

乳头

肚脐

髂前上棘

耻骨

髌骨

乳头

肚脐

髂前上棘

耻骨

髌骨

上图：头身比对比

这幅图对比了古风时期的青年雕像与两尊古典时期体现人体比例法则的雕像：古典时期早期波利克里托斯创作的《多里弗罗斯》与古典时期晚期利希伯斯创作的《阿基亚斯》。大都会馆藏的《青年雕像》头身比为 $1:6$，《多里弗罗斯》比例约为 $1:7$ 或 $1:7\frac{1}{2}$，《阿基亚斯》为 $1:8$。青年雕像的比例是青春期男孩的比例，但是很难

确定艺术家创作青年雕像时究竟是基于法则，还是根本没有应用法则，只是依照了一位青年模特的比例。无论如何，我们都应该看到，在约一百年的时间里，希腊艺术家在掌握解剖学知识与技巧方面有了很大的发展。

正如我们所见，波利克里托斯确立了1:7½的头身比，即《多里弗罗斯》完美的人体比例（又名《卡农》）。这样的比例使多里弗罗斯在视觉上更结实、强壮，宽阔的胸膛和肌肉发达的四肢给人以力量和坚实的感觉，但缺乏灵活性。同大多数古典时期的武士、运动员或神灵的雕像一样，《多里弗罗斯》沉稳自信的姿态体现了从容、平和的情绪。

古典时期晚期雕塑家利希伯斯确立了1:8的新比例关系。按照这一比例创造的人体雕塑身材更颀长，头较小，腿更长。利希伯斯的代表作《阿基亚斯》是为了纪念一位潘克拉辛冠军（潘克拉辛是一种融合了摔跤、拳击、踢打，绞杀等招数的搏击运动。除了禁止咬人和挖眼外，没有其他规则）。《阿基亚斯》的身体同样呈现了强健的体魄，但与《多里弗罗斯》相比，显得更敏捷、更逼真，更富于活力和动感。

对比《多里弗罗斯》和《阿基亚斯》的头身比（见前页图），你会发现，这两尊雕塑的前三个头高几乎在同一水平位置：颏向下一头高是乳头，再向下一头高则是肚脐。之后二者的比例有所变化：《多里弗罗斯》的第四头高在睾丸下方，而《阿基亚斯》的第四头高则处于阴茎根部；《多里弗罗斯》的第五头高在双膝所在的方格上方，而《阿基亚斯》的只在股的一半处；《多里弗罗斯》的第六头高位于小腿后区的中部，而《阿基亚斯》的在胫骨粗隆处；《多里弗罗斯》的第七头高延至踝，而《阿基亚斯》的第七头只在小腿的一半。《多里弗罗斯》的足跟在七头半处，而《阿基亚斯》的则位于第八头高处。

理想与现实

　　头身比的方法只能作为人体写生素描的大致参考。例如，现实中模特的乳头不一定精确地出现在第二头标记处，有可能位于其上方或下方。同样，肚脐和生殖器也可能分别处于第三头和第四头的上方或下方。

　　以头身比作为参考时，我们可以基于典型人体比例关系确定主要界标的位置。首先，绘制一个构造合理，符合解剖学的大致的人体结构，然后，找到模特身体界标的准确位置，完善这一结构。模特的比例极有可能与理想中完美的人体比例存在差异，即使有时这种差异很小。

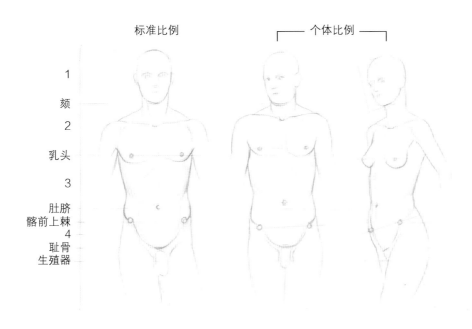

上图：理想的人体比例与现实中的人体比例

左侧的人体比例为理想的 1:7$\frac{1}{2}$：颏下方一头为乳头，肚脐在颏下方两头处，生殖器在颏下方三头处。图中间和右侧的人体，代表了绘制真人时，可能遇到的两种有差异的个体比例。中间人体的乳头位置略高于第二头标记处，肚脐比第三头水平位置略高。界标的位置也会受姿势的影响：右侧人体的颏略低是因为他的头朝下且略倾斜；乳头略低是因为乳房大小各异、在胸部的位置也不同；髂前上棘不对称（一边高，一边低），是因为骨盆倾斜。绘制人体时，艺术家必须根据这些个体的细微差异，调整比例关系。

下图：斯科特·诺埃尔，《戴夫、苏和杰西卡分别扮演亚当、夏娃和莉莉丝，结构到肖像的演变》，2010年，色粉画，111.76cm×152.40cm，艺术家提供

这幅作品是由我的朋友兼同事斯科特·诺埃尔创作的，充分展示了艺术家可能遇到的人体比例的多样性。这三个人体的具体比例可以用上图所示的方法测量。

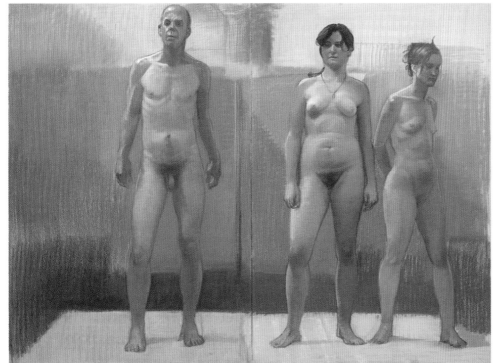

比例关系的应用

比例关系有什么用？举个例子，即使你仅仅知道手的长度总是略短于头部高度，或者足长大约等于或略长于头部高度，就能更加客观地分析人体形态。你不再仅仅是模仿、被动地作画，而是合理地、更准确地捕捉人体的内在和谐，那么你的画作中便不会再出现小脚、大手或比例极其不协调的四肢。

我之前提到过人体各部分之间的比例关系，例如，四肢各部分的长度越接近骨端就会越短。在下图中，你可以看到股骨（大腿骨）比胫骨和腓骨（下肢小腿骨）长，而胫骨和腓骨又比足骨长。对页图展示了人体主要比例关系：上臂比前臂长，前臂又比手长，以此类推，一直延伸至指尖。肘部处于腰部的水平位置，乳头在颏下一头处，肚脐在颏下两头的位置。

再也没有比例失调
的四肢了！

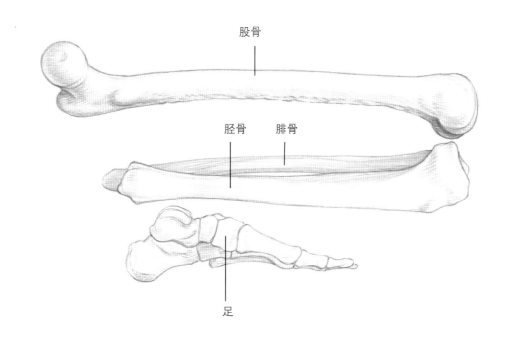

股骨

胫骨　腓骨

足

右图：腿骨与足骨的比例
关系

对页图：人体部位的比例
关系与关联

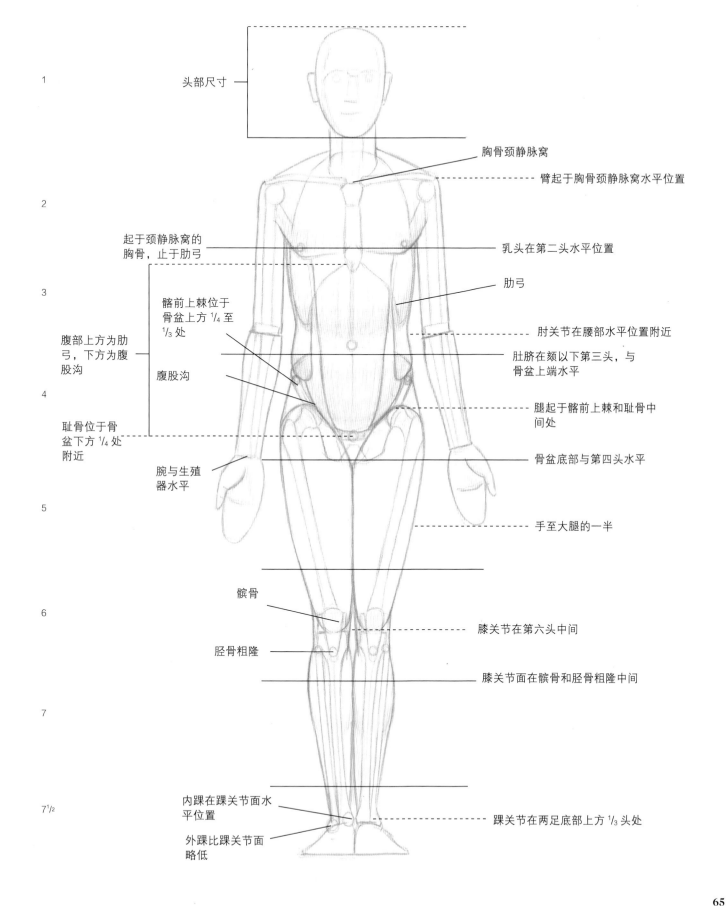

1

头部尺寸

胸骨颈静脉窝

臂起于胸骨颈静脉窝水平位置

2

起于颈静脉窝的
胸骨，止于肋弓

乳头在第二头水平位置

肋弓

3

髂前上棘位于
骨盆上方 ¹/₄ 至
¹/₃ 处

肘关节在腰部水平位置附近

腹部上方为肋
弓，下方为腹
股沟

腹股沟

肚脐在颏以下第三头，与
骨盆上端水平

4

腿起于髂前上棘和耻骨中
间处

耻骨位于骨
盆下方 ¹/₄ 处
附近

腕与生殖
器水平

骨盆底部与第四头水平

5

手至大腿的一半

髌骨

6

膝关节在第六头中间

胫骨粗隆

膝关节面在髌骨和胫骨粗隆中间

7

内踝在踝关节面水
平位置

7¹/₂

踝关节在两足底部上方 ¹/₃ 头处

外踝比踝关节面
略低

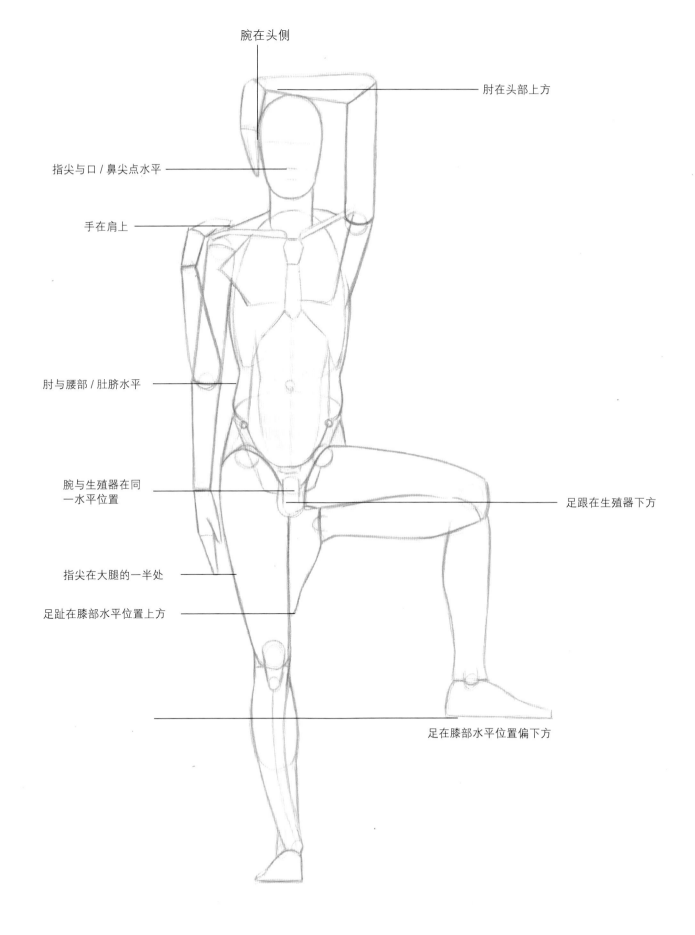

腕在头侧

肘在头部上方

指尖与口 / 鼻尖点水平

手在肩上

肘与腰部 / 肚脐水平

腕与生殖器在同
一水平位置

足跟在生殖器下方

指尖在大腿的一半处

足趾在膝部水平位置上方

足在膝部水平位置偏下方

比例关系与动作

当躯干、骨盆、头部或四肢弯曲、伸展或倾斜时，人体各部分之间的比例关系也会相应变化。下图展示了这种变化。图中展示的分别是：整个人体（理想化的）、手臂，以及真人模特的身体（非透视法姿势）。

对页图：弯曲肢体的比例关系，前视图

下图：弯曲肢体的比例关系，侧视图

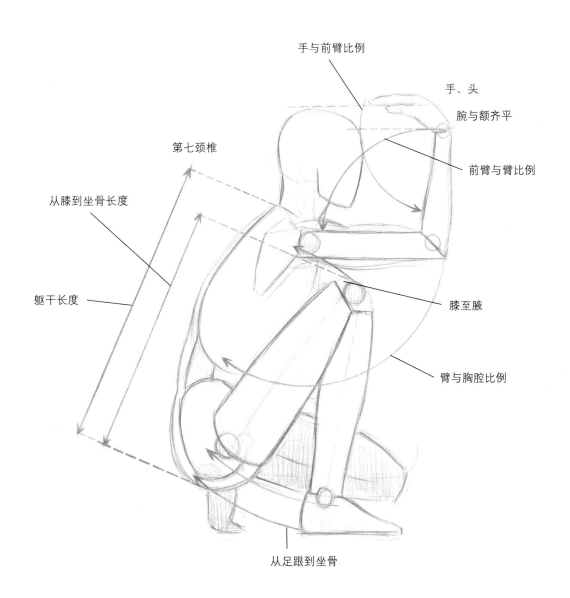

手与前臂比例

手、头

腕与额齐平

第七颈椎

前臂与臂比例

从膝到坐骨长度

膝至腋

躯干长度

臂与胸腔比例

从足跟到坐骨

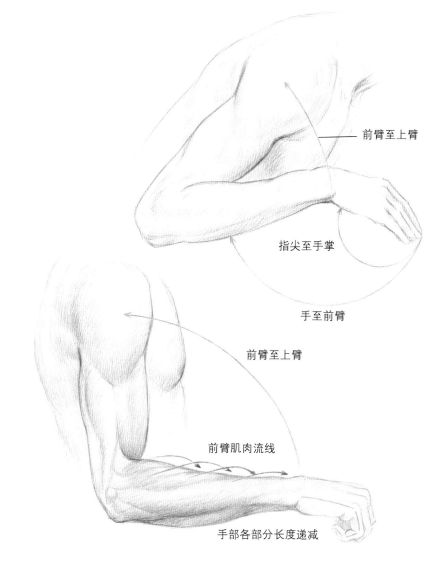

前臂至上臂

指尖至手掌

手至前臂

前臂至上臂

前臂肌肉流线

手部各部分长度递减

上图：上肢主要部分的比例关系
画手臂时必须考虑所有部分的关联，才能呈现和谐的整体结构。

下图：解读一种姿势的比例关系
这幅画作描绘的是一位真人模特约瑟夫，作品展示了非透视缩短的人体比例关系。头部高度和手、足长度对比：手略短于头长，足略比头长。足跟和坐骨处于同一水平位置，双膝位于腋窝。图中箭头表示肌肉流线，流线也可以用来标志人体各个部位，例如胸腔末端、髂嵴和股前端。

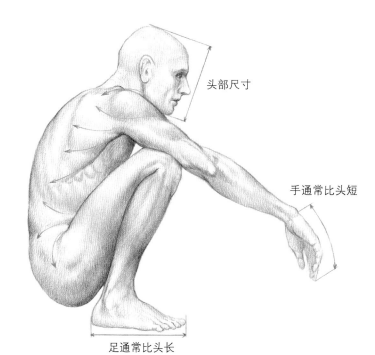

头部尺寸

手通常比头短

足通常比头长

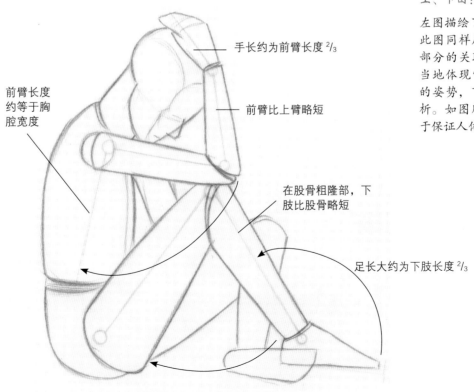

手长约为前臂长度 $^2/_3$

前臂比上臂略短

前臂长度
约等于胸
腔宽度

在股骨粗隆部，下
肢比股骨略短

足长大约为下肢长度 $^2/_3$

上、下图：一种姿势的比例关系

左图描绘了另一位真人模特希瑟。
此图同样展示了如何辨别人体各
部分的关联，以及绘画时如何恰
当地体现它们。上图展现了模特
的姿势，下图是对这一姿势的分
析。如图所示，该比例方法有助
于保证人体各部位比例的和谐。

比例关系与几何图形美学

正如我们在上述图中所见，将身体各部分简化为线条，更有利于艺术家们了解人体真实的尺寸，也有利于观察人体不同造型所呈现的几何图形，如正方形或三角形。与测量有机形态相比，估量简单线条或几何图形的尺寸更容易，也更准确。人体处于运动或静止的各种不同状态时，肌肉会产生不同的几何图形，而这些几何图形都以人体的比例关系为基础。接下来的几幅图展示了比例关系是如何通过人体不同部位之间相互作用或人体运动，创造出美学几何图形的，也展示了绘制人物时应该如何考虑比例关系。

我们也可以用人体界标来呈现几何图形，用来测量绘画对象的比例，如下图所示。（本书将在第 3 章深入探讨人体界标。）

人体在运动或静止时呈现的几何图形。

右图：人体比例关系创造几何图形

值得注意的是，臂和手的各部分长度逐渐变短，形成螺旋形状。

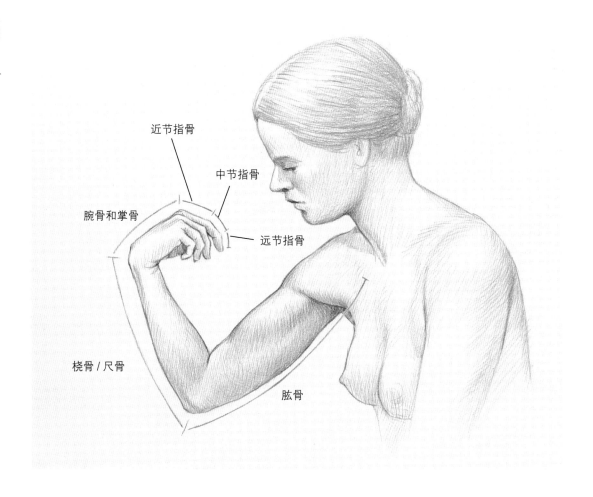

近节指骨

中节指骨

腕骨和掌骨

远节指骨

桡骨 / 尺骨

肱骨

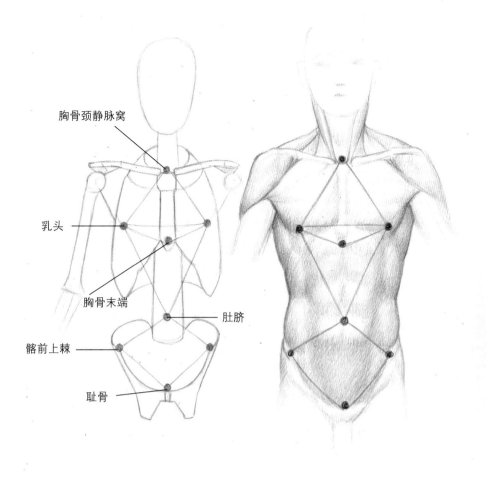

胸骨颈静脉窝

乳头

胸骨末端

髂前上棘

耻骨

肚脐

上图：界标连接形成的几何图形

我们利用骨骼和软界标呈现的人
体几何图形，能更精确地衡量人
体比例。测量、比较线条的长度
或几何图形的大小，比测量有机
形态得出的结果更精确。

下图：某种姿势下的界标连接

我们可以用连接界标形成的几何
图形来了解人体比例。左图展示
了几个几何图形的例子：乳头和
肚脐相连形成一个等边三角形，
表明这三点之间距离相等；乳头
和胸骨切迹形成一个等腰三角形，
是因为乳头之间的距离比乳头到
胸骨切迹之间的距离短。

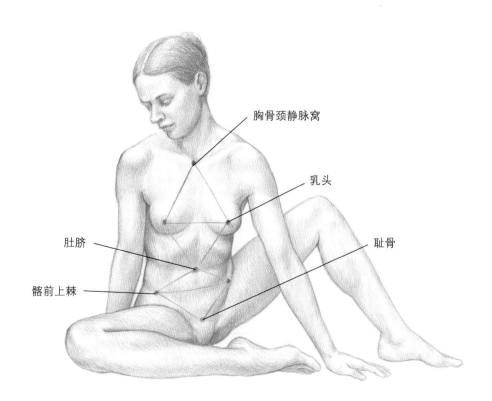

胸骨颈静脉窝

乳头

肚脐

髂前上棘

耻骨

人体可以形成无数个几何图形，我无法全部展示。右图仅展示人物在几种不同姿势下呈现的图形。

注意观察右上图中 P 型螺旋线段长度的递减。伸展的左臂长度最长；肩宽次之；上臂、前臂、手的尺寸依次递减。

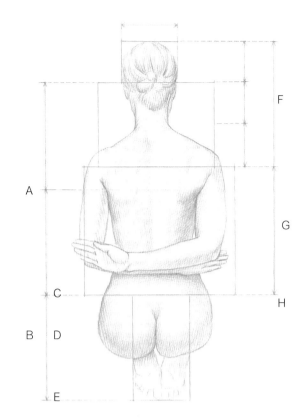

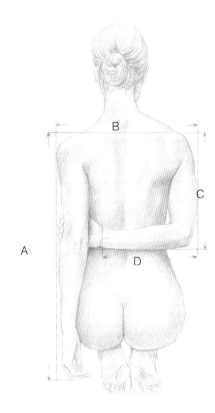

左上图：将复杂的形体简化为测量数据

右上图：用姿势展示出的图形

从背面观察模特的这个姿势，我们可以看到她双臂叠放，在腰部与肩部形成一个矩形；此矩形宽度大于高度。几个逐渐缩小的矩形涵盖了臀肌与双足，每个矩形宽度都大于高度。头部与双足的宽度相同。还要注意字母标记的其他对应尺寸：A=B, C=D, F=G。

人体各部分可以简化为线条，用来描述其长度与宽度。应用这些测量数据，我们可以找到人体的比例关系与几何图形。

下图：包络线——找到高宽比

下图对比了两个矩形的高度与宽度的比例，这两个矩形围住了男、女模特的肩部、上臂及前臂。男性模特矩形围框的宽高比例略大于女性的比例。

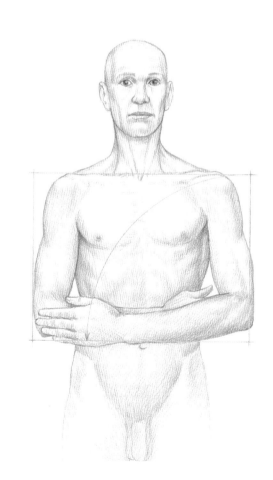

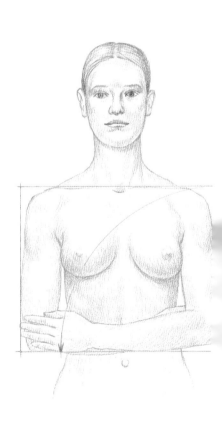

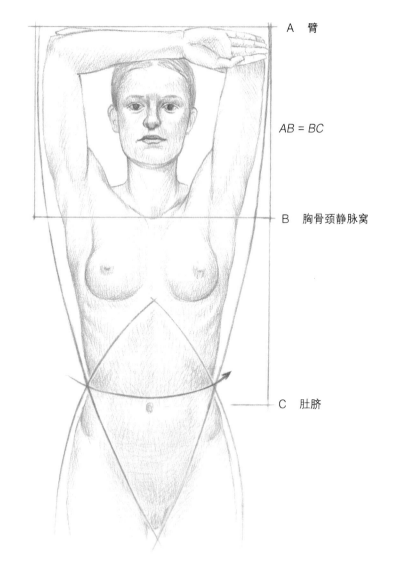

A 臂

AB = BC

B 胸骨颈静脉窝

C 肚脐

上图：图形就这样产生了！

你可以在一个姿势中发现很多个图形，但是我一般都找主要的图形。请注意呈"V"字形的上半身和下半身形成一个沙漏形的图案。

下图：解读人体的多种方法

解读人体的方法各不相同。最左边腿部（A）考虑的是骨骼的轴线，骨骼各部分呈"之"字形。第二条腿部（B）展现腿部主要肌肉体积形成的流线。第三和第四条腿部（C和D）（前视图和后视图）则关注腓肠肌和踝的协调关系。

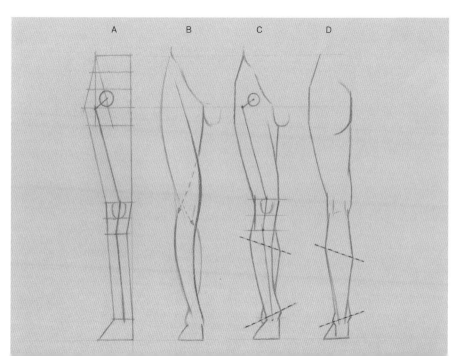

A   B   C   D

寻找姿势中的几何图形

　　用几何图形解构人体姿势有利于测量人体比例，也有利于构建人体姿势的组成特征。在右侧三个例子中，姿势通过多组三角形呈现。这些可视化的几何图形是随意选择的，三角形、正方形、矩形或圆形都可以使用。

练习

　　将描图纸覆在本页的每幅图上，如对页边栏所示，练习寻找每种姿势中的几何图形。除了三角形，你还能找到圆形、正方形和矩形。

第 3 章

界标与肌肉体积

任何一位想要掌握人体动态与美学的艺术家都需要详细了解骨骼系统及其结构特征，以及它与肌肉系统的连接。本章系统讲述人体界标的识别、描述，肌肉体积和肌肉与骨骼的连接。你在绘制人物形体时，可以应用本章所学内容。

为什么熟悉骨骼对具象艺术家如此重要？文艺复兴时期的艺术家将人体骨骼结构比作支撑建筑物的坚实地基，没有稳固的地基，建筑就会倒塌。同样，艺术家在绘制人物形体时，如果没能很好地理解或考虑到这个骨骼的结构，那么就无法创作出成功的艺术品。

对页图：迈克尔·格里马尔迪，《衣钵》，2019年，艺术家提供

即使骨骼隐藏在肌肉体积和或厚或薄的脂肪层下，但是在某些特定人体部位的皮肤之下，还是可以感知骨骼存在的迹象。这些点位就是骨骼界标或骨性界标。除了这些骨骼界标，人体还有一些由肌腱或韧带（如腹白线和腹股沟）构成的软界标，以及肚脐和乳头等表面形态。

通过识别骨骼界标，我们可以重新构建整个骨骼，并对人体、姿势、动态和美学有更深入的了解。如果我们有能力辨别人体表面的肌肉形态，我们就能在绘画时，恰当地处理肌肉与骨骼的关系，创作出更精妙、生动、和谐的艺术品。

躯干的界标和结构

骨骼结构——坚实的基础。

右图：巴托洛梅奥·帕萨罗蒂，《讲授解剖学绘画理论时的自画像》，16世纪80年代，墨水/纸，33.4cm×46.4cm，华沙大学图书馆

帕萨罗蒂的绘画阐释了我推荐使用的渐进式方法。

对页图：躯干前侧的界标概览

蓝色圆圈标记的是骨骼界标和软界标，这两种界标在人体上最容易被观察到。蓝色阴影线标记了不太明显或者不可见的界标，可通过毗邻的界标推断它们的位置。

Bartolomeo Paßarotti Pittore Bolognese fece ed è di se steßo il ritratto che nel disegno si vede

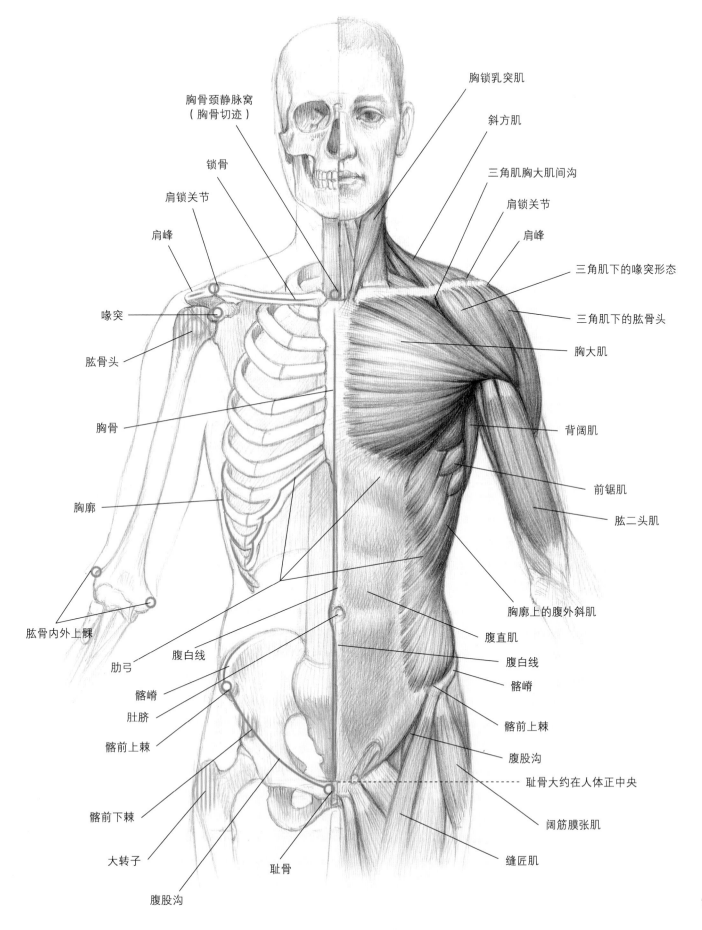

胸骨颈静脉窝
（胸骨切迹）

胸锁乳突肌

斜方肌

锁骨

三角肌胸大肌间沟

肩锁关节

肩锁关节

肩峰

肩峰

喙突

三角肌下的喙突形态

肱骨头

三角肌下的肱骨头

胸大肌

胸骨

背阔肌

胸廓

前锯肌

肱二头肌

肱骨内外上髁

胸廓上的腹外斜肌

肋弓

腹直肌

腹白线

腹白线

髂嵴

髂嵴

肚脐

髂前上棘

髂前上棘

腹股沟

髂前下棘

耻骨大约在人体正中央

大转子

阔筋膜张肌

耻骨

缝匠肌

腹股沟

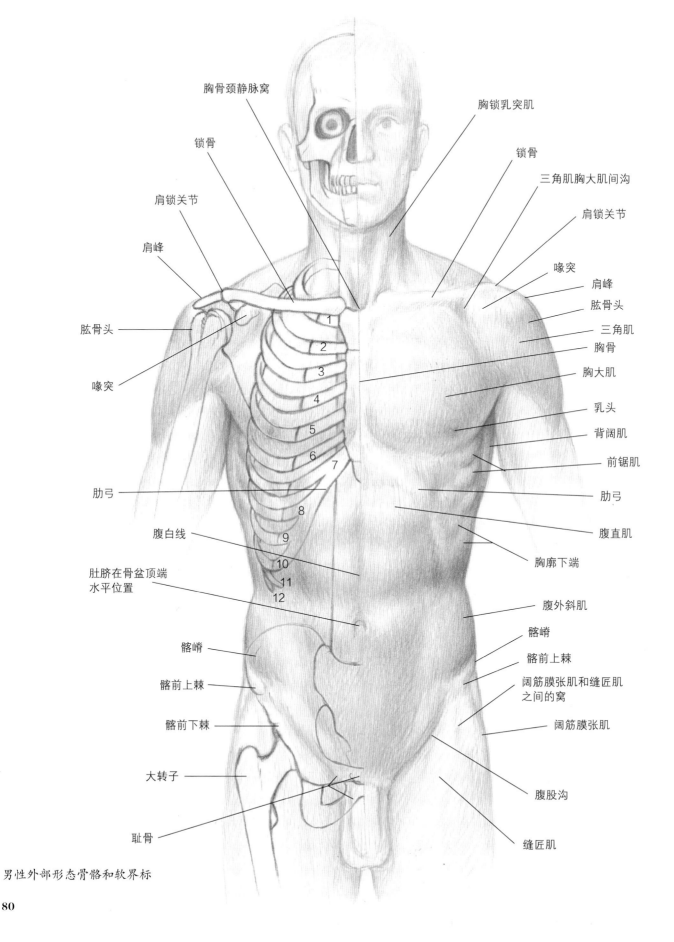

胸骨颈静脉窝

锁骨

肩锁关节

肩峰

肱骨头

喙突

肋弓

腹白线

肚脐在骨盆顶端
水平位置

髂嵴

髂前上棘

髂前下棘

大转子

耻骨

胸锁乳突肌

锁骨

三角肌胸大肌间沟

肩锁关节

喙突

肩峰

肱骨头

三角肌

胸骨

胸大肌

乳头

背阔肌

前锯肌

肋弓

腹直肌

胸廓下端

腹外斜肌

髂嵴

髂前上棘

阔筋膜张肌和缝匠肌
之间的窝

阔筋膜张肌

腹股沟

缝匠肌

1
2
3
4
5
6
7
8
9
10
11
12

男性外部形态骨骼和软界标

80

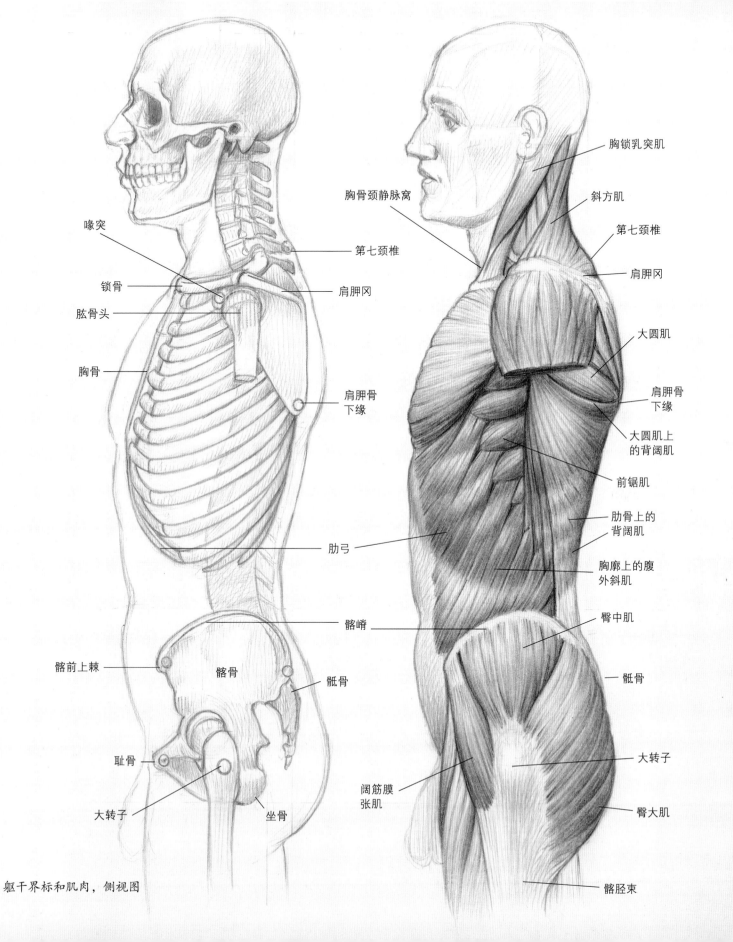

喙突

锁骨

肱骨头

胸骨

第七颈椎

肩胛冈

肩胛骨
下缘

肋弓

髂嵴

髂前上棘

髂骨

骶骨

耻骨

大转子

坐骨

躯干界标和肌肉，侧视图

胸骨颈静脉窝

胸锁乳突肌

斜方肌

第七颈椎

肩胛冈

大圆肌

肩胛骨
下缘

大圆肌上
的背阔肌

前锯肌

肋骨上的
背阔肌

胸廓上的腹
外斜肌

臀中肌

骶骨

大转子

臀大肌

阔筋膜
张肌

髂胫束

81

女性人体界标

对比男性和女性骨骼，我们会发现女性骨盆宽度大于胸廓宽度，而男性两者宽度近似。女性较宽的骨盆使得股越靠近膝部的地方内角度越大。由于乳房大小不同，所以乳头不一定在颏下方一头处。

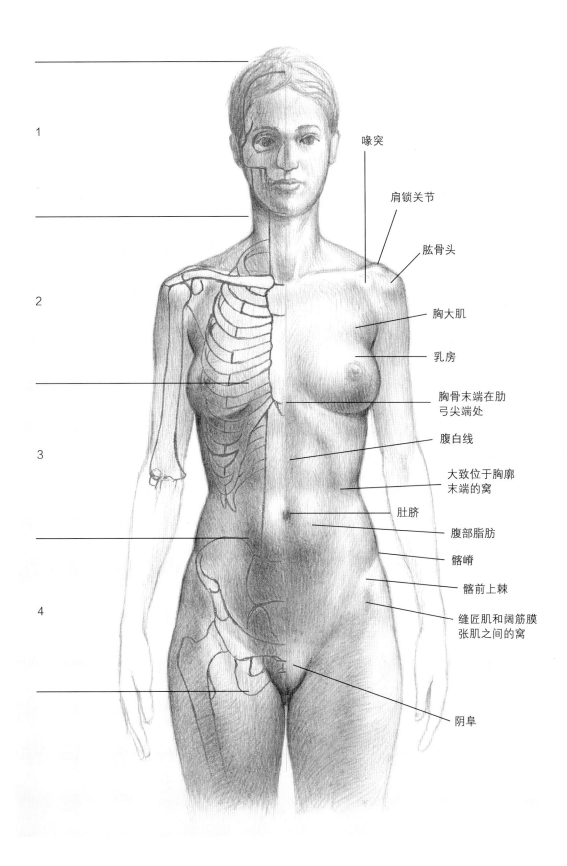

1

2

3

4

喙突

肩锁关节

肱骨头

胸大肌

乳房

胸骨末端在肋弓尖端处

腹白线

大致位于胸廓末端的窝

肚脐

腹部脂肪

髂嵴

髂前上棘

缝匠肌和阔筋膜张肌之间的窝

阴阜

右图：外部形态的骨骼界标和软界标，女性人体

乳房

　　单侧乳房自身是不对称的。而且，体型和年龄等各种因素也会影响乳房的位置和整体形态。这些变量导致乳房在胸部的位置或高或低；与男性不同，女性乳头不一定在第五肋骨的水平位置附近，可能稍高或稍低于此处。乳房下端和肋弓上端之间的距离有助于确定乳房在人体上的位置。

上图：乳房形态

画乳房时，可以将它想象成一个水气球（A）。气球上半部分被水的重量拉长，下半部分因充满水变宽，呈水滴状。乳头通常位于乳房形态的顶端，方向可朝上、朝前或朝下（B）。侧视图（C）表明乳房位于胸部的倾斜平面。俯视图（D）显示乳房通常不是垂直向前的，而是略微向两边分开，因为乳房位于胸部曲面的上方。E图表明乳房与部分胸大肌重叠；乳房与胸大肌分别呈现出截然不同的形态。

下图：乳房的大小、位置与颏下方一头及肋弓上方一头关系对比。

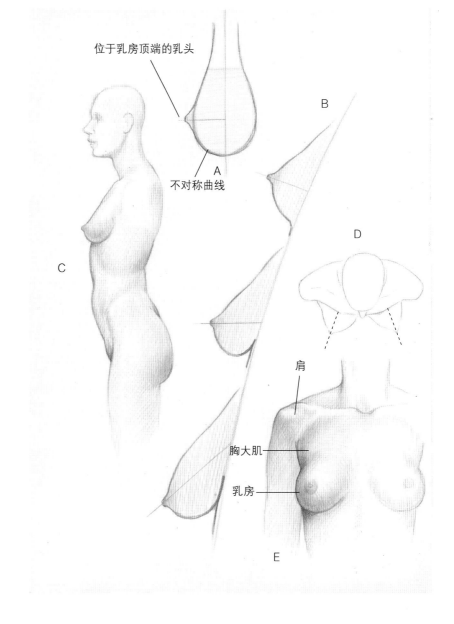

位于乳房顶端的乳头

不对称曲线

A

B

C

D

肩

胸大肌

乳房

E

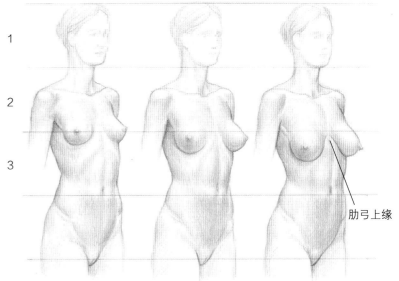

1

2

3

肋弓上缘

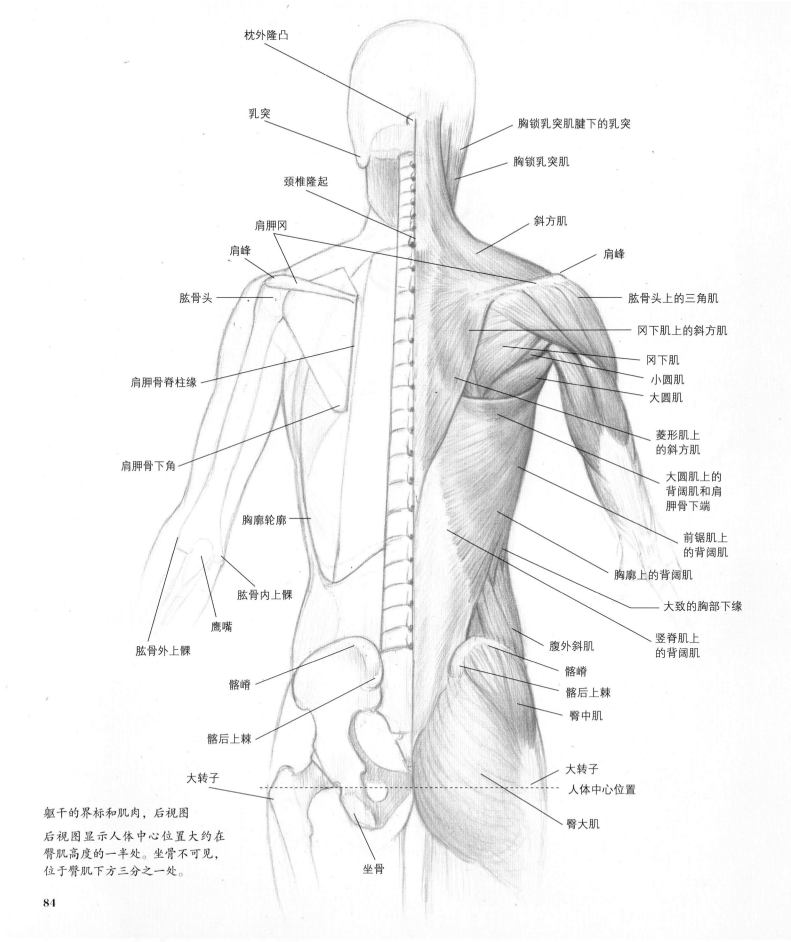

枕外隆凸

乳突

胸锁乳突肌腱下的乳突

胸锁乳突肌

颈椎隆起

斜方肌

肩胛冈

肩峰

肩峰

肱骨头

肱骨头上的三角肌

冈下肌上的斜方肌

冈下肌

小圆肌

肩胛骨脊柱缘

大圆肌

菱形肌上
的斜方肌

大圆肌上的
背阔肌和肩
胛骨下端

肩胛骨下角

前锯肌上
的背阔肌

胸廓上的背阔肌

胸廓轮廓

大致的胸部下缘

肱骨内上髁

竖脊肌上
的背阔肌

鹰嘴

腹外斜肌

肱骨外上髁

髂嵴

髂嵴

髂后上棘

髂后上棘

臀中肌

大转子

大转子

人体中心位置

躯干的界标和肌肉，后视图

臀大肌

后视图显示人体中心位置大约在
臀肌高度的一半处。坐骨不可见，
位于臀肌下方三分之一处。

坐骨

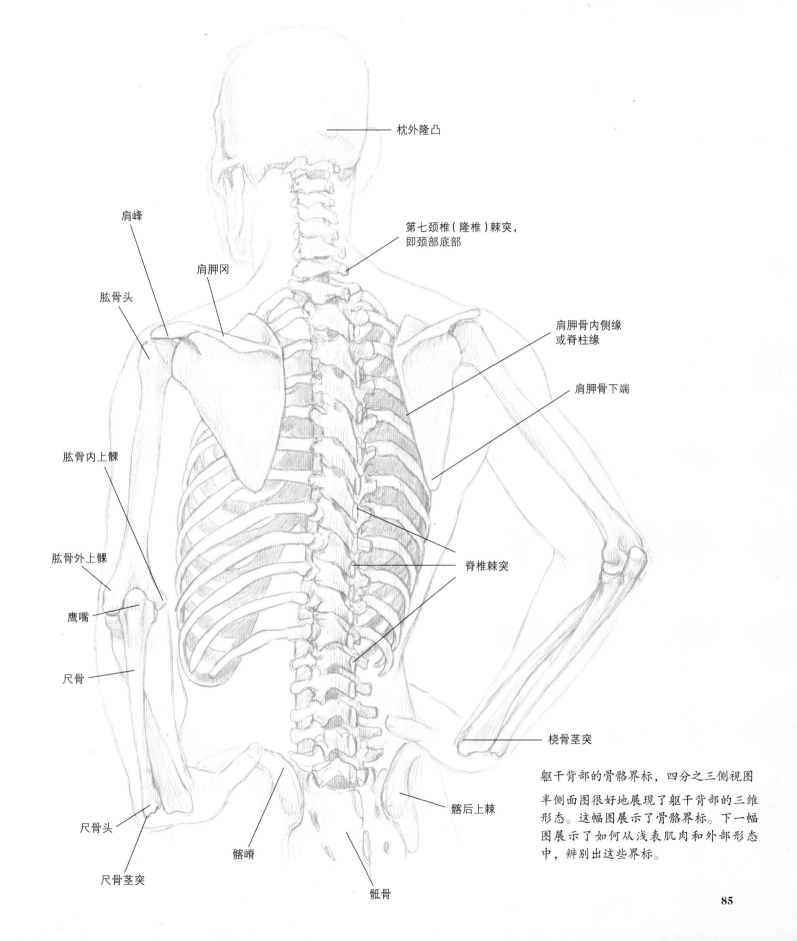

枕外隆凸

第七颈椎（隆椎）棘突，即颈部底部

肩峰

肩胛冈

肱骨头

肩胛骨内侧缘或脊柱缘

肩胛骨下端

肱骨内上髁

肱骨外上髁

脊椎棘突

鹰嘴

尺骨

桡骨茎突

尺骨头

髂后上棘

髂嵴

尺骨茎突

骶骨

躯干背部的骨骼界标，四分之三侧视图

半侧面图很好地展现了躯干背部的三维形态。这幅图展示了骨骼界标。下一幅图展示了如何从浅表肌肉和外部形态中，辨别出这些界标。

85

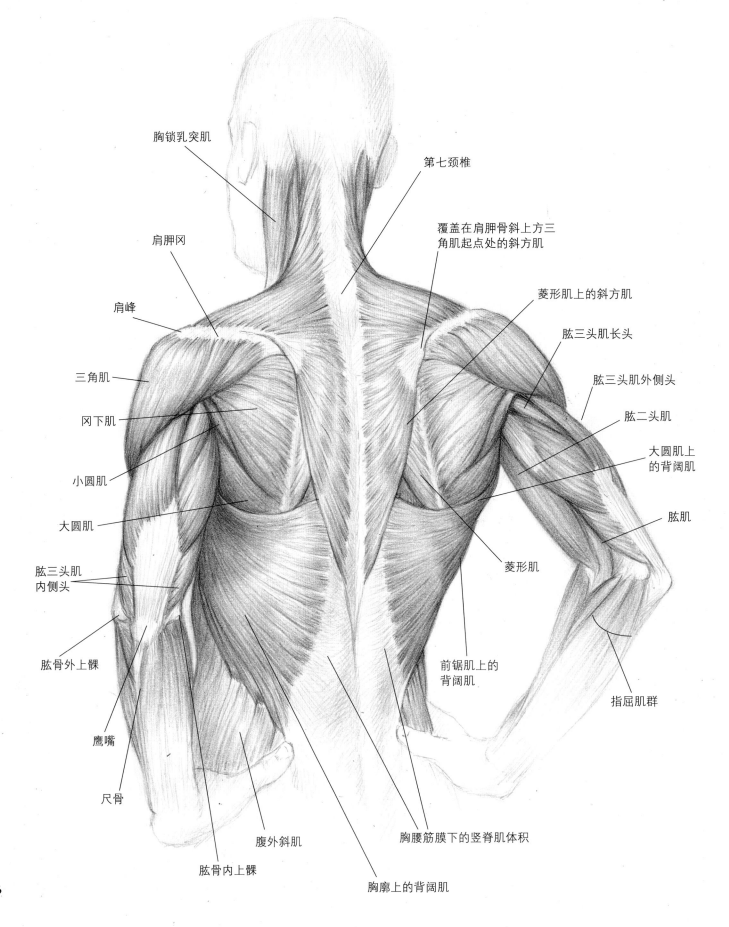

胸锁乳突肌

第七颈椎

肩胛冈

覆盖在肩胛骨斜上方三角肌起点处的斜方肌

肩峰

菱形肌上的斜方肌

三角肌

肱三头肌长头

冈下肌

肱三头肌外侧头

小圆肌

肱二头肌

大圆肌

大圆肌上的背阔肌

肱三头肌内侧头

肱肌

肱骨外上髁

菱形肌

鹰嘴

前锯肌上的背阔肌

尺骨

指屈肌群

腹外斜肌

胸腰筋膜下的竖脊肌体积

肱骨内上髁

胸廓上的背阔肌

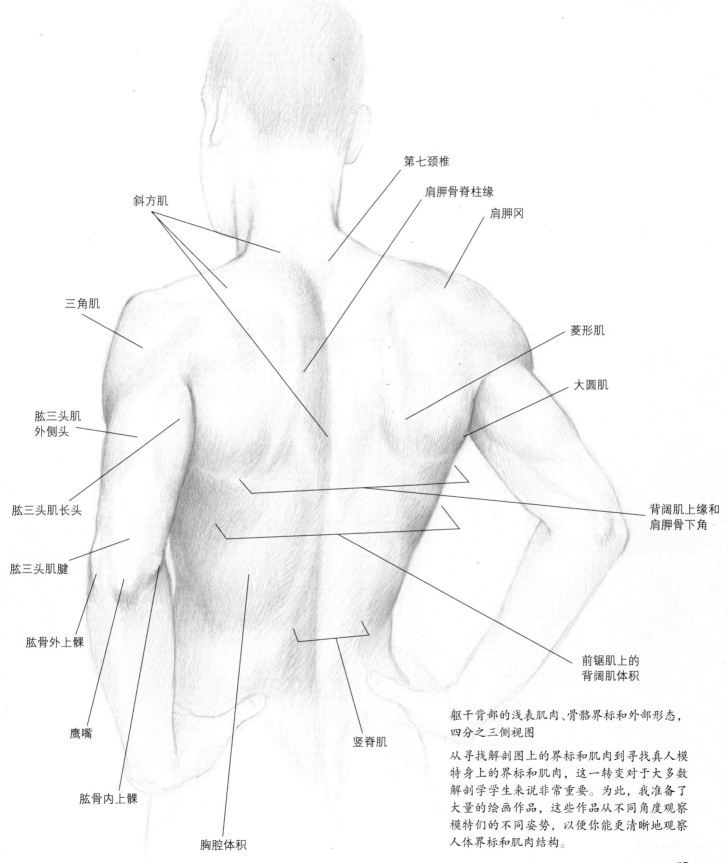

第七颈椎

肩胛骨脊柱缘

肩胛冈

斜方肌

三角肌

菱形肌

大圆肌

肱三头肌
外侧头

肱三头肌长头

背阔肌上缘和
肩胛骨下角

肱三头肌腱

肱骨外上髁

前锯肌上的
背阔肌体积

鹰嘴

竖脊肌

肱骨内上髁

胸腔体积

躯干背部的浅表肌肉、骨骼界标和外部形态，
四分之三侧视图

从寻找解剖图上的界标和肌肉到寻找真人模
特身上的界标和肌肉，这一转变对于大多数
解剖学学生来说非常重要。为此，我准备了
大量的绘画作品，这些作品从不同角度观察
模特们的不同姿势，以便你能更清晰地观察
人体界标和肌肉结构。

87

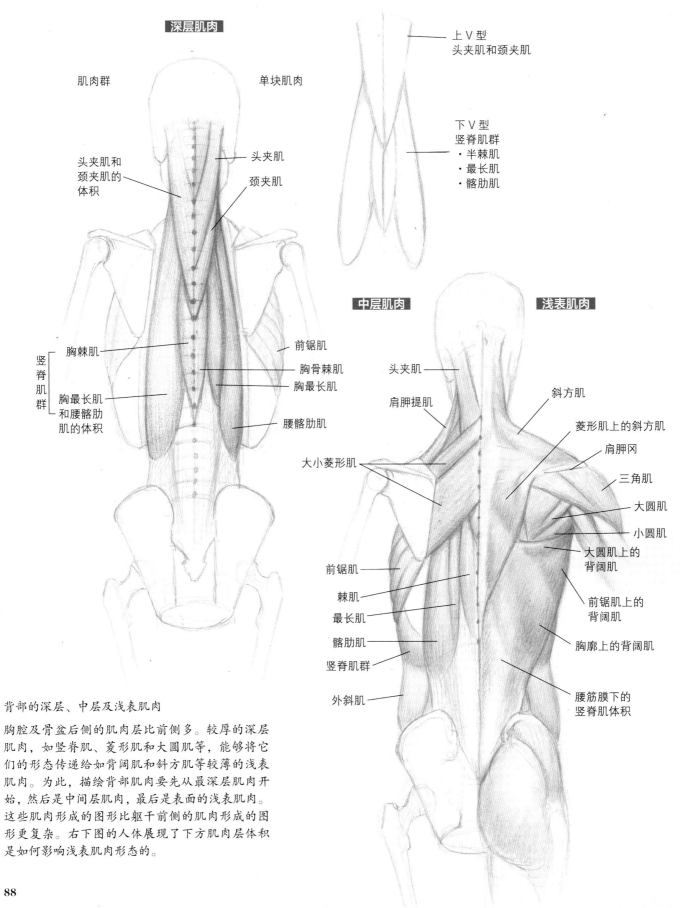

肌肉群　　　　　　单块肌肉

头夹肌和颈夹肌的体积　　　头夹肌

颈夹肌

上 V 型
头夹肌和颈夹肌

下 V 型
竖脊肌群
· 半棘肌
· 最长肌
· 髂肋肌

竖脊肌群

胸棘肌　　　　　　前锯肌

胸骨棘肌

胸最长肌

胸最长肌和腰髂肋肌的体积　　　腰髂肋肌

中层肌肉　　　　浅表肌肉

头夹肌

肩胛提肌

斜方肌

菱形肌上的斜方肌

肩胛冈

三角肌

大圆肌

小圆肌

大小菱形肌

大圆肌上的背阔肌

前锯肌上的背阔肌

前锯肌

棘肌

最长肌

髂肋肌

竖脊肌群

外斜肌

胸廓上的背阔肌

腰筋膜下的竖脊肌体积

背部的深层、中层及浅表肌肉

胸腔及骨盆后侧的肌肉层比前侧多。较厚的深层肌肉，如竖脊肌、菱形肌和大圆肌等，能够将它们的形态传递给如背阔肌和斜方肌等较薄的浅表肌肉。为此，描绘背部肌肉要先从最深层肌肉开始，然后是中间层肌肉，最后是表面的浅表肌肉。这些肌肉形成的图形比躯干前侧的肌肉形成的图形更复杂。右下图的人体展现了下方肌肉层体积是如何影响浅表肌肉形态的。

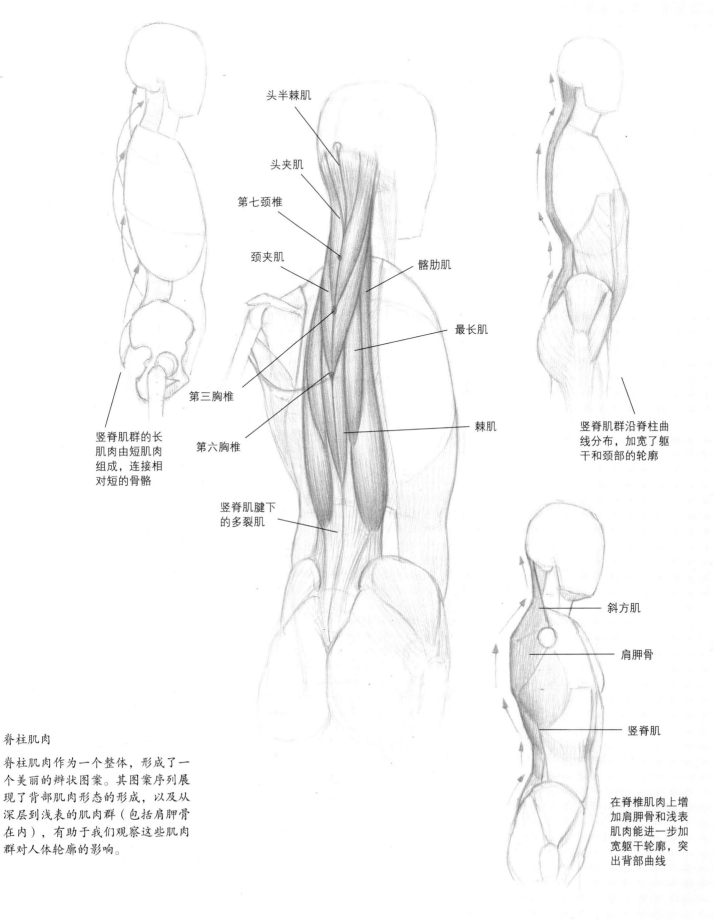

头半棘肌

头夹肌

第七颈椎

颈夹肌

髂肋肌

最长肌

第三胸椎

第六胸椎

棘肌

竖脊肌群的长肌肉由短肌肉组成，连接相对短的骨骼

竖脊肌腱下的多裂肌

竖脊肌群沿脊柱曲线分布，加宽了躯干和颈部的轮廓

斜方肌

肩胛骨

竖脊肌

在脊椎肌肉上增加肩胛骨和浅表肌肉能进一步加宽躯干轮廓，突出背部曲线

脊柱肌肉

脊柱肌肉作为一个整体，形成了一个美丽的辫状图案。其图案序列展现了背部肌肉形态的形成，以及从深层到浅表的肌肉群（包括肩胛骨在内），有助于我们观察这些肌肉群对人体轮廓的影响。

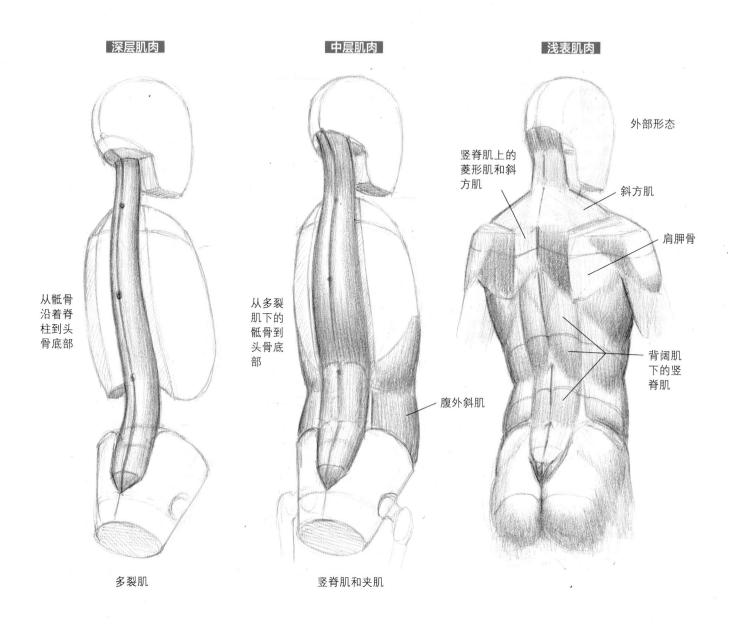

深层肌肉　　　　　　　　　中层肌肉　　　　　　　　　浅表肌肉

外部形态

竖脊肌上的
菱形肌和斜
方肌

斜方肌

肩胛骨

从骶骨
沿着脊
柱到头
骨底部

从多裂
肌下的
骶骨到
头骨底
部

腹外斜肌

背阔肌
下的竖
脊肌

多裂肌　　　　　　　　　竖脊肌和夹肌

上图：背部肌肉的层次

多裂肌是从骶骨一直到颅底的深层肌肉，位于脊柱两侧。
被简化为单一形态的竖脊肌群位于多裂肌上方，竖脊肌腱
下方的多裂肌体积清晰可见。

女性和男性的背部界标对比

女性骨盆更宽，髋更窄，胸腔与髋之间的角度更明显，这使得女性的身姿与男性不同。男性显得更挺拔，而且胸腔、腰部和骨盆之间的差异更明显。

左、中图：背部界标，四分之三后侧视图，女性人体

右图：背部界标，四分之三后侧视图，男性人体

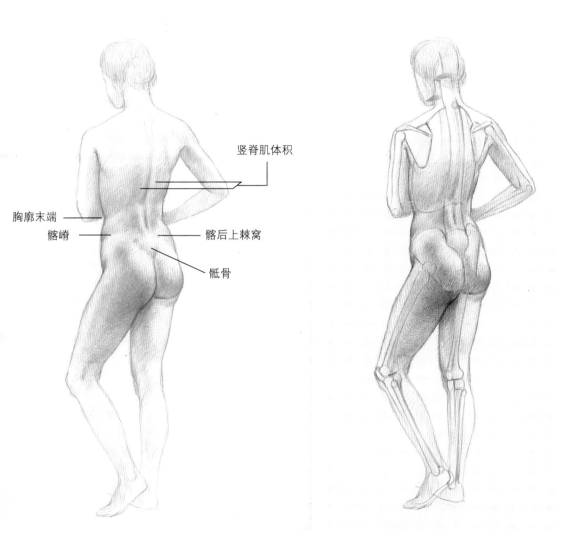

竖脊肌体积

胸廓末端

髂嵴

髂后上棘窝

骶骨

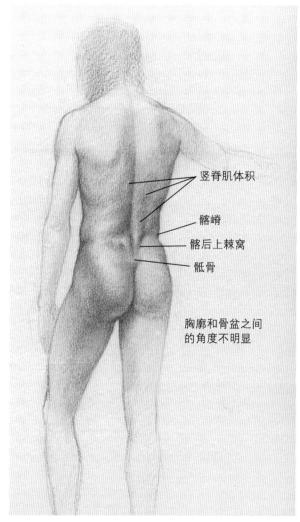

竖脊肌体积

髂嵴

髂后上棘窝

骶骨

胸廓和骨盆之间的角度不明显

手臂的界标和结构

手臂异常灵活，对艺术家来说这是个极具挑战性的题材。下图深度解析了手臂的骨骼、界标、肌肉，以及外部形态和动作等不同方面。

下图：浅表肌肉和外部形态之间的关联，手臂内侧图，手心朝上

手臂立体效果图　　　　　　　　　　　　　　　　　　　　　**肩部细节**

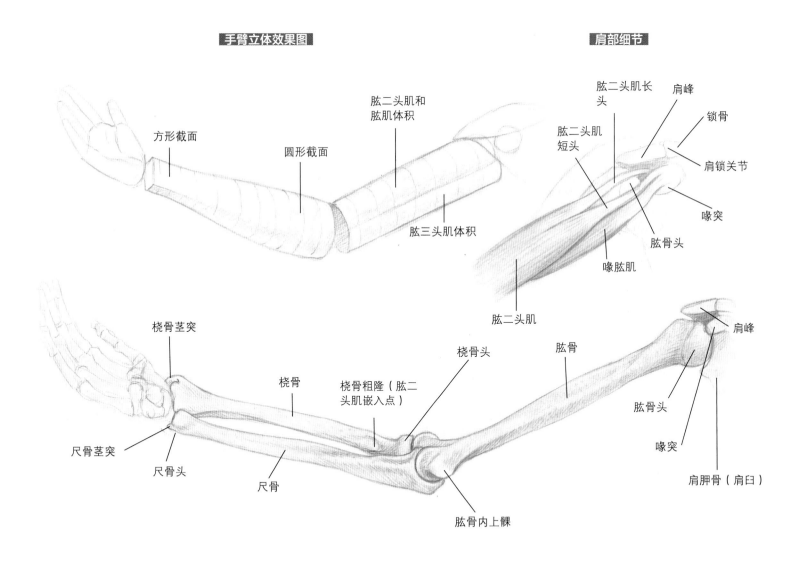

方形截面

圆形截面

肱二头肌和肱肌体积

肱三头肌体积

肱二头肌长头

肩峰

锁骨

肩锁关节

肱二头肌短头

喙突

肱骨头

喙肱肌

肱二头肌

桡骨茎突

桡骨

桡骨粗隆（肱二头肌嵌入点）

桡骨头

肱骨

肩峰

尺骨茎突

尺骨头

尺骨

肱骨内上髁

肱骨头

喙突

肩胛骨（肩臼）

骨骼

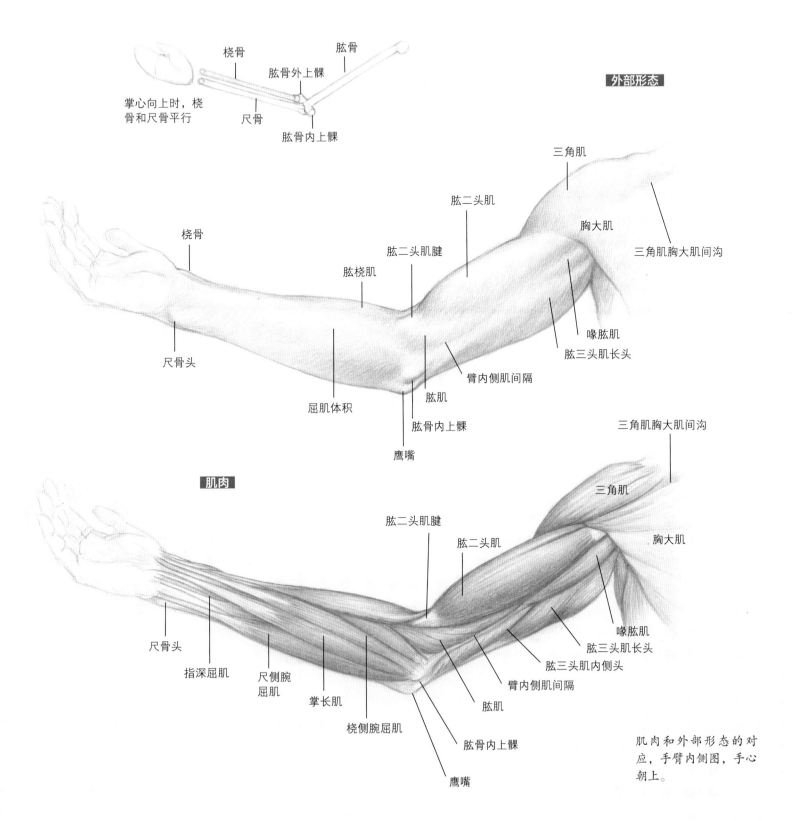

桡骨
肱骨
肱骨外上髁
掌心向上时，桡骨和尺骨平行
尺骨
肱骨内上髁

外部形态

三角肌
肱二头肌
胸大肌
三角肌胸大肌间沟

桡骨
肱二头肌腱
肱桡肌
喙肱肌
肱三头肌长头
尺骨头
臂内侧肌间隔
屈肌体积
肱肌
肱骨内上髁
鹰嘴

三角肌胸大肌间沟

肌肉

三角肌
肱二头肌腱
肱二头肌
胸大肌
喙肱肌
肱三头肌长头
肱三头肌内侧头
臂内侧肌间隔
肱肌

尺骨头
指深屈肌
尺侧腕屈肌
掌长肌
桡侧腕屈肌
肱骨内上髁
鹰嘴

肌肉和外部形态的对应，手臂内侧图，手心朝上。

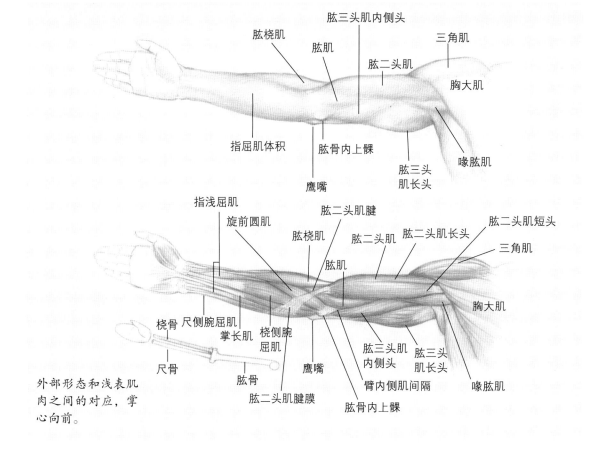

肱三头肌内侧头
肱桡肌
肱肌
肱二头肌
三角肌
胸大肌
指屈肌体积
肱骨内上髁
鹰嘴
肱三头肌长头
喙肱肌

指浅屈肌
旋前圆肌
肱桡肌
肱二头肌腱
肱二头肌
肱二头肌长头
肱二头肌短头
肱肌
三角肌
桡骨
尺侧腕屈肌
掌长肌
桡侧腕屈肌
胸大肌
尺骨
肱骨
鹰嘴
肱三头肌内侧头
肱三头肌长头
肱二头肌腱膜
臂内侧肌间隔
喙肱肌
肱骨内上髁

外部形态和浅表肌
肉之间的对应，掌
心向前。

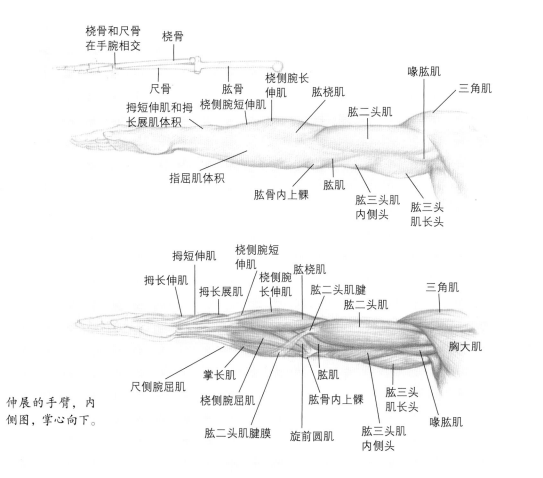

桡骨和尺骨
在手腕相交
桡骨
桡侧腕长伸肌
喙肱肌
三角肌
尺骨
肱骨
肱桡肌
拇短伸肌和拇
长展肌体积
桡侧腕短伸肌
肱二头肌
指屈肌体积
肱骨内上髁
肱肌
肱三头肌内侧头
肱三头肌长头

拇短伸肌
桡侧腕短伸肌
拇长伸肌
肱桡肌
拇长展肌
桡侧腕长伸肌
肱二头肌腱
肱二头肌
三角肌
尺侧腕屈肌
掌长肌
桡侧腕屈肌
肱肌
胸大肌
肱二头肌腱膜
旋前圆肌
肱骨内上髁
肱三头肌内侧头
肱三头肌长头
喙肱肌

伸展的手臂，内
侧图，掌心向下。

94

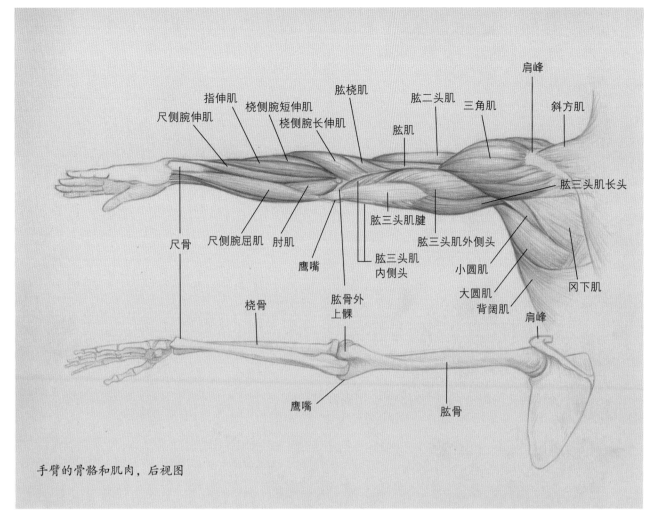

手臂的骨骼和肌肉，后视图

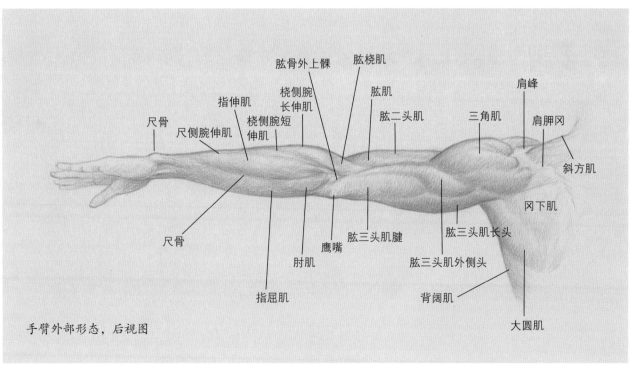

手臂外部形态，后视图

95

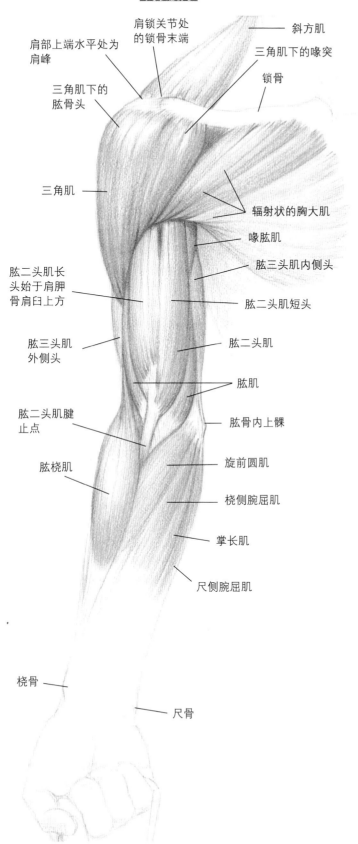

肩部上端水平处为肩峰

肩锁关节处的锁骨末端

斜方肌

三角肌下的肱骨头

三角肌下的喙突

锁骨

三角肌

辐射状的胸大肌

喙肱肌

肱三头肌内侧头

肱二头肌长头始于肩胛骨肩臼上方

肱二头肌短头

肱三头肌外侧头

肱二头肌

肱肌

肱骨内上髁

肱二头肌腱止点

旋前圆肌

肱桡肌

桡侧腕屈肌

掌长肌

尺侧腕屈肌

桡骨

尺骨

本页和对页的图详细地展示了手臂骨骼结构和肌肉结构之间的联系，从而形成了外部形态的特定方向。例如，我们注意到肱二头肌两端指向特定点位：上端朝向肱骨头和喙突，下端朝向桡骨粗隆，导致肱二头肌轴线与肱骨轴线形成略微倾斜角度。一般来说，肌肉体积轴线不平行于与其相连的骨头轴线。

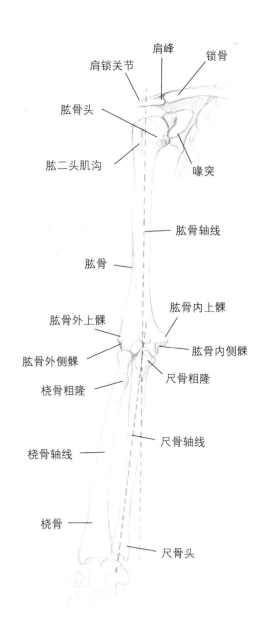

肩锁关节

肩峰

锁骨

肱骨头

肱二头肌沟

喙突

肱骨轴线

肱骨

肱骨外上髁

肱骨内上髁

肱骨外侧髁

肱骨内侧髁

桡骨粗隆

尺骨粗隆

尺骨轴线

桡骨轴线

桡骨

尺骨头

手臂的外部体积、肌肉和界标，前视图

在右侧大图上，我们可以看到三角肌顶部有三个"隆起"，即肱骨头、喙突和肩锁关节造成的凸起。小插图则展示了肱二头肌的起止点。肱二头肌有两个起点，一个在关节窝，另一个在喙突处。止点在桡骨粗隆处。肱二头肌的主要体积与桡骨主轴线略微呈倾斜角度。

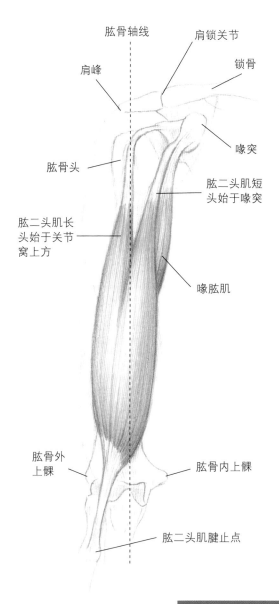

肱骨轴线

肩锁关节

锁骨

肩峰

肱骨头

喙突

肱二头肌短头始于喙突

肱二头肌长头始于关节窝上方

喙肱肌

肱骨外上髁

肱骨内上髁

肱二头肌腱止点

肱二头肌起止点：肱二头肌长头起于关节窝上方，肱二头肌短头起于喙突。止点为桡骨粗隆处。

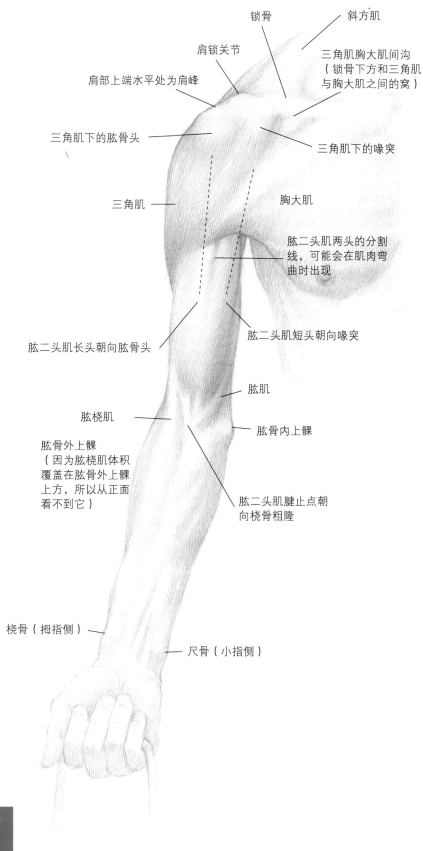

锁骨

斜方肌

肩锁关节

三角肌胸大肌间沟（锁骨下方和三角肌与胸大肌之间的窝）

肩部上端水平处为肩峰

三角肌下的肱骨头

三角肌下的喙突

三角肌

胸大肌

肱二头肌两头的分割线，可能会在肌肉弯曲时出现

肱二头肌短头朝向喙突

肱二头肌长头朝向肱骨头

肱肌

肱桡肌

肱骨内上髁

肱骨外上髁（因为肱桡肌体积覆盖在肱骨外上髁上方，所以从正面看不到它）

肱二头肌腱止点朝向桡骨粗隆

桡骨（拇指侧）

尺骨（小指侧）

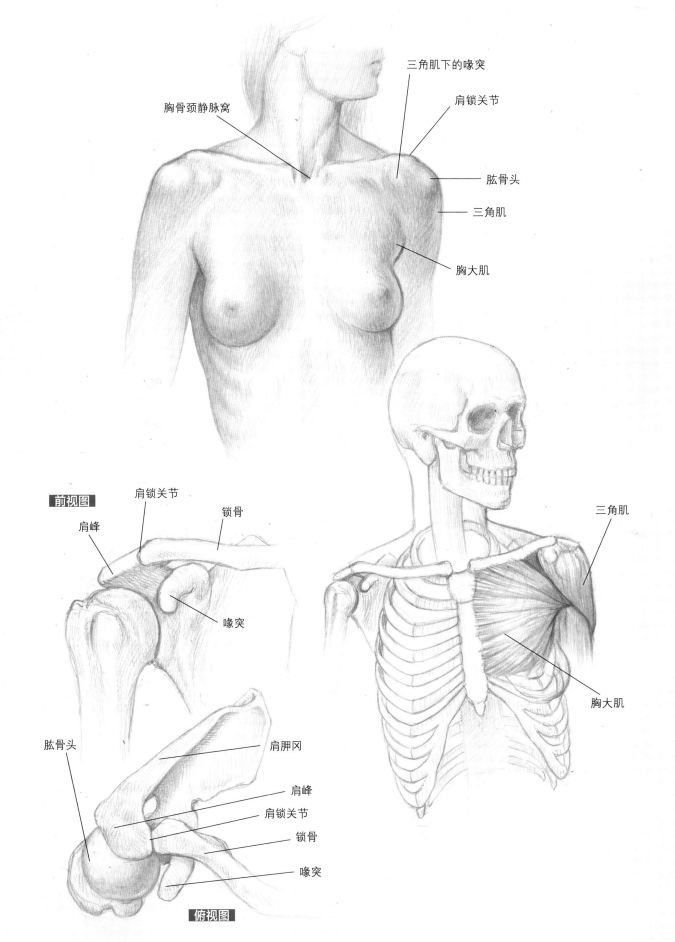

三角肌下的喙突

肩锁关节

胸骨颈静脉窝

肱骨头

三角肌

胸大肌

前视图

肩锁关节

肩峰

锁骨

喙突

三角肌

胸大肌

肱骨头

肩胛冈

肩峰

肩锁关节

锁骨

喙突

俯视图

肩部与肩胛骨的界标和结构

下图简要介绍了肩部与肩胛骨的界标和结构。招聘模特作人体研究练习时，我们要考虑到，清瘦的模特肌肉不大发达，因此身上的骨骼界标更加清晰可见。

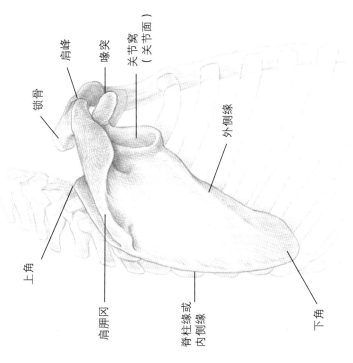

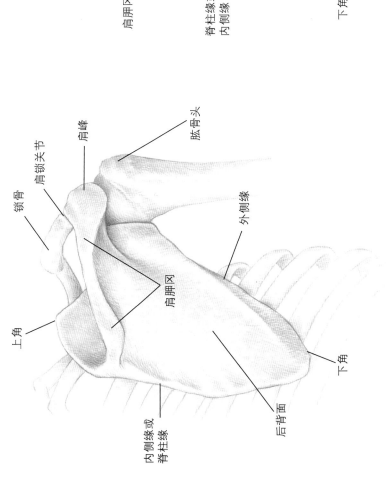

对页图：肩部骨骼界标与外部形态之间的对应

喙突和肱骨头在三角肌表面形成了两个典型的拱形。

左图：肩胛骨，后视图

右图：肩胛骨，侧视图

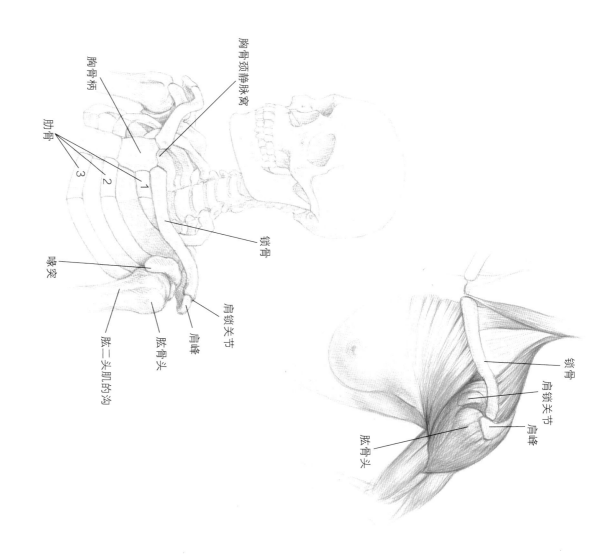

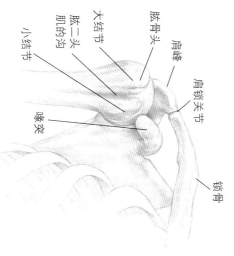

胸骨颈静脉窝

胸骨柄

肋骨

3

2

1

锁骨

喙突

肩锁关节

肩峰

肱骨头

肱二头肌的沟

肱骨头

肩峰

肩锁关节

锁骨

肱骨头

大结节

肱骨头

肩峰

肱二头肌的沟

肩锁关节

小结节

喙突

锁骨

上图：肩关节概览和肩部外部形态（细节图）

肩部俯视图展现了肱骨头和喙突的体积对上层三头肌形态的影响

下图：肩胛骨，前视图

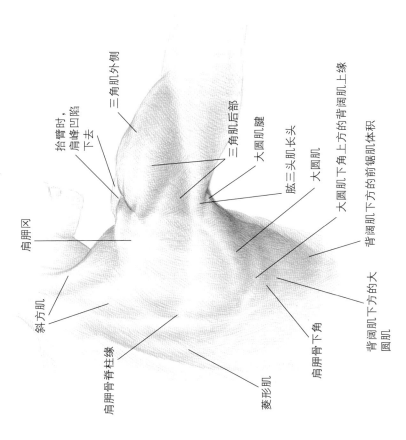

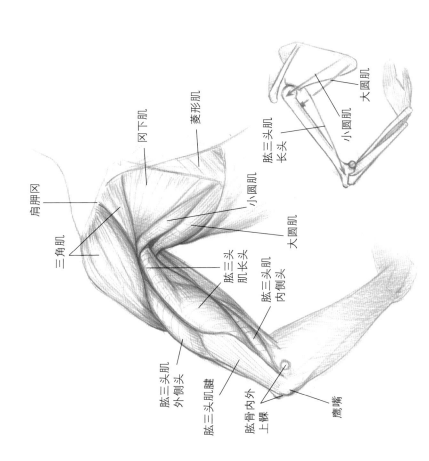

上图：抬臂的肩部，后视图

下图：肘和肩，后视图

肩部后视图解，展现了如何通过绘制肌肉图解，详尽地研究一个姿势。注意观察大圆肌和小圆肌如何楔入肱三头肌长头与肱三头肌之间，肱三头肌的三个头如何在肱三头肌腱上合并，并与鹰嘴相连。还要注意观察三角肌是如何"包裹"住肱三头肌的。

肩胛冈

抬臂时，肩峰凹陷下去

三角肌外侧

三角肌后部

大圆肌腱

肱三头肌长头

大圆肌

大圆肌下角上方的背阔肌上缘

斜方肌

背阔肌下方的大圆肌

大圆肌下方的前锯肌体积

肩胛骨脊柱缘

菱形肌

肩胛骨下角

背阔肌下角

冈下肌

菱形肌

肩胛冈

三角肌

小圆肌

大圆肌

肱三头肌长头

肱三头肌内侧头

肱三头肌外侧头

肱三头肌腱

肱骨内外上髁

鹰嘴

肱三头肌长头

小圆肌

大圆肌

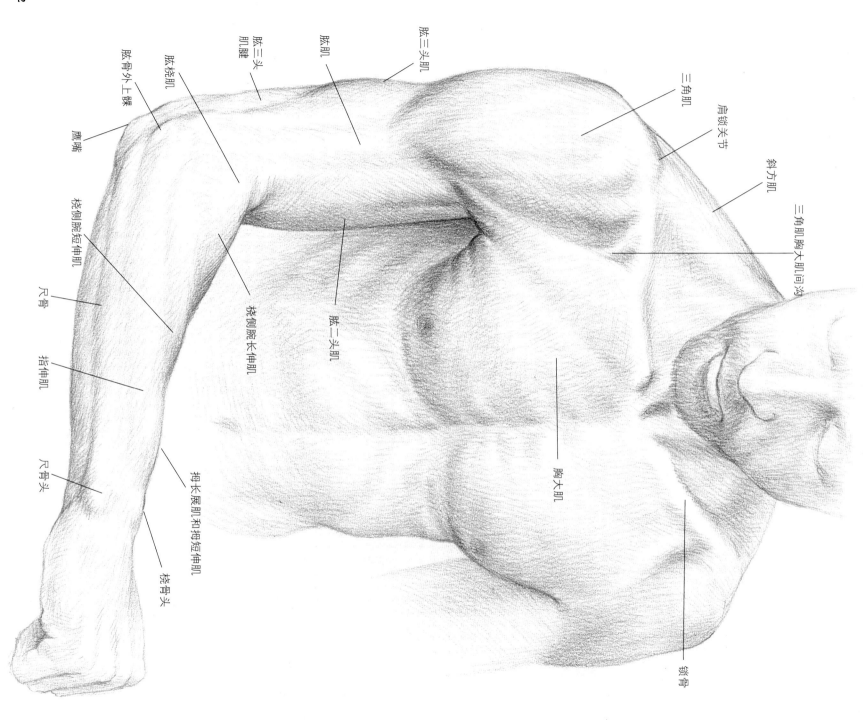

肱三头肌

肱肌

肱三头肌腱

肱桡肌

肱骨外上髁

鹰嘴

桡侧腕短伸肌

尺骨

指伸肌

尺骨头

桡侧腕长伸肌

肱二头肌

拇长展肌和拇短伸肌

桡骨头

三角肌

肩锁关节

斜方肌

三角肌胸大肌间沟

胸大肌

锁骨

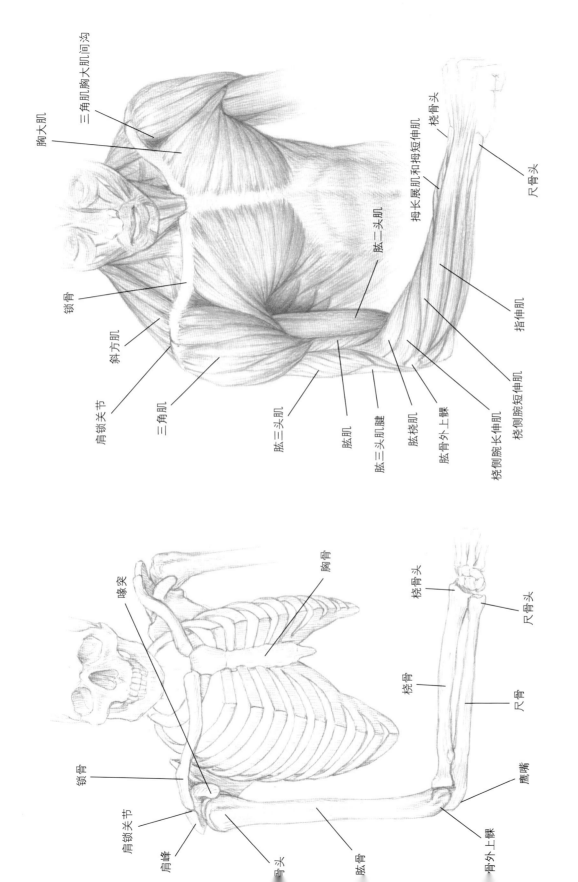

胸大肌

三角肌胸大肌间沟

锁骨

斜方肌

肩锁关节

三角肌

肱二头肌

肱肌

肱三头肌腱

肱三头肌

肱桡肌

肱骨外上髁

桡侧腕长伸肌

桡侧腕短伸肌

拇长展肌和拇短伸肌

指伸肌

桡骨头

尺骨头

锁骨

喙突

胸骨

肩锁关节

肩峰

肩头

肱骨

鹰嘴

骨外上髁

桡骨

尺骨

桡骨头

尺骨头

左图：手臂和肩部的骨骼和骨骼界标

右图：肩部和手臂，肌肉层

对页图：肩部和手臂，外部形态

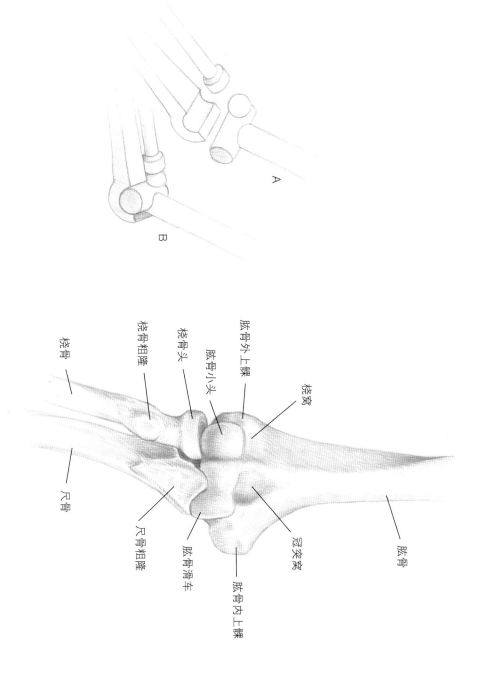

肘关节

肘部仅有三个界标：肱骨末端的内、外上髁以及前臂前端的鹰嘴。这些界标为我们研究手臂静止和运动时的结构与解剖学特征提供了大量线索。上臂和前臂之间的关节面，刚好位于肱骨内、外上髁下方；了解这一点，我们就可以清楚地知道肱骨末端的位置及肱骨总长。

指屈肌起于肱骨内上髁，而指伸肌起于肱骨外上髁后侧。了解了这一点，我们就可以更准确地定位前臂上的主要肌肉群，更好地理解动作变换时，例如从掌心向上转到掌心向下，前臂的形态变化。

下图：肘关节，前视图，骨骼及其示意图

肘部复杂的骨骼形态（右）在简化为基本结构后，更易于理解；下图左侧的示意图显示了肘关节的各个部位（A）以及肱骨、桡骨和尺骨之间是如何相连（B）的。

对页图：肘关节与界标，后视图，侧视图

手臂伸展时（A），肱骨内、外上髁与前臂呈一条直线；手臂弯曲时（B），鹰嘴下移，外上髁与鹰嘴连接起来，成了一个三角形。侧视图（C）显示肱骨和桡骨之间的关节与鹰嘴位置关系。

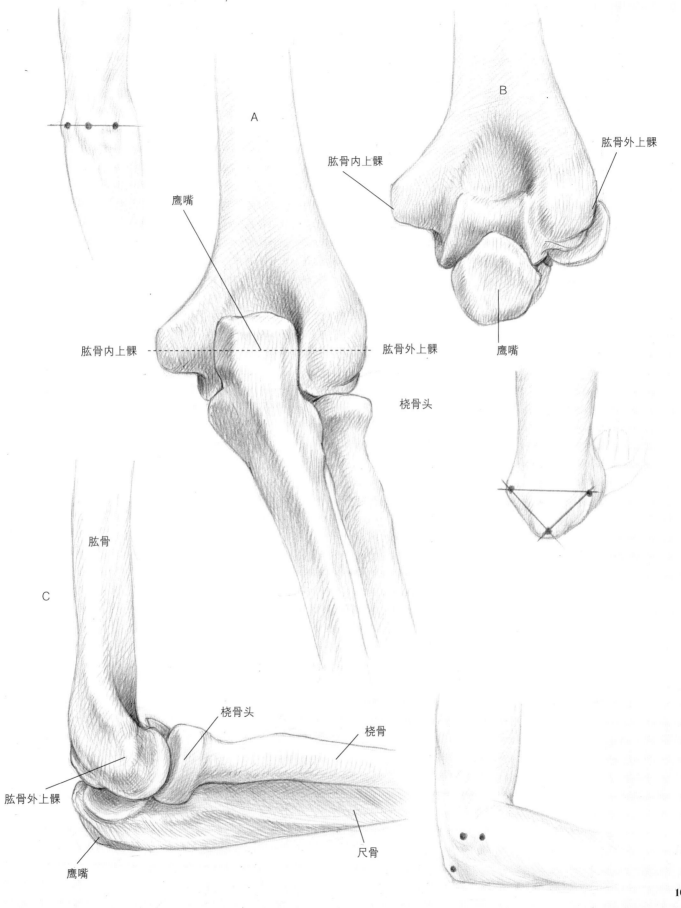

鹰嘴

肱骨内上髁

肱骨外上髁

桡骨头

A

肱骨内上髁

肱骨外上髁

鹰嘴

B

肱骨

C

桡骨头

桡骨

肱骨外上髁

尺骨

鹰嘴

髋部的界标和结构

这一部分的示意图展示了下腹及髋部的结构和解剖特征，例如，肌肉结构形成的主要平面，以及肌肉与骨骼相互作用与重叠所引起的形态变化。下图显示了男性与女性的人体差异。

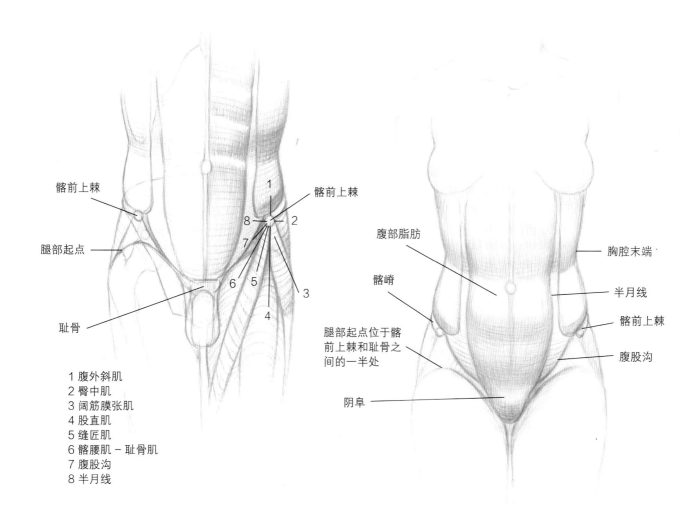

髂前上棘

腿部起点

耻骨

1 腹外斜肌
2 臀中肌
3 阔筋膜张肌
4 股直肌
5 缝匠肌
6 髂腰肌 – 耻骨肌
7 腹股沟
8 半月线

髂前上棘

腹部脂肪

髂嵴

腿部起点位于髂前上棘和耻骨之间的一半处

阴阜

胸腔末端

半月线

髂前上棘

腹股沟

上图：髂前上棘处的"时钟"

上图展示了熟悉界标的另一个好处：髂前上棘可以用作助记工具来记忆和识别周围的部位。值得注意的是，男性腹股沟汇聚于生殖器根部，而女性腹股沟则交汇在与阴阜平行的位置，即阴阜上方的脂肪组织区域，恰好在生殖器上方。

对页图：腹部，骨盆、髋部平面图

这两幅写实大图，直观地显示了腹部和髋部的平面与结构。小示意图显示了不同的人身上各种不同的腹股沟曲线，如宽"U"形、窄"U"形或"V"形。由于女性的骨盆较宽，所以宽"U"形腹股沟更常见。还要注意的是，女性的髋部与男性不同，通常宽于胸腔。

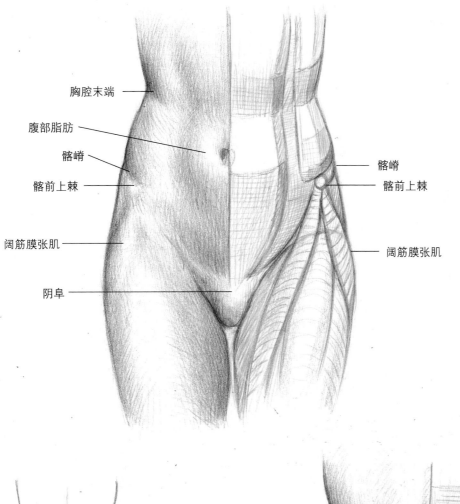

胸腔末端

腹部脂肪

髂嵴

髂前上棘

髂嵴

髂前上棘

阔筋膜张肌

阔筋膜张肌

阴阜

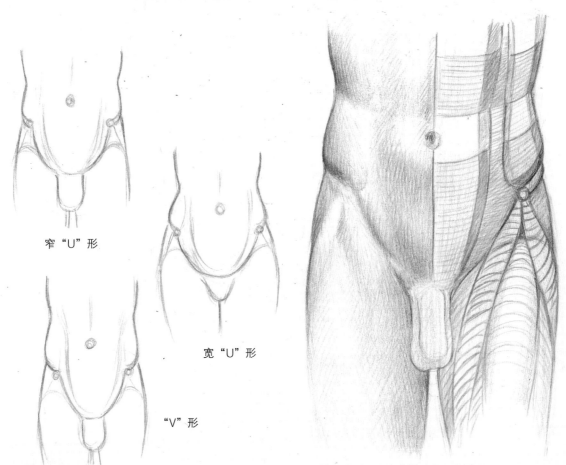

窄"U"形

宽"U"形

"V"形

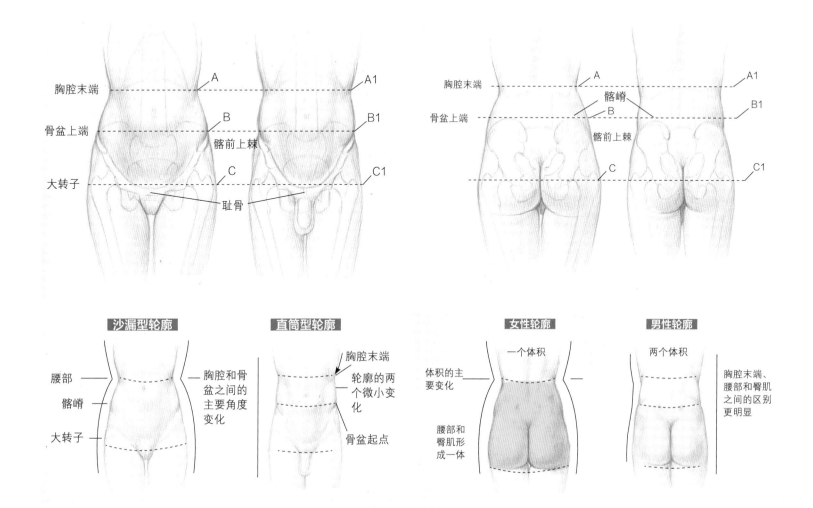

左上图：胸腔末端 A · 骨盆上端 B · 髂前上棘 · 大转子 C · 耻骨 — A1 B1 C1

右上图：胸腔末端 A · 骨盆上端 B · 髂嵴 · 髂前上棘 C — A1 B1 C1

沙漏型轮廓

腰部 — 髂嵴 — 大转子 — · 胸腔和骨盆之间的主要角度变化

直筒型轮廓

胸腔末端 · 轮廓的两个微小变化 · 骨盆起点

女性轮廓

一个体积 · 体积的主要变化 · 腰部和臀肌形成一体

男性轮廓

两个体积 · 胸腔末端、腰部和臀肌之间的区别更明显

左上图： 女性与男性骨盆外部形态与骨骼之间的关系

与男性不同，女性骨盆通常略宽于胸腔。如图所示，这一差异使得男女髋部轮廓明显不同。

左下图： 女性与男性髋部外部形态，前视图

女性髋部之所以看起来比男性髋部更宽，是因为二者轮廓角度不同，以及胸腔与骨盆的大小差异。

右上图： 女性与男性骨盆外部形态与骨骼之间的关系，后视图

对于女性而言，位于胸腔和髂嵴之间的腰部角度变化并不明显，因此腰部和髋部之间形成一个单一体积。而男性腰部至髂嵴之间的过渡更明显，因此形成三个独立的体积，沿着相对笔直的轮廓排列。

右下图： 女性与男性髋部外部形态，后视图

腿部的界标和结构

这一部分的图展示了下肢与骨盆的所有界标，以及肌肉与骨骼的关系，包括前视图、后视图、外侧图和内侧图。

外部形态

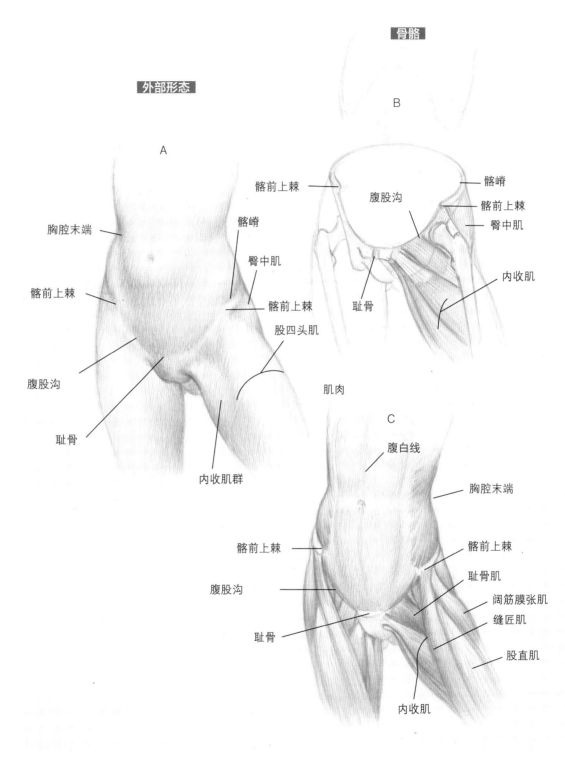

A

胸腔末端

髂前上棘

腹股沟

耻骨

髂嵴

臀中肌

髂前上棘

股四头肌

肌肉

内收肌群

B

髂前上棘

腹股沟

耻骨

髂嵴

髂前上棘

臀中肌

内收肌

C

腹白线

髂前上棘

腹股沟

耻骨

胸腔末端

髂前上棘

耻骨肌

阔筋膜张肌

缝匠肌

股直肌

内收肌

右图：女性骨盆骨骼、肌肉和外部形态

以下三幅图组成的系列图展示了女性骨盆的深层肌肉、浅表肌肉和外部形态，以及骨骼和肌肉之间的关系。

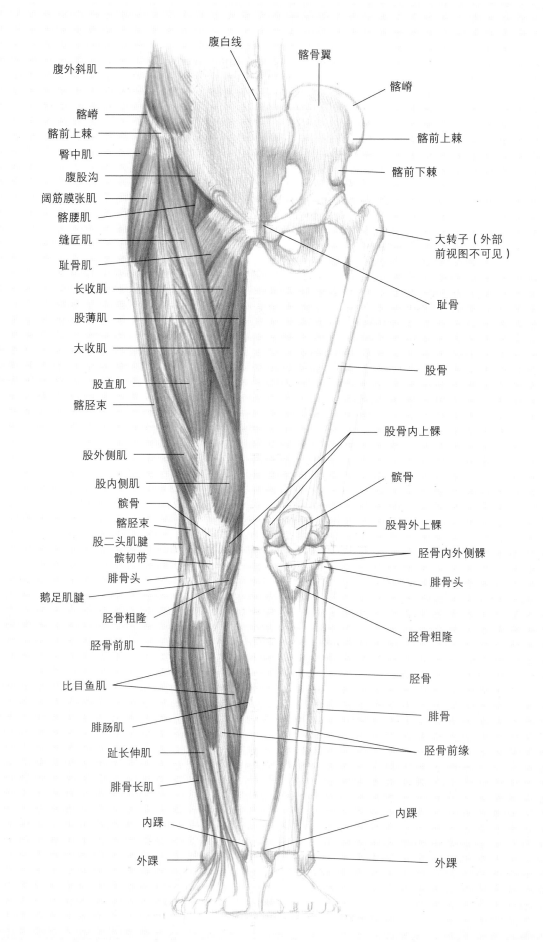

腹白线
腹外斜肌
髂骨翼
髂嵴
髂嵴
髂前上棘
臀中肌
髂前上棘
腹股沟
髂前下棘
阔筋膜张肌
髂腰肌
缝匠肌
大转子（外部前视图不可见）
耻骨肌
长收肌
耻骨
股薄肌
大收肌
股骨
股直肌
髂胫束
股骨内上髁
股外侧肌
髌骨
股内侧肌
髌骨
股骨外上髁
髂胫束
胫骨内外侧髁
股二头肌腱
腓骨头
髌韧带
腓骨头
鹅足肌腱
胫骨粗隆
胫骨粗隆
胫骨前肌
胫骨
比目鱼肌
腓骨
腓肠肌
胫骨前缘
趾长伸肌
腓骨长肌
内踝
内踝
外踝
外踝

腿部界标，前视图

110

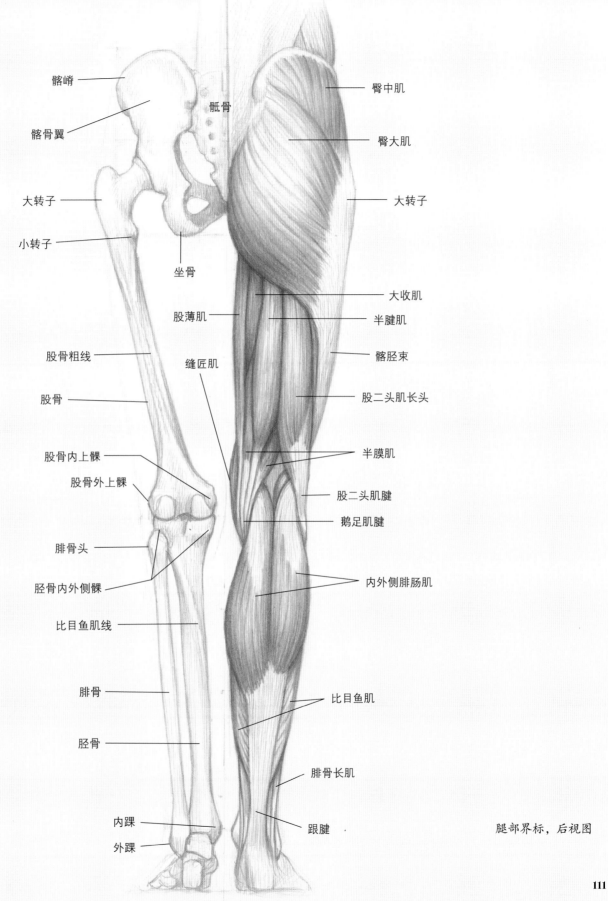

髂嵴
髂骨翼
骶骨
臀中肌
臀大肌
大转子
大转子
小转子
坐骨
大收肌
股薄肌
半腱肌
髂胫束
股骨粗线
缝匠肌
股二头肌长头
股骨
股骨内上髁
股骨外上髁
半膜肌
股二头肌腱
鹅足肌腱
腓骨头
胫骨内外侧髁
内外侧腓肠肌
比目鱼肌线
比目鱼肌
腓骨
胫骨
腓骨长肌
内踝
外踝
跟腱

腿部界标，后视图

111

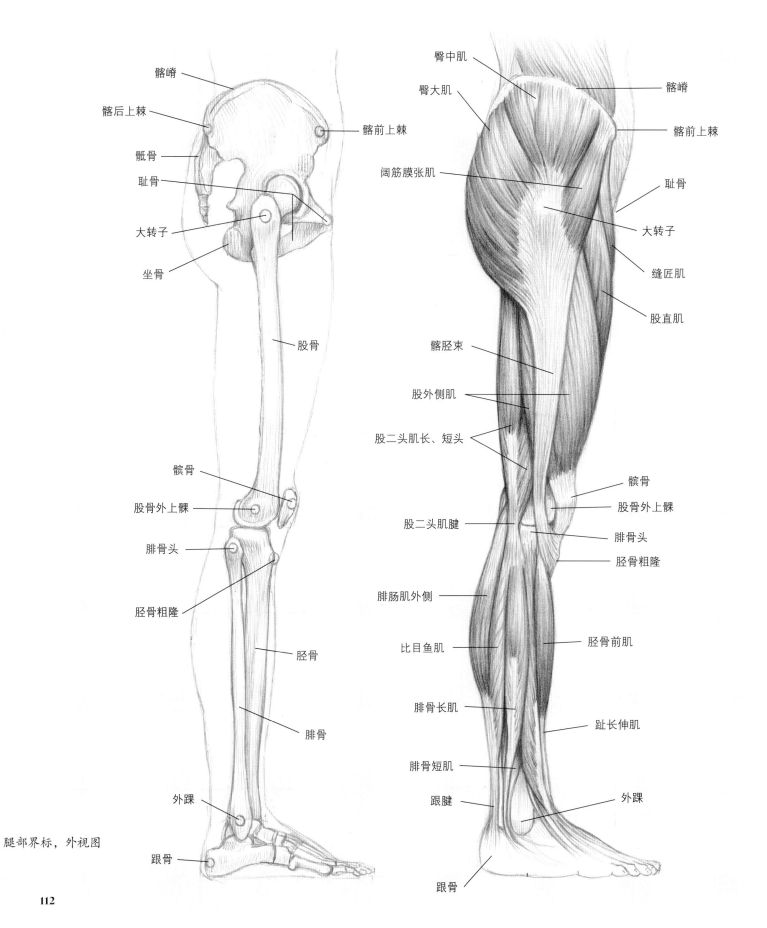

髂嵴
髂后上棘
骶骨
耻骨
大转子
坐骨
股骨
髌骨
股骨外上髁
腓骨头
胫骨粗隆
胫骨
腓骨
外踝
跟骨

髂前上棘

臀中肌
臀大肌
阔筋膜张肌
髂胫束
股外侧肌
股二头肌长、短头
股二头肌腱
腓肠肌外侧
比目鱼肌
腓骨长肌
腓骨短肌
跟腱

髂嵴
髂前上棘
耻骨
大转子
缝匠肌
股直肌
髌骨
股骨外上髁
腓骨头
胫骨粗隆
胫骨前肌
趾长伸肌
外踝
跟骨

腿部界标，外视图

112

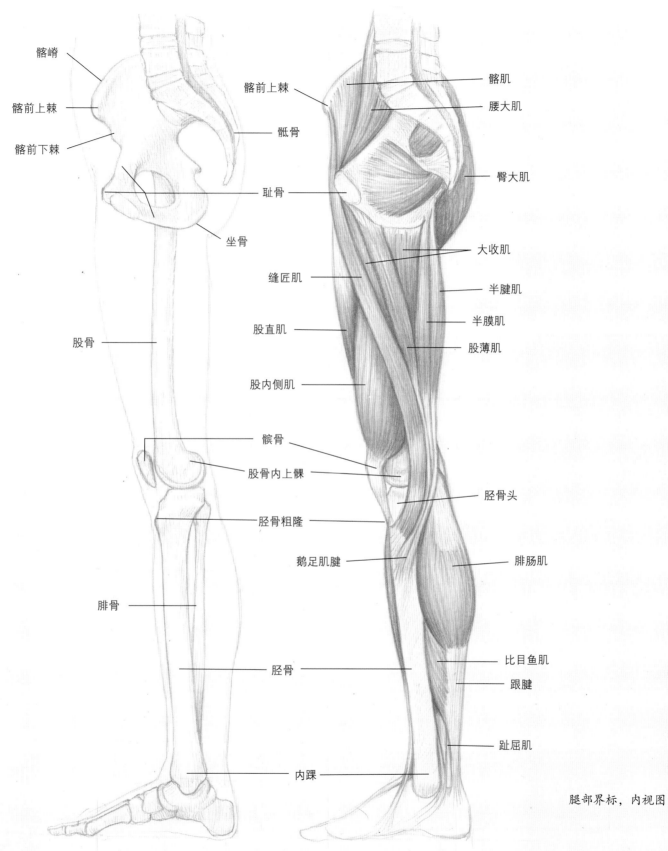

髂嵴
髂前上棘
髂前下棘
股骨
髌骨
股骨内上髁
胫骨粗隆
腓骨
胫骨
内踝

骶骨
耻骨
坐骨

髂前上棘
缝匠肌
股直肌
股内侧肌
鹅足肌腱

髂肌
腰大肌
臀大肌
大收肌
半腱肌
半膜肌
股薄肌
胫骨头
腓肠肌
比目鱼肌
跟腱
趾屈肌

腿部界标，内视图

113

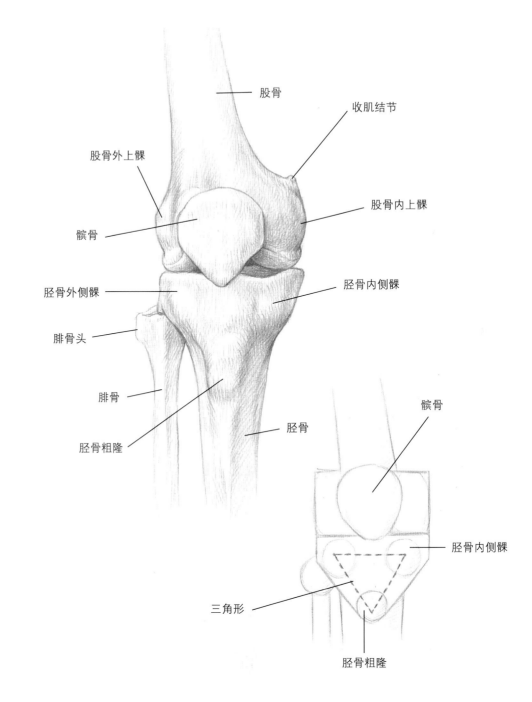

避免画出凹凸不平、
别扭的膝部。

右图：膝部骨骼界标，前视图
右图中的小图是膝部"隆起"示意图。

对页左上图：膝外部形态，前视图

对页右上图：膝外部形态，后视图

对页中图：膝部骨骼界标与外部形态，外视图

对页下图：膝部骨骼界标和外部形态，内视图

股骨

收肌结节

股骨外上髁

股骨内上髁

髌骨

胫骨外侧髁

胫骨内侧髁

腓骨头

腓骨

胫骨

胫骨粗隆

髌骨

胫骨内侧髁

三角形

胫骨粗隆

膝部的界标和结构

　　膝部相当复杂，它的外部形态复杂，是因为它由很多部分组成，如肌腱、肌肉、骨界标，脂肪垫等。在绘画时，将任何一个部分绘制在错误的位置，都会导致画出来的膝部凹凸不平，十分别扭。这一节的图从各个角度展示了膝关节伸展、弯曲状态时的所有结构。

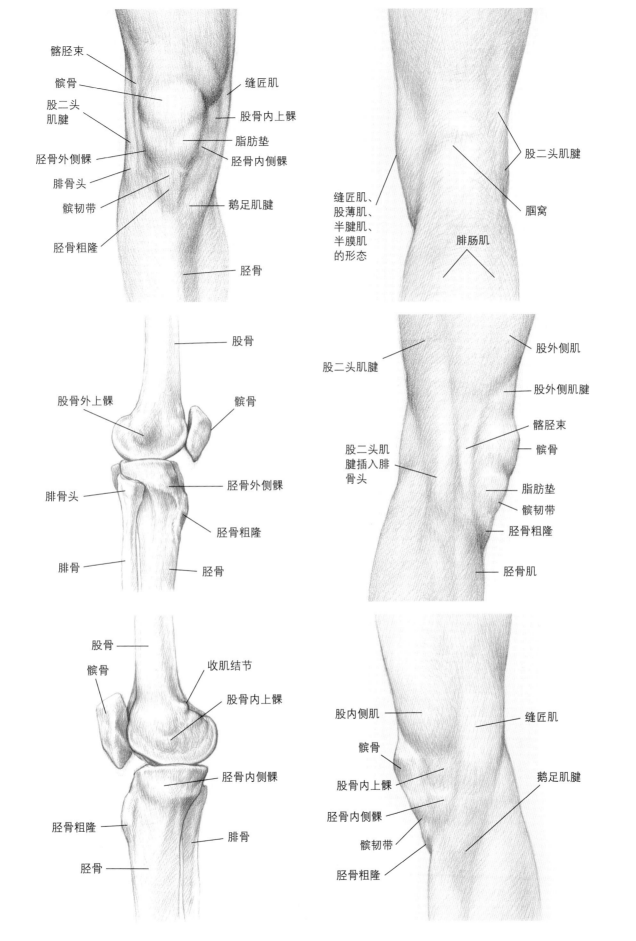

髂胫束　缝匠肌　髌骨　股二头肌腱　股骨内上髁　脂肪垫　胫骨外侧髁　胫骨内侧髁　腓骨头　髌韧带　鹅足肌腱　胫骨粗隆　胫骨

股二头肌腱　缝匠肌、股薄肌、半腱肌、半膜肌的形态　腘窝　腓肠肌

股骨　股骨外上髁　髌骨　腓骨头　胫骨外侧髁　胫骨粗隆　腓骨　胫骨

股二头肌腱　股外侧肌　股外侧肌腱　髂胫束　髌骨　股二头肌腱插入腓骨头　脂肪垫　髌韧带　胫骨粗隆　胫骨肌

股骨　髌骨　收肌结节　股骨内上髁　胫骨内侧髁　胫骨粗隆　腓骨　胫骨

股内侧肌　缝匠肌　髌骨　股骨内上髁　胫骨内侧髁　髌韧带　鹅足肌腱　胫骨粗隆

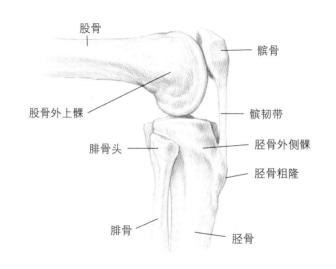

股骨
髌骨
股骨外上髁
髌韧带
腓骨头
胫骨外侧髁
胫骨粗隆
腓骨
胫骨

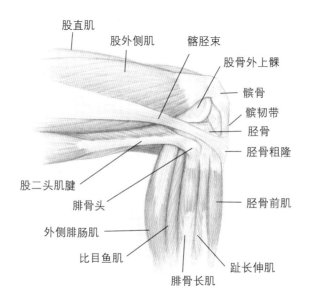

股直肌
股外侧肌
髂胫束
股骨外上髁
髌骨
髌韧带
胫骨
胫骨粗隆
股二头肌腱
腓骨头
胫骨前肌
外侧腓肠肌
比目鱼肌
趾长伸肌
腓骨长肌

上图：弯曲的膝部骨骼界标，外视图

中图：弯曲的膝部肌肉，外视图

下图：弯曲的膝部外部形态，外视图

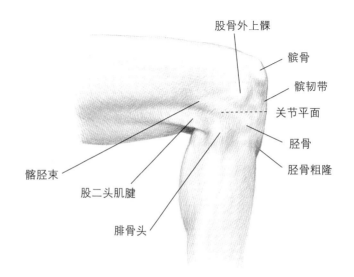

股骨外上髁
髌骨
髌韧带
关节平面
胫骨
胫骨粗隆
髂胫束
股二头肌腱
腓骨头

116

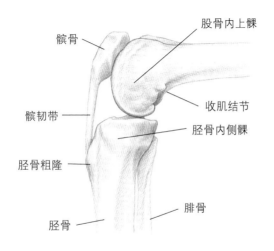

髌骨　　　　　　　　　　　股骨内上髁

收肌结节

髌韧带

胫骨内侧髁

胫骨粗隆

腓骨

胫骨

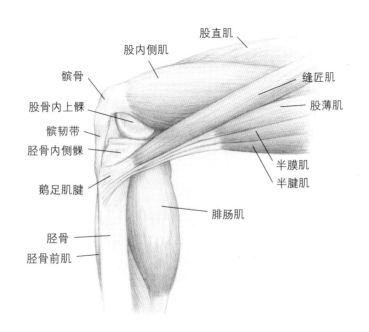

股内侧肌　　　　股直肌

髌骨　　　　　　　　　　　缝匠肌

股骨内上髁　　　　　　　　股薄肌

髌韧带

胫骨内侧髁

半膜肌

半腱肌

鹅足肌腱

腓肠肌

胫骨

胫骨前肌

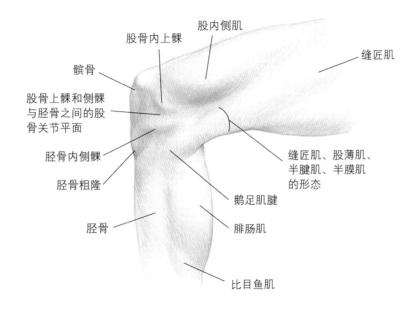

股骨内上髁　　股内侧肌

缝匠肌

髌骨

股骨上髁和侧髁
与胫骨之间的股
骨关节平面

胫骨内侧髁

缝匠肌、股薄肌、
半腱肌、半膜肌
的形态

胫骨粗隆

鹅足肌腱

胫骨

腓肠肌

比目鱼肌

上图：弯曲的膝部骨骼界标，内
视图

中图：弯曲的膝部肌肉，内视图

下图：弯曲的膝部外部形态，内
视图

117

踝、足的界标和结构

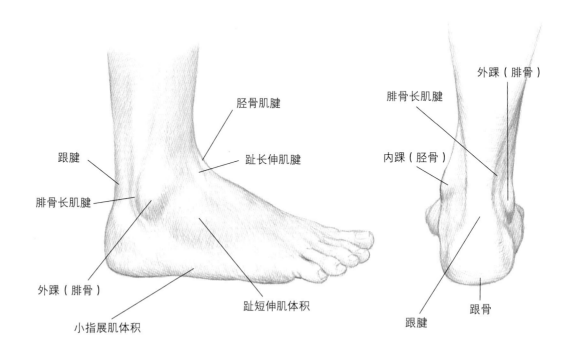

脳骨肌腱

趾长伸肌腱

跟腱

腓骨长肌腱

外踝（腓骨）

小指展肌体积

趾短伸肌体积

外踝（腓骨）

腓骨长肌腱

内踝（胫骨）

跟腱

跟骨

上、下图及对页图：足、踝的外部形态、骨骼结构和肌腱

这些外视图、后视图、前视图和四分之三前视图能让你对比足、踝的外部形态与骨骼结构和肌腱。

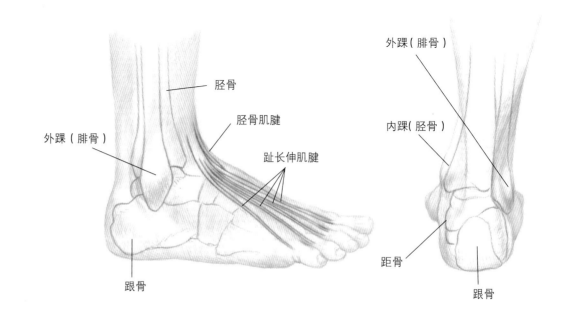

外踝（腓骨）

胫骨

胫骨肌腱

趾长伸肌腱

跟骨

外踝（腓骨）

内踝（胫骨）

距骨

跟骨

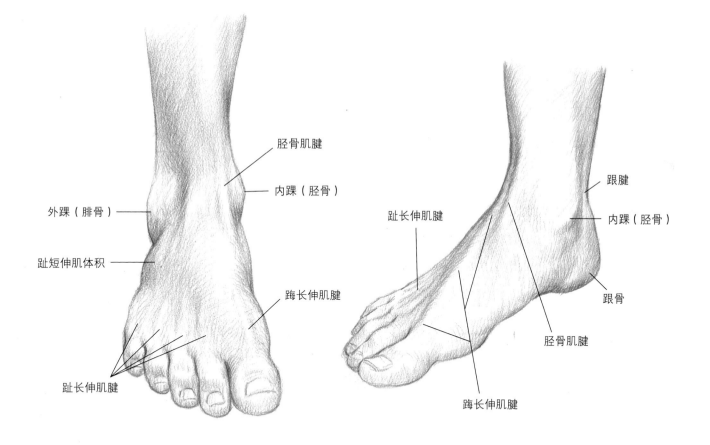

胫骨肌腱

内踝（胫骨）

外踝（腓骨）

趾短伸肌体积

踇长伸肌腱

趾长伸肌腱

趾长伸肌腱

跟腱

内踝（胫骨）

跟骨

胫骨肌腱

踇长伸肌腱

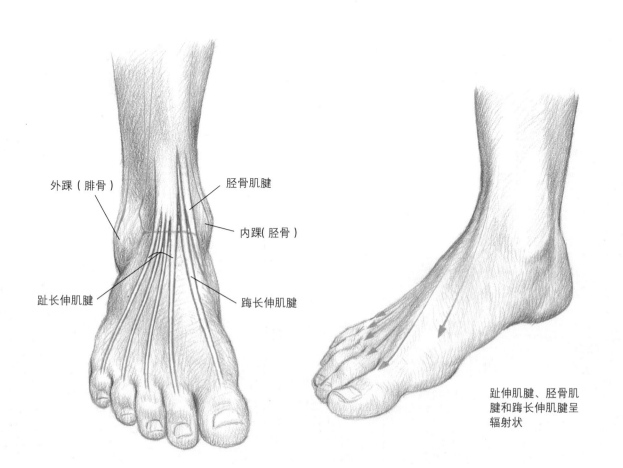

外踝（腓骨）

胫骨肌腱

内踝（胫骨）

趾长伸肌腱

踇长伸肌腱

趾伸肌腱、胫骨肌
腱和踇长伸肌腱呈
辐射状

练习

　　使用本页及后续图，练习识别界标和肌肉。将空白（未标注）的画作复印成黑白图，并标记骨骼界标、软界标和肌肉。为了帮助记忆，你还可以使用不同颜色的彩笔，给肌肉涂上颜色。可使用已标注的图作为参考。

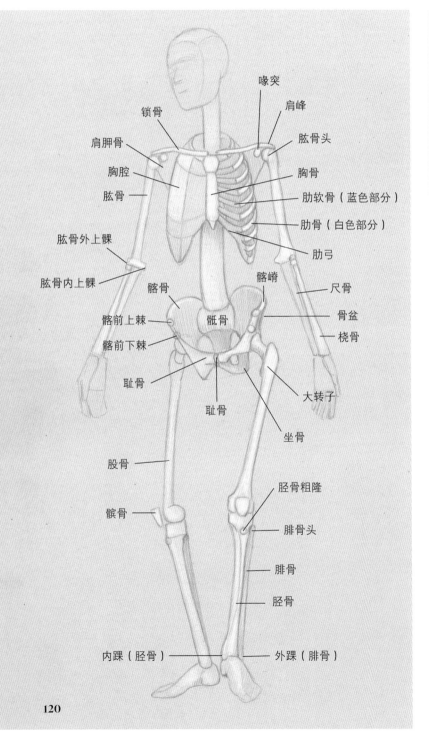

喙突
锁骨
肩峰
肩胛骨
胸腔
肱骨头
肱骨
胸骨
肋软骨（蓝色部分）
肱骨外上髁
肋骨（白色部分）
肱骨内上髁
肋弓
髂骨
髂嵴
尺骨
髂前上棘
骶骨
骨盆
髂前下棘
桡骨
耻骨
耻骨
大转子
坐骨
股骨
髌骨
胫骨粗隆
腓骨头
腓骨
胫骨
内踝（胫骨）
外踝（腓骨）

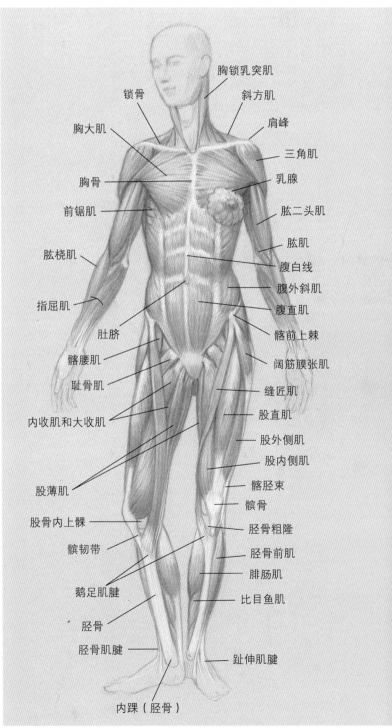

锁骨
胸锁乳突肌
斜方肌
胸大肌
肩峰
三角肌
胸骨
乳腺
前锯肌
肱二头肌
肱肌
肱桡肌
腹白线
指屈肌
腹外斜肌
肚脐
腹直肌
髂腰肌
髂前上棘
耻骨肌
阔筋膜张肌
内收肌和大收肌
缝匠肌
股直肌
股外侧肌
股薄肌
股内侧肌
髂胫束
髌骨
股骨内上髁
胫骨粗隆
髌韧带
胫骨前肌
腓肠肌
鹅足肌腱
比目鱼肌
胫骨
胫骨肌腱
趾伸肌腱
内踝（胫骨）

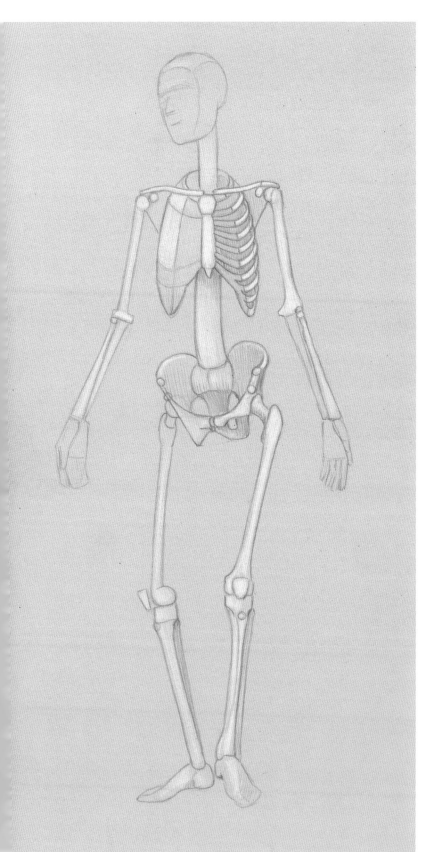
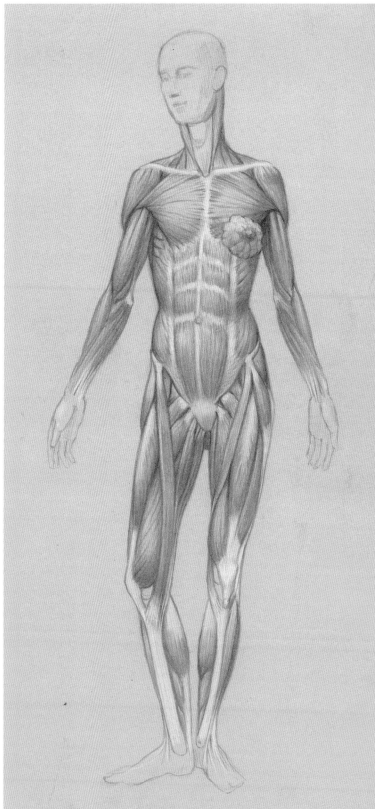

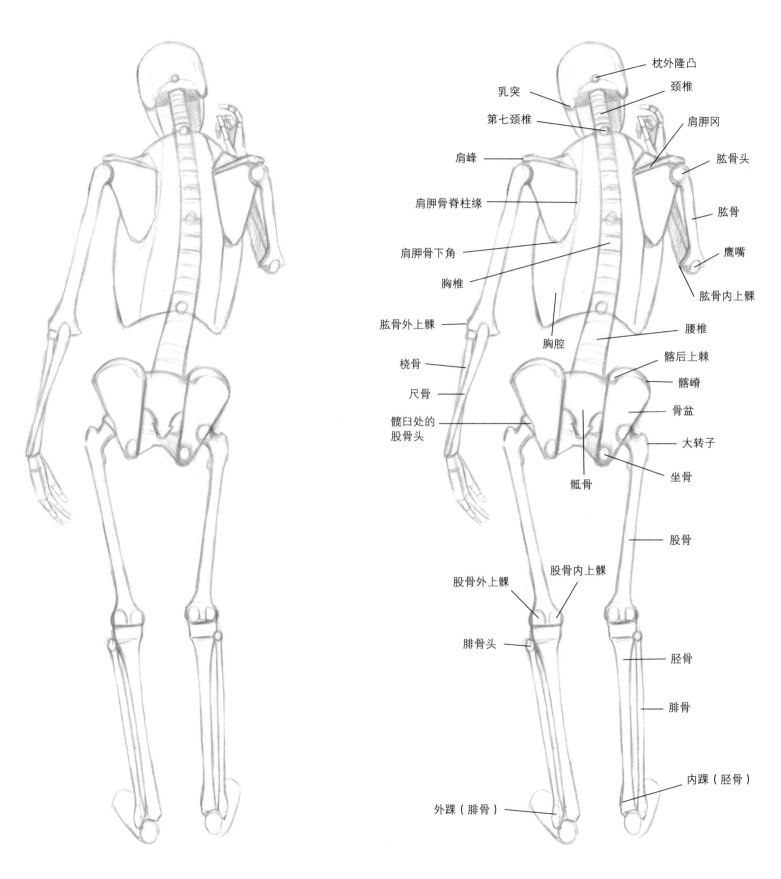

枕外隆凸

乳突

颈椎

第七颈椎

肩胛冈

肩峰

肱骨头

肩胛骨脊柱缘

肱骨

肩胛骨下角

鹰嘴

胸椎

肱骨内上髁

肱骨外上髁

腰椎

胸腔

髂后上棘

桡骨

髂嵴

尺骨

骨盆

髋臼处的股骨头

大转子

坐骨

骶骨

股骨

股骨内上髁

股骨外上髁

腓骨头

胫骨

腓骨

内踝（胫骨）

外踝（腓骨）

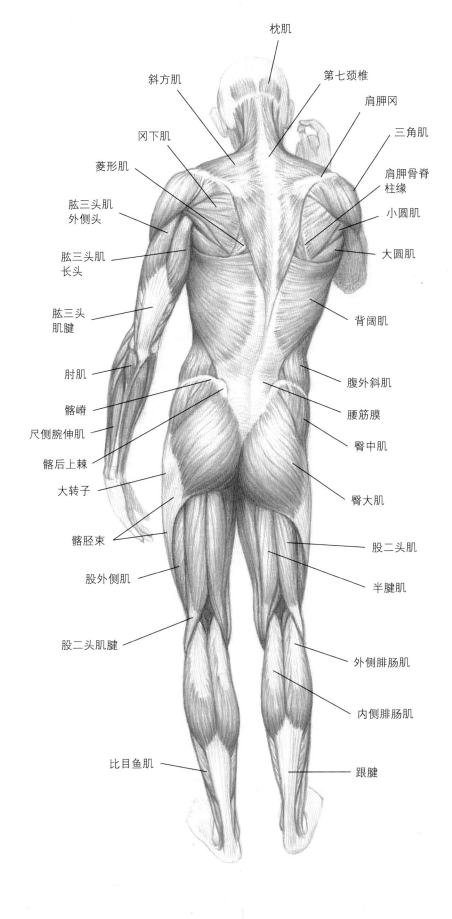

枕肌

斜方肌

第七颈椎

肩胛冈

三角肌

冈下肌

肩胛骨脊柱缘

菱形肌

小圆肌

肱三头肌外侧头

大圆肌

肱三头肌长头

背阔肌

肱三头肌腱

肘肌

腹外斜肌

髂嵴

腰筋膜

尺侧腕伸肌

臀中肌

髂后上棘

臀大肌

大转子

髂胫束

股二头肌

股外侧肌

半腱肌

股二头肌腱

外侧腓肠肌

内侧腓肠肌

比目鱼肌

跟腱

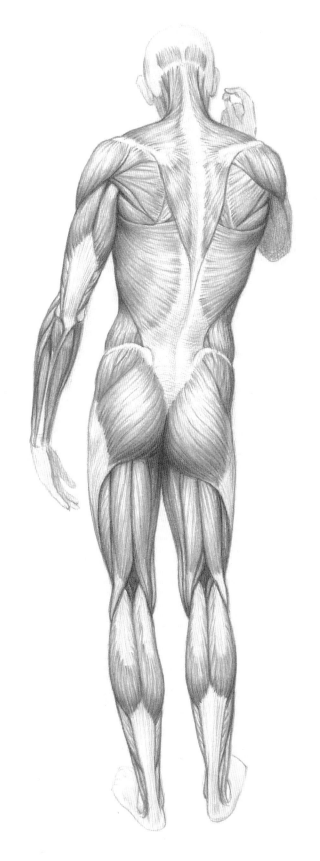

123

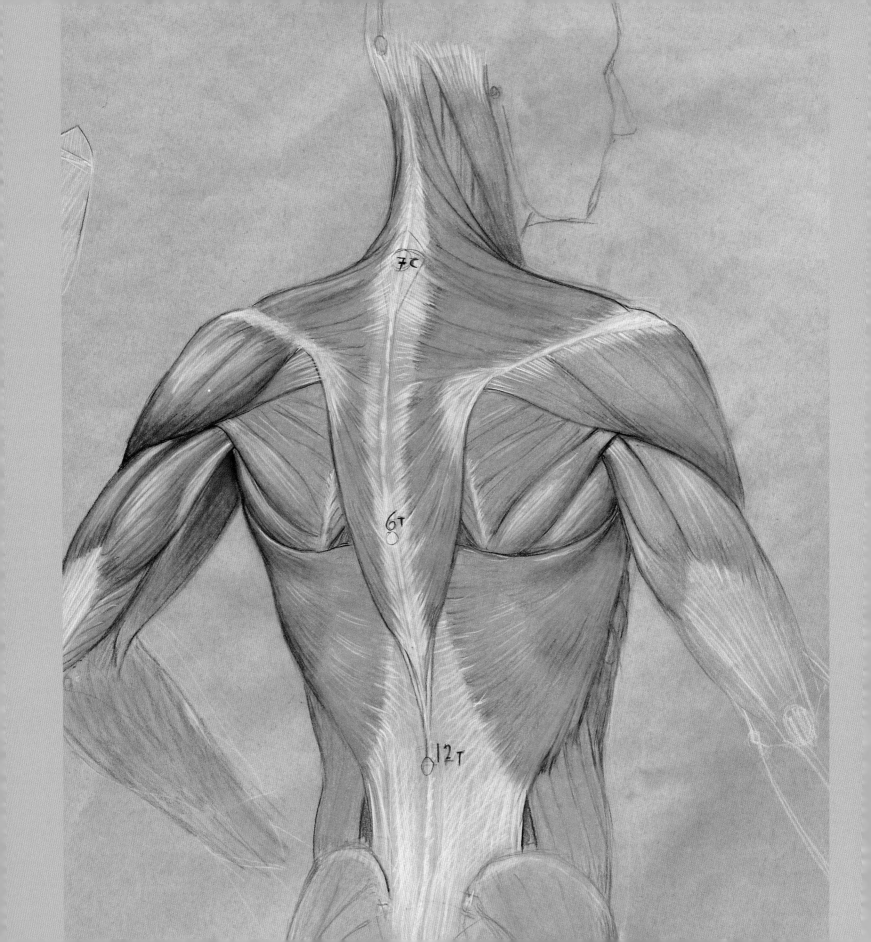

第 4 章

界标与比例关系在人体素描中的应用

在第 2 章，你熟悉了人体结构与比例特征；在第 3 章，你学习了如何识别人体软界标、骨骼界标、肌肉以及肌肉与骨骼的连接。现在我们将这些解读人体的各种方式综合在一起，应用于人体素描。

对页图：这幅真人大小、用于课堂演示的牛皮纸色粉画，展示了躯干和手臂的浅表肌肉后视图

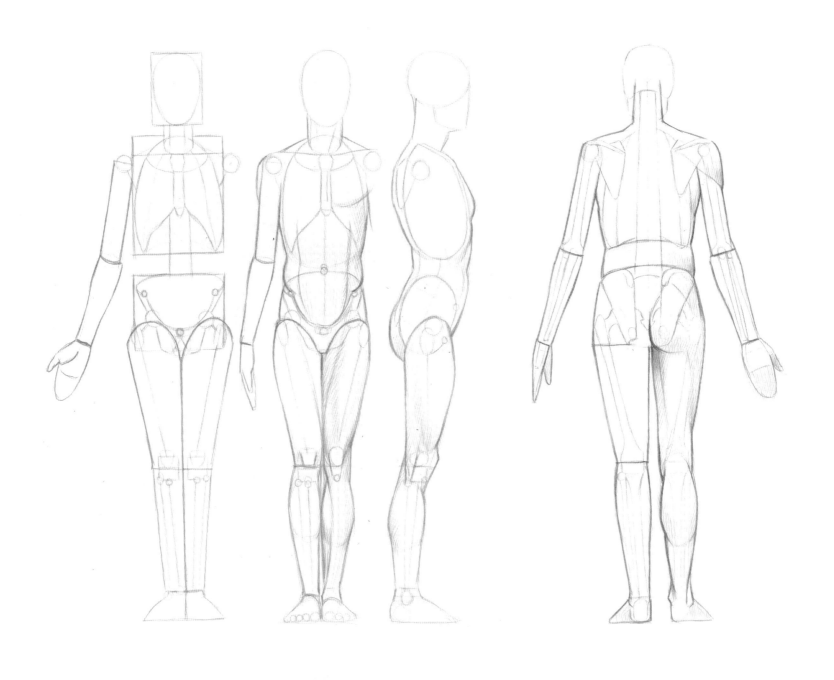

更加精准地
绘制人体。

　　这些参考图展示了男性、女性人体的立体体积、比例关系和界标。在创作人体姿势的基本效果图时，可以把这些图作为参考。我们的目标是能更加精准地绘制人体，并真正理解人体结构，而非被动地模仿。

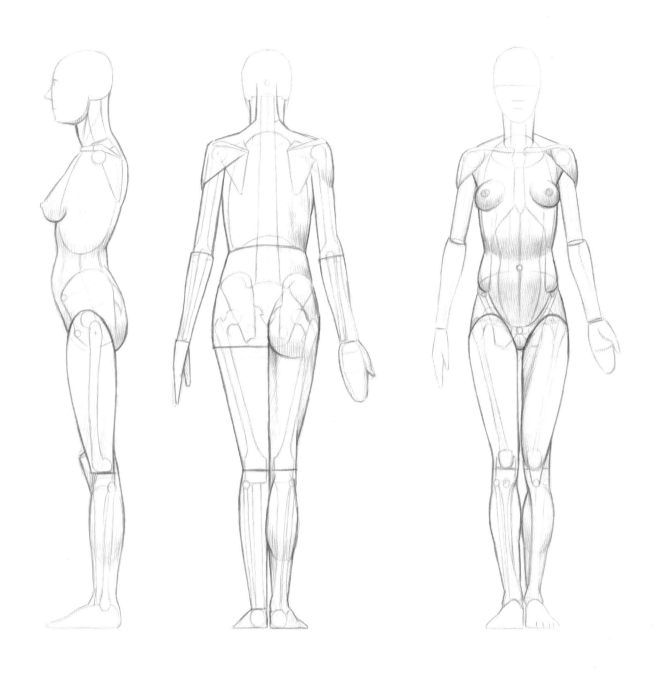

对页图：男性人体的主要体积、比例和界标
左侧人体展示了立体示意图（红色）与其骨骼结构（蓝色）之间的对应关系。其余人体图则表明，利用骨骼结构和界标，我们可以很容易地快速画出主要肌肉体积。

上图：女性人体的主要体积、比例关系和界标
上图从前、侧及后方视角描绘了女性人体比例，并基本呈现了肌肉体积。

骨骼示意图和立体图

人体可以用不同方式呈现，选择哪种方式取决于我们如何看待人体以及我们关注人体哪些方面。这三张图介绍的方法主要关注如何体现界标、比例关系和外部形态。

左图：立体体积图
此图使用一系列立方体，简略地勾勒出人体的立体体积。

右图：骨骼示意图
此图以界标为定位点，勾勒出躯干的骨骼。

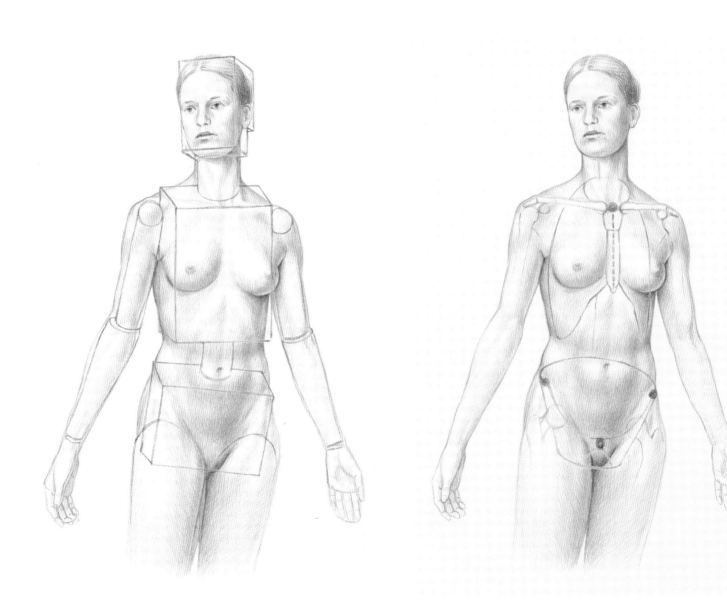

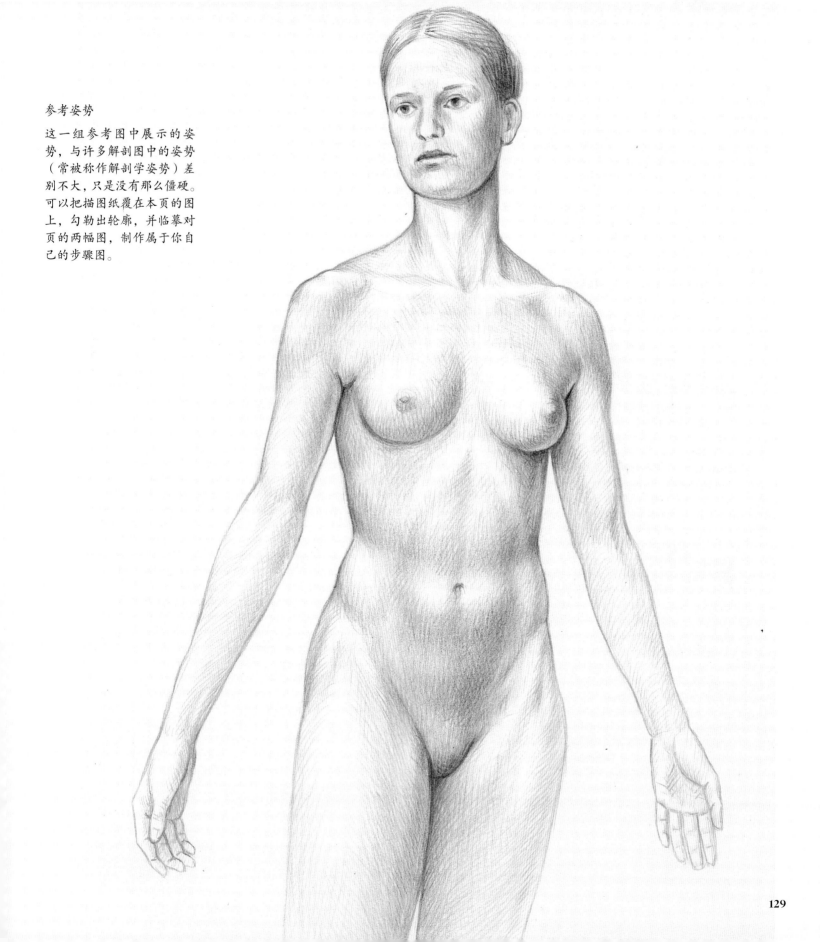

参考姿势

这一组参考图中展示的姿势，与许多解剖图中的姿势（常被称作解剖学姿势）差别不大，只是没有那么僵硬。可以把描图纸覆在本页的图上，勾勒出轮廓，并临摹对页的两幅图，制作属于你自己的步骤图。

这些图展示了如何将这些概念应用于研究一个姿势或应用于描绘人体素描。

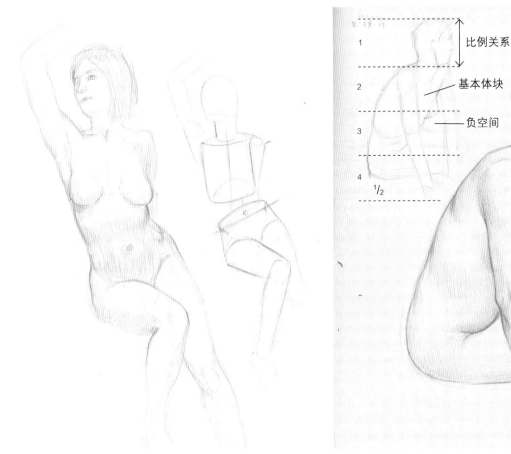

比例关系

基本体块

负空间

左图：利用立体几何研究姿势，例1

髂前上棘连线及胸骨的角度，体现了骨盆倾斜的角度以及胸腔的角度。

右图：利用立体几何研究姿势，例2

复杂的有机形态通过几何图形呈现出来，方便我们把握人体的尺寸、大小及姿势。

对页图：绘制手臂，从草稿图到体块图再到有机形态

测量圆柱体的长度和宽度，远比测量真实手臂的长度和宽度容易得多。上方的步骤图展现了如何从后外侧角度绘制前臂。首先快速地画出骨骼示意图（A），找到主要界标的位置和朝向；然后勾画出上臂和前臂的主要体块（B）；再添加细节，将主要形态划分成小肌肉群（C和D）。步骤图中的最后一幅图仍然是半草稿图，但是进一步完善有机形态之后就能完成最终的图画。

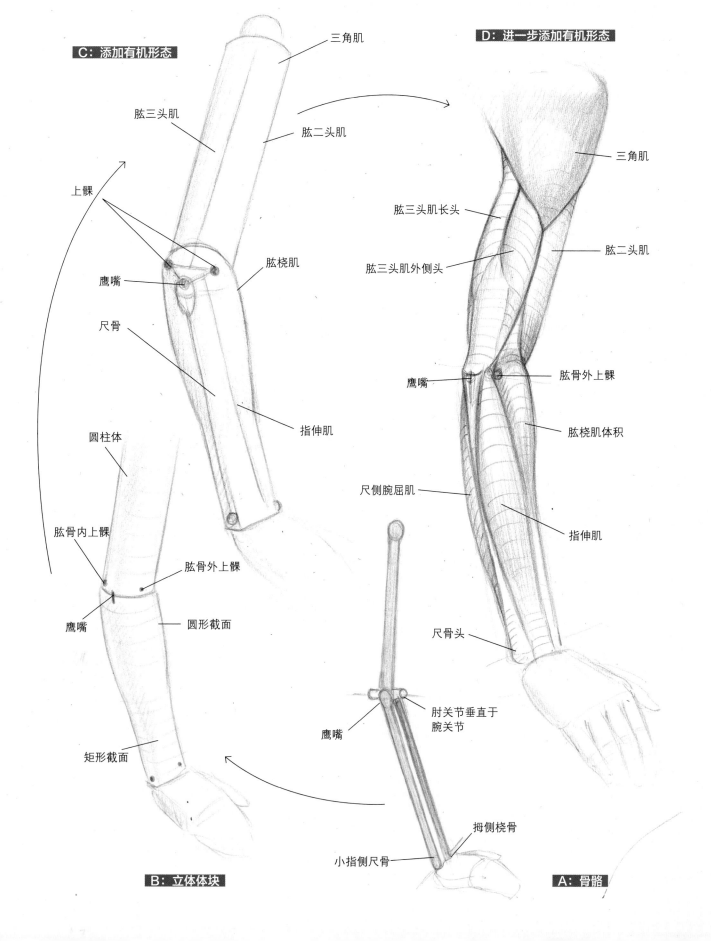

三角肌

肱三头肌

肱二头肌

上髁

鹰嘴

肱桡肌

尺骨

指伸肌

圆柱体

肱骨内上髁

肱骨外上髁

鹰嘴

圆形截面

矩形截面

三角肌

肱三头肌长头

肱二头肌

肱三头肌外侧头

鹰嘴

肱骨外上髁

肱桡肌体积

尺侧腕屈肌

指伸肌

尺骨头

肘关节垂直于腕关节

鹰嘴

拇侧桡骨

小指侧尺骨

右图：考虑重叠的体块

此处的步骤图从不同的角度展示了手臂，并强调了考虑不同肌肉体块重叠的三维效果很重要。

下图：利用立体几何绘制透视缩短的人体姿势

立体体块有助于描绘重度透视缩短，且有重叠形态的姿势。

解读透视缩短姿势

　　大家普遍认为透视缩短的姿势非常难画。问题之一在于我们常常忽略人体形态的重叠。描绘人体形态时，考虑三维特征可以帮助你想象人体形态是如何相互重叠的。

　　下面的步骤图显示了我将有机形态"转变"为立体体块图的分析过程。你可以模仿这几个步骤。

1

假设这是一幅模特在摆造型的图，你要辨识出关节和界标的位置。

2

辨识出关节的位置之后，你就能更了解人体各个部位的尺寸和方向。将描图纸覆盖在上一步的图上，然后描画出关节和体块，你就可以练习识别关节和体块。

3

这幅图展示了模特初始姿势的合成效果。因为人体形态已经被简化为最基本的体块，因此此图更利于理解体块是如何在透视缩短的姿势中重叠的。

从骨骼到肌肉，
重新构建人体

现在让我们来研究一个更自然、更真实的人体示意图，根据骨骼界标推断出骨骼，然后寻找肌肉与骨骼的连接。可以参考下图，给骨骼的主要浅表肌肉体积定位。（你也可以查阅前一章的界标和肌肉参考图。）

根据界标推断骨骼。

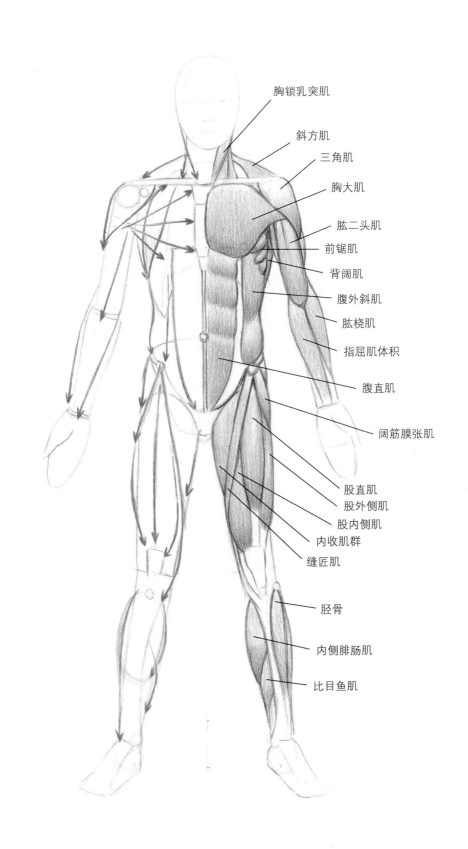

胸锁乳突肌

斜方肌

三角肌

胸大肌

肱二头肌

前锯肌

背阔肌

腹外斜肌

肱桡肌

指屈肌体积

腹直肌

阔筋膜张肌

股直肌

股外侧肌

股内侧肌

内收肌群

缝匠肌

胫骨

内侧腓肠肌

比目鱼肌

右图：在骨骼上定位肌肉，前视图

对页图：在骨骼上定位肌肉，后视图

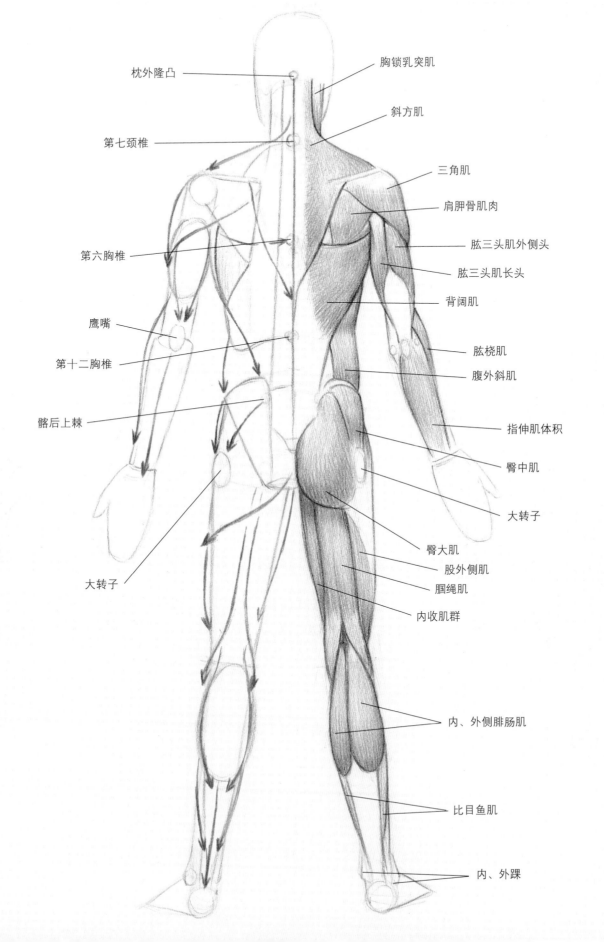

枕外隆凸

胸锁乳突肌

第七颈椎

斜方肌

三角肌

肩胛骨肌肉

第六胸椎

肱三头肌外侧头

肱三头肌长头

背阔肌

鹰嘴

肱桡肌

第十二胸椎

腹外斜肌

髂后上棘

指伸肌体积

臀中肌

大转子

大转子

臀大肌

股外侧肌

腘绳肌

内收肌群

内、外侧腓肠肌

比目鱼肌

内、外踝

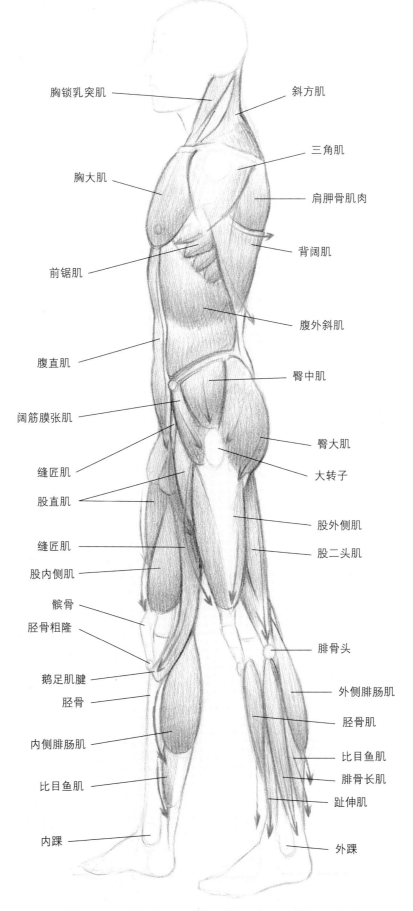

胸锁乳突肌

斜方肌

三角肌

胸大肌

肩胛骨肌肉

背阔肌

前锯肌

腹外斜肌

腹直肌

臀中肌

阔筋膜张肌

臀大肌

缝匠肌

大转子

股直肌

股外侧肌

缝匠肌

股二头肌

股内侧肌

髌骨

胫骨粗隆

腓骨头

鹅足肌腱

外侧腓肠肌

胫骨

胫骨肌

内侧腓肠肌

比目鱼肌

比目鱼肌

腓骨长肌

趾伸肌

内踝

外踝

以下组图展示了如何识别一个姿势中的骨骼界标，并展示了界标下方的骨骼。利用解剖结构精准的人体素描，你可以定位人体表面的骨骼界标，利用这些线索，你可以开始重新构建骨骼。

下图：重新构建骨骼，前视图

左图中显示的骨骼界标和软界标，是用来重新构建右图中的骨骼的。你可以练习重新构建骨骼，先将描图纸覆盖在右图上进行描图，再以右图作为参考。请注意骨架是如何以非常结构化或更逼真的方式呈现的。

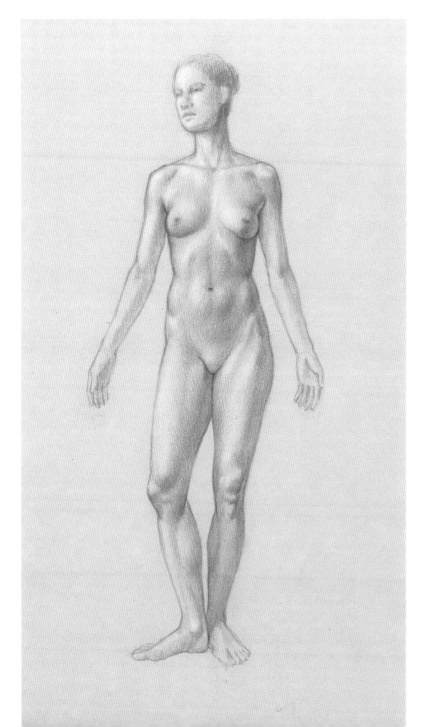

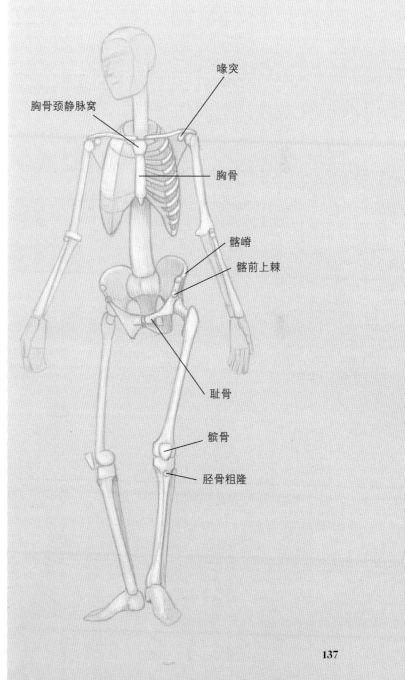

喙突

胸骨颈静脉窝

胸骨

髂嵴

髂前上棘

耻骨

髌骨

胫骨粗隆

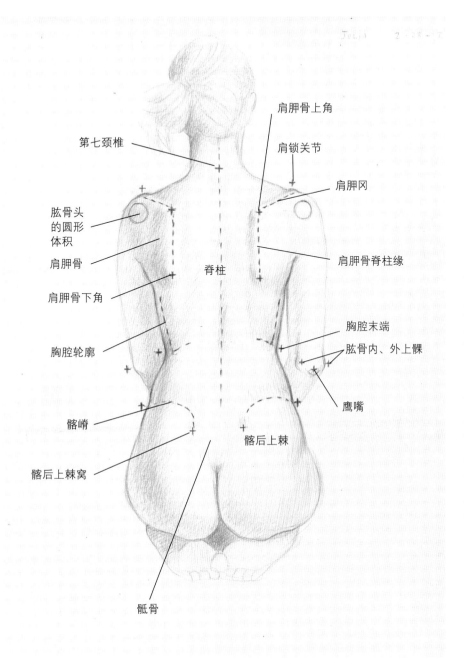

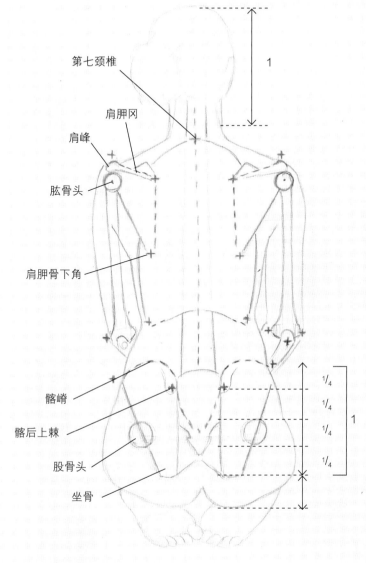

第七颈椎

肩胛骨上角

肩锁关节

肩胛冈

肱骨头
的圆形
体积

肩胛骨

肩胛骨脊柱缘

脊柱

肩胛骨下角

胸腔末端

肱骨内、外上髁

胸腔轮廓

鹰嘴

髂嵴

髂后上棘

髂后上棘窝

骶骨

第七颈椎

肩胛冈

肩峰

肱骨头

肩胛骨下角

髂嵴

髂后上棘

股骨头

坐骨

$\frac{1}{4}$

$\frac{1}{4}$

$\frac{1}{4}$

$\frac{1}{4}$

1

1

左图：重新构建胸腔和骨盆，后视图

在左侧人体素描中，值得注意的是，第七颈椎
是在颈部下端，显示为一个小隆起；每个髂后
上棘在髂嵴曲线末端，看上去像个小酒窝。

右图：轮廓

如右图所示，骨盆高度大约等于头部高度。从
髂嵴顶端开始测量，要记住，你必须考虑骨盆
底部还要留出肌肉、脂肪和皮肤的体积。

运用文艺复兴时期技法的当代艺术大师

斯科特·诺埃尔的作品表明，当今的具象艺术家仍然在运用文艺复兴时期的方法，就像莱昂·巴蒂斯塔·阿尔伯蒂曾描述过那样，在骨骼上分层绘制肌肉（之后绘制肌肉上面的皮肤，最后是衣服）。

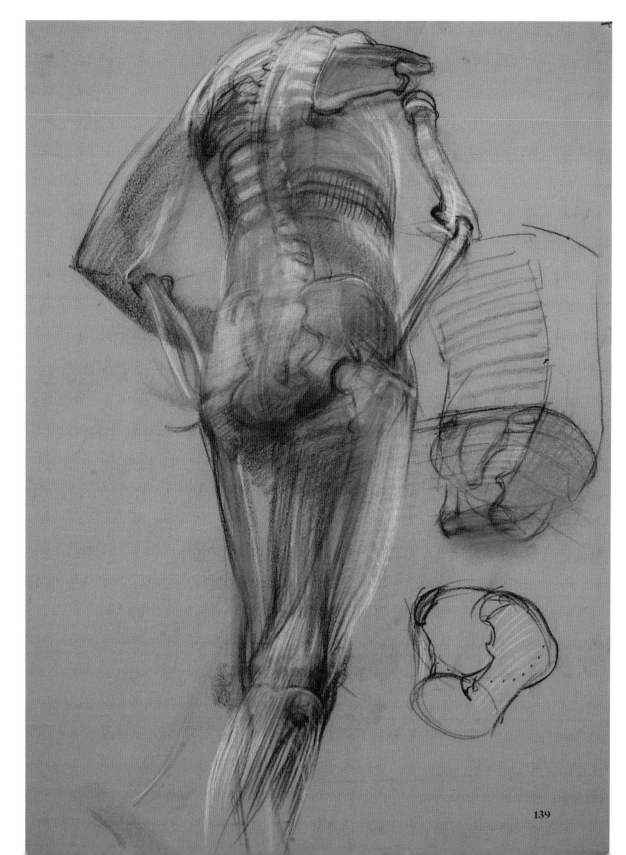

右图：斯科特·诺埃尔，《乔恩，骨骼上的肌肉》，2008年，色粉画，76.20cm×55.88cm，艺术家提供

这一步骤图展示了如何识别人体外侧或侧面可见的骨骼界标，以及如何使用这些界标重新构建骨骼、定位肌肉。

对页图：定位躯干的肌肉，侧视图

绘制出骨骼后，就可以将肌肉逐层添加在骨骼上方。

推断骨骼、定位肌肉

在本部分，我会先展示如何依据模特推断骨骼。然后我会完成"反向解剖"，展示如何在已经推断出的骨骼上给肌肉定位。

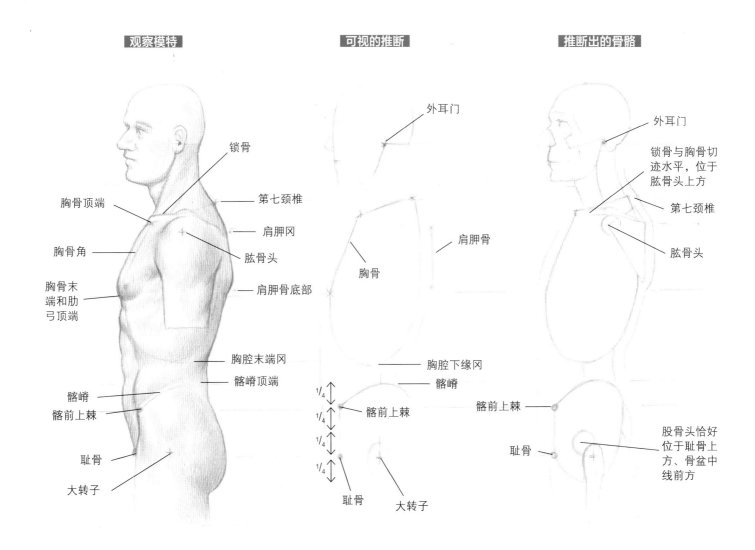

| 观察模特 | 可视的推断 | 推断出的骨骼 |

观察模特

锁骨
第七颈椎
肩胛冈
肱骨头
肩胛骨底部
胸骨顶端
胸骨角
胸骨末端和肋弓顶端
胸腔末端冈
髂嵴顶端
髂嵴
髂前上棘
耻骨
大转子

可视的推断

外耳门
肩胛骨
胸骨
胸腔下缘冈
髂嵴
髂前上棘
耻骨
大转子
1/4
1/4
1/4
1/4

推断出的骨骼

外耳门
锁骨与胸骨切迹水平，位于肱骨头上方
第七颈椎
肱骨头
髂前上棘
耻骨
股骨头恰好位于耻骨上方、骨盆中线前方

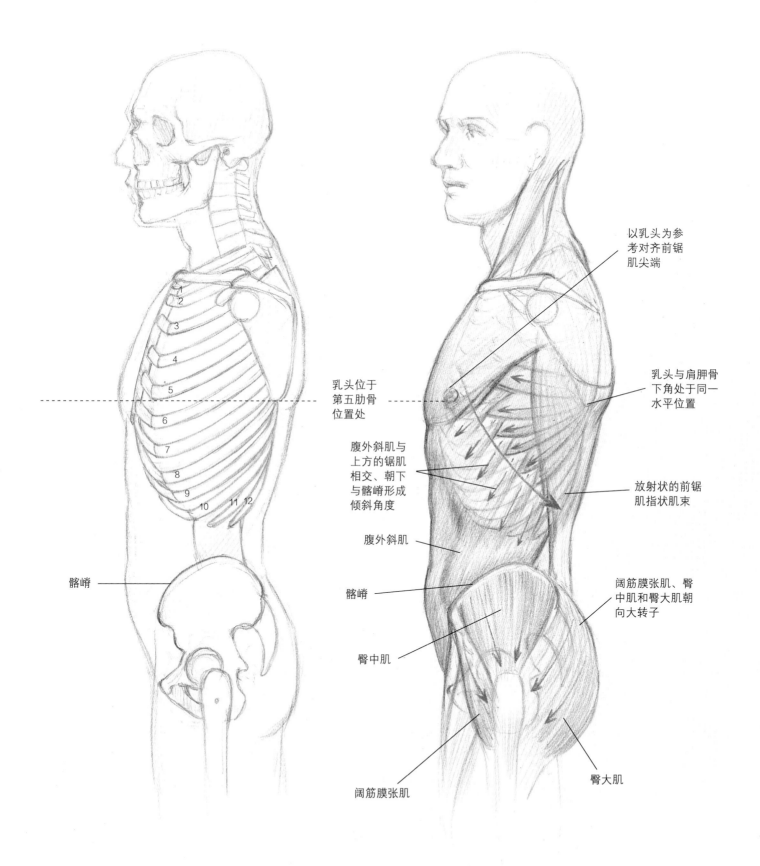

以乳头为参考对齐前锯肌尖端

乳头与肩胛骨下角处于同一水平位置

乳头位于第五肋骨位置处

腹外斜肌与上方的锯肌相交、朝下与髂嵴形成倾斜角度

放射状的前锯肌指状肌束

腹外斜肌

髂嵴

髂嵴

阔筋膜张肌、臀中肌和臀大肌朝向大转子

臀中肌

阔筋膜张肌

臀大肌

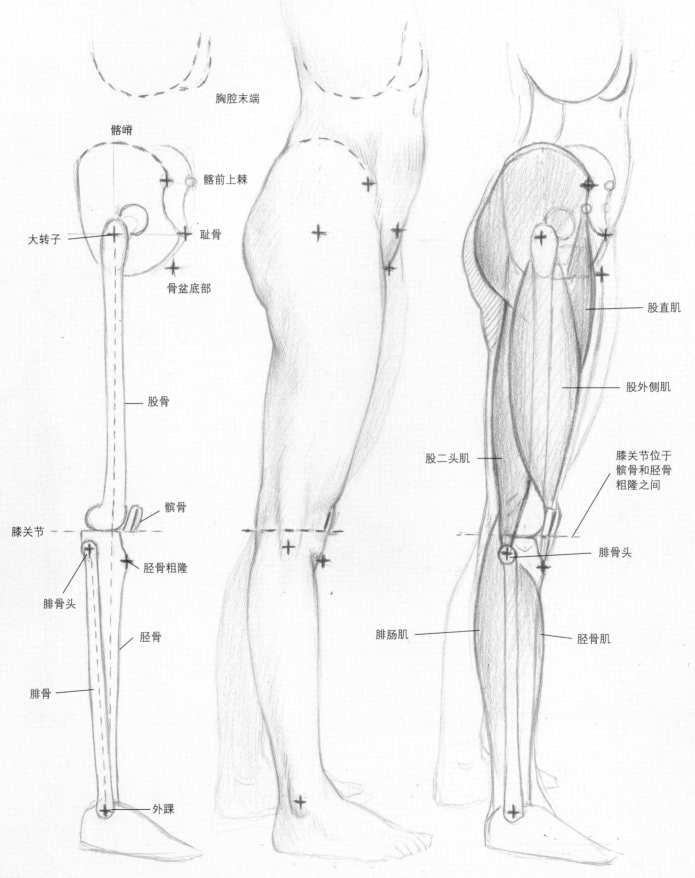

胸腔末端

髂嵴

髂前上棘

大转子

耻骨

骨盆底部

股骨

髌骨

膝关节

胫骨粗隆

腓骨头

胫骨

腓骨

外踝

股直肌

股外侧肌

股二头肌

膝关节位于髌骨和胫骨粗隆之间

腓骨头

腓肠肌

胫骨肌

142

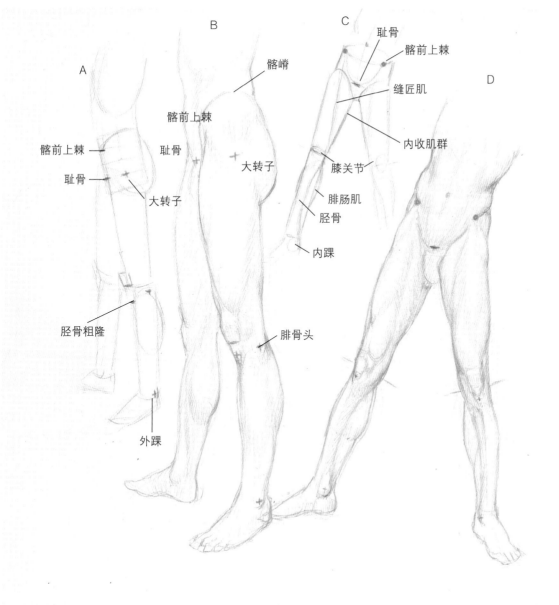

A

髂前上棘——
耻骨—
大转子
胫骨粗隆
外踝

B

髂前上棘
耻骨
髂嵴
大转子
腓骨头

C

耻骨
髂前上棘
缝匠肌
内收肌群
膝关节
腓肠肌
胫骨
内踝

D

对页图：利用界标重新构建骨盆与腿的骨骼、肌肉，侧视图

想象中间的图是模特在摆造型，你需要依据表面形态推断出骨骼和肌肉。为此，你要找到界标（红点和虚线），利用界标重新创作出骨骼的基本示意图（左侧）。然后添加肌肉形态，完成这一姿势的分析（你可以用第134页的图作为参考）。

上图：利用界标和基本体块，绘制腿部

从腿部体块的立体示意图开始，定位主要界标（A和C）有助于捕捉模特的姿势、人体体块的角度和比例关系。下一步是绘制有机形态（B和D）。

下图：推断骨盆

骨盆的大小和位置，可以通过髂前上棘和耻骨推断出来。骨盆高度约等于头部高度。髂前上棘和耻骨之间的距离，约为一半头高。在耻骨下方和髂前上棘上方，分别添加四分之一头的高度，你就能够画出骨盆的顶部和底部。

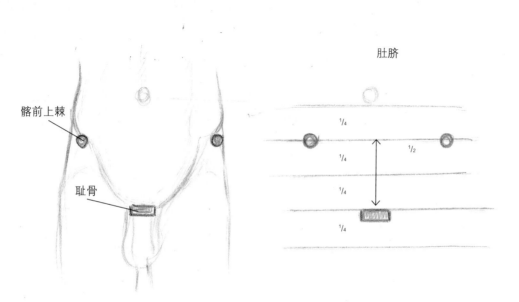

髂前上棘
耻骨

肚脐

$1/4$
$1/4$
$1/2$
$1/4$
$1/4$

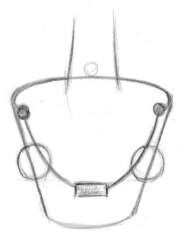

143

从骨骼到肌肉再到外部形态

通过运用各种分析方法，你可以更加全面地了解人体。从外部形态开始，逐步"分解"形态至骨骼（如第140～143页图所示，展示了人体外部形态及其骨骼的推断）。或者，你也可以使用本步骤图中描述的"添加式"方法。在这一分析方法中，你首先绘制骨骼，然后逐渐添加肌肉和外部形态。

1

这幅步骤图从骨骼开始，一些主要肌肉体积，用连接骨骼各个部位的箭头表示。

2

这幅图显示了浅表肌肉，它可以用来识别下一幅图中皮肤下层的肌肉体积。

3

这是一幅完整的人体素描，展示了人体表面的形态。

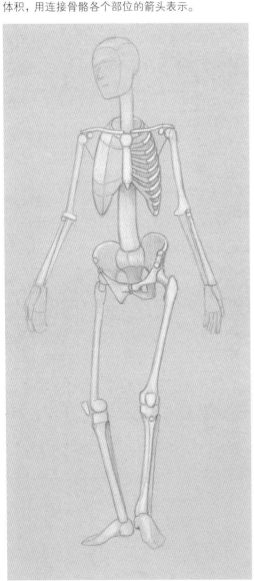

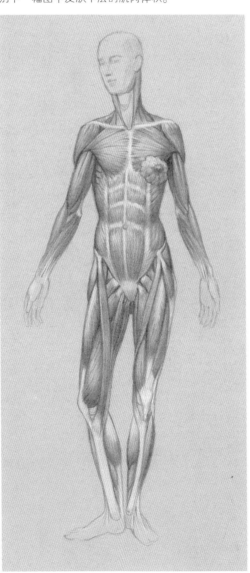

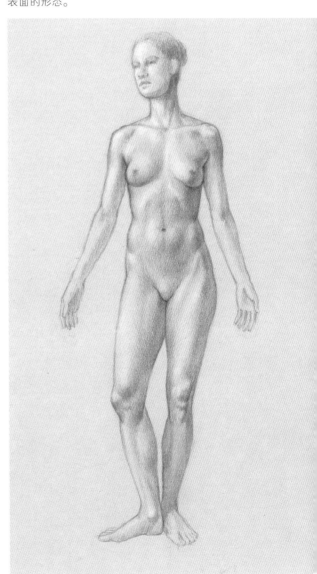

利用界标，呈现几何图形

此处的画作，展示了几个可能的几何图形，这些图形是通过连接躯干界标形成的。我们将人体复杂的有机形态简化为直线或几何形状，便于在绘画时更加客观、准确地解读人体形态，尤其是绘制透视缩短的人体。在下方的示例中，由于模特变换身体位置，连接乳头和胸骨颈静脉窝而形成的三角形从一个等边三角形变成了一个等腰三角形，随后在透视缩短的视角下，变成了一个不等边三角形。连接各个界标而形成的三角形的类型会随模特的具体比例而变化。

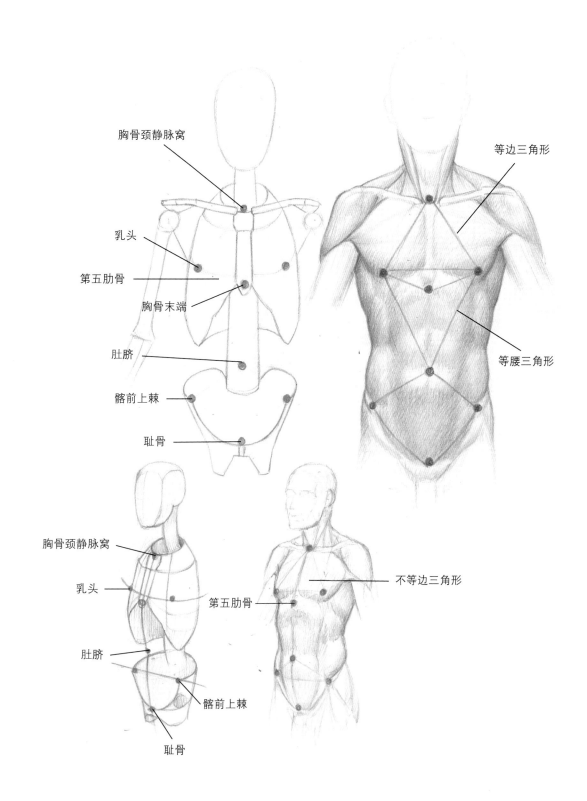

胸骨颈静脉窝

乳头

第五肋骨

胸骨末端

肚脐

髂前上棘

耻骨

等边三角形

等腰三角形

胸骨颈静脉窝

乳头

肚脐

髂前上棘

耻骨

第五肋骨

不等边三角形

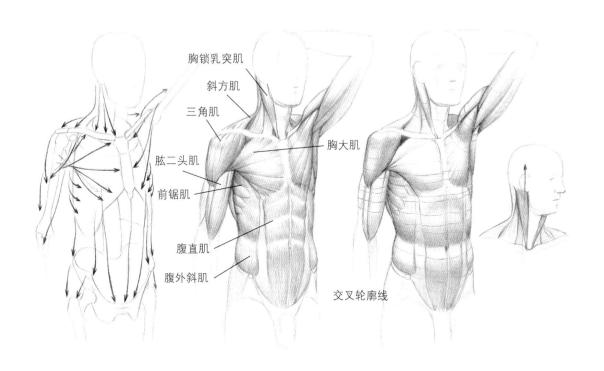

胸锁乳突肌

斜方肌

三角肌

胸大肌

肱二头肌

前锯肌

腹直肌

腹外斜肌

交叉轮廓线

上图：头部和躯干的肌肉及骨骼连接，四分之三前侧视图

该步骤图展示了颈部、胸腔和骨盆前侧的肌肉与骨骼的连接。左侧人体身上的红色箭头，显示了如何在躯干和颈部的骨骼上定位肌肉（请注意，这些箭头不一定完全沿起点指向插入方向）。中间的人体，显示的是浅表肌肉层。绘制肌肉时，你必须始终考虑肌肉体积处于骨骼上方或包裹骨骼时会受到影响。右侧人体的肌肉部分示意图，显示了如何利用垂直和水平剖面，更好地理解人体形态的体积特征。不要单纯地复制绘画对象身上的明暗状态，而要分析、了解光线对人体形态的影响，以完成作品的明暗色调。

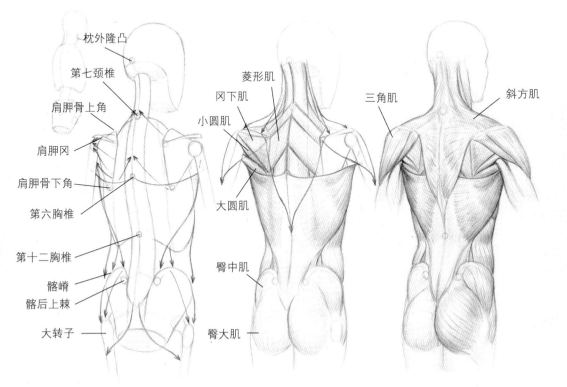

枕外隆凸

第七颈椎

肩胛骨上角

肩胛冈

肩胛骨下角

第六胸椎

第十二胸椎

髂嵴

髂后上棘

大转子

菱形肌

冈下肌

小圆肌

大圆肌

臀中肌

臀大肌

三角肌

斜方肌

下图：头部和躯干的肌肉及骨骼连接，四分之三后侧视图

与上一幅图相同，这幅步骤图也展示了如何将躯干背部及头部的肌肉与骨骼连接。

完整的人体

现在，所有分析人体的方法都可以应用于整个人体。下方的女性人体系列图回顾了我们至今已经学过的各级概念。下页的大图绘制的是一个蹲着的男性人体，展示了如何从外部形态中找到线索，并识别骨骼。第149页，坐着的女性人体系列图，展示了如何从界标开始，重新构建骨骼，然后在骨骼上添加肌肉。

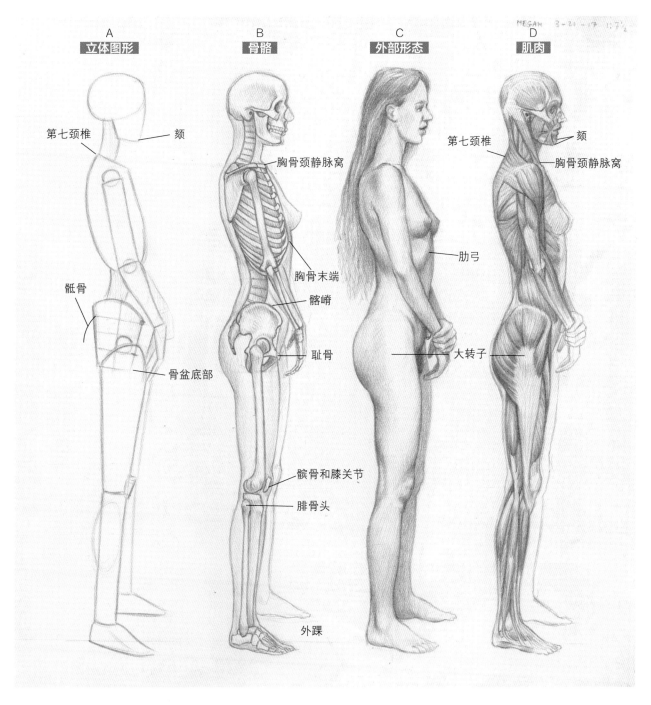

A 立体图形
第七颈椎
颏
骶骨
骨盆底部

B 骨骼
胸骨颈静脉窝
胸骨末端
髂嵴
耻骨
髌骨和膝关节
腓骨头
外踝

C 外部形态
第七颈椎
颏
肋弓
大转子

D 肌肉
第七颈椎
颏
胸骨颈静脉窝

左图：从侧面审视完整的人体

这系列图以侧面视角审视了完整的人体，依次展示了界标、骨骼、外部形态和肌肉。从人体的立体体积（A）开始，再到骨骼及界标（B）。外部形态（C）在很大程度上是由浅表肌肉（D）塑造的。随着你对人体了解的逐渐加深，你的绘画技巧也会提升。临摹这系列图，练习绘制人体。

147

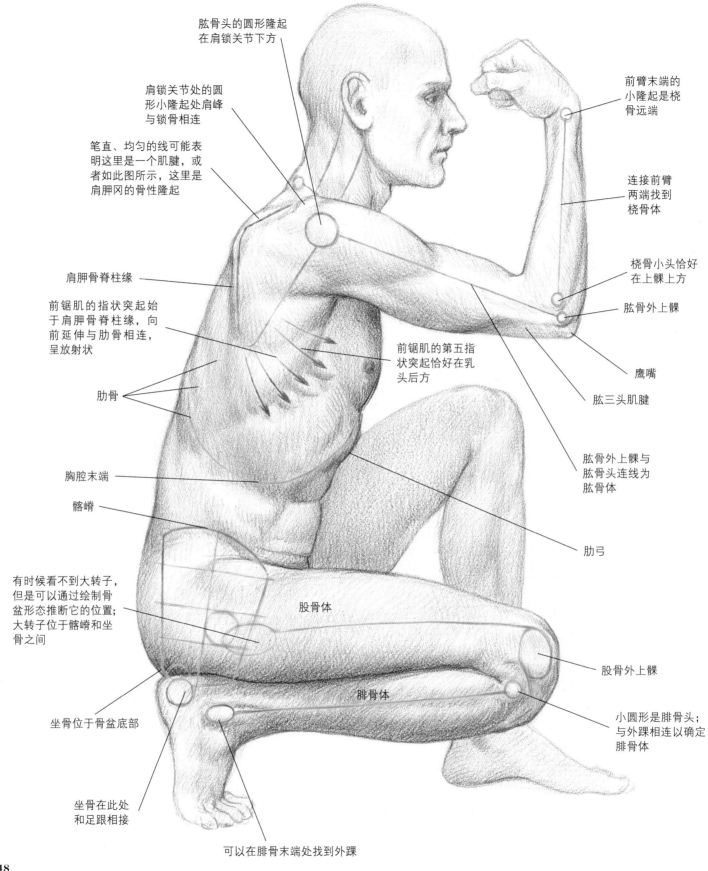

肱骨头的圆形隆起
在肩锁关节下方

肩锁关节处的圆
形小隆起处肩峰
与锁骨相连

笔直、均匀的线可能表
明这里是一个肌腱，或
者如此图所示，这里是
肩胛冈的骨性隆起

前臂末端的
小隆起是桡
骨远端

连接前臂
两端找到
桡骨体

肩胛骨脊柱缘

桡骨小头恰好
在上髁上方

前锯肌的指状突起始
于肩胛骨脊柱缘，向
前延伸与肋骨相连，
呈放射状

肱骨外上髁

前锯肌的第五指
状突起恰好在乳
头后方

肋骨

鹰嘴

肱三头肌腱

胸腔末端

肱骨外上髁与
肱骨头连线为
肱骨体

髂嵴

肋弓

有时候看不到大转子，
但是可以通过绘制骨
盆形态推断它的位置；
大转子位于髂嵴和坐
骨之间

股骨体

股骨外上髁

腓骨体

坐骨位于骨盆底部

小圆形是腓骨头；
与外踝相连以确定
腓骨体

坐骨在此处
和足跟相接

可以在腓骨末端处找到外踝

148

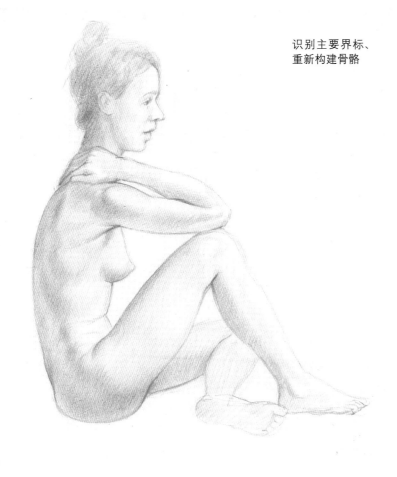

识别主要界标、
重新构建骨骼

对页图：解读摆姿势模特的比例、界标和肌肉体积

这一幅图举例说明我们应该如何观察摆姿势的模特，解读其比例关系、界标和肌肉体积，然后利用这些线索描绘一个结构准确、稳定且和谐的人体。

本页图：利用界标，重新构建骨骼和肌肉体积

的系列图提供了另一个例子，说明了如何分析外部形态、推断骨骼结构，以及如何在骨骼上逐层添加肌肉。

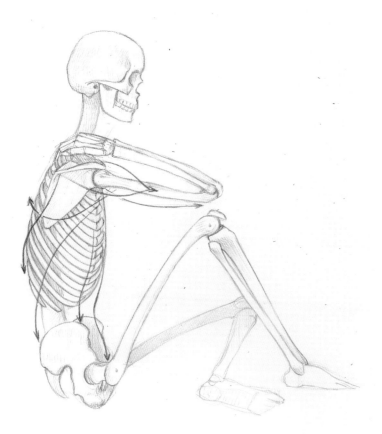

从基本体积到完整的人体画作

　　首先，草绘出头部和躯干骨骼的基本体块，标记主要界标，如图1所示。其次，标记连接骨骼各个部分的肌肉方向，考虑它们的起止点（图2）。注意，腹直肌和腹外斜肌上方起点与第五肋骨水平，略高于肋弓。然后，在前一步画出的深层肌肉上添加浅表肌肉（图3）。最后，完成如图4所示的人体素描。坚持练习这种在骨骼上逐层添加肌肉的方法，你就能够凭借记忆或想象画出这样的步骤图。

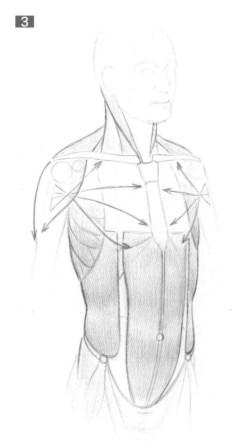

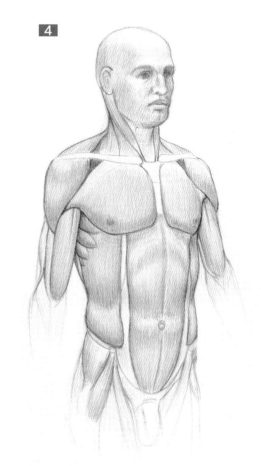

练习

在本练习中，你可以参照一幅画作中的人体造型，练习重新构建人体。首先，把描图纸覆在右上图上，描画出这个人体造型。

然后，参照中图的体块图，识别界标和关节，确定连接它们的四肢长度，查看比例关系（如蓝线所示），再画出人体主要体块的立体示意图。

接下来，参考最下方改进后的主要形态图，在前一幅图的基础上添加主要外部形态。你可以擦掉一些表层线条，留下仅供你参考的内容即可。最后，画出写实的人体，逐渐添加更多细节和明暗色调。

151

第 5 章

人体的流线 与节奏

审视人体时，我们的意图不同，看到的事物也各不相同。几个世纪以来，科学家和艺术家都解剖人体，但他们目的不同，结果各异。医生与其他医学专业人士研究解剖学是为了治病救人；艺术家研究解剖学则是为了审美。达·芬奇和米开朗基罗都曾剖解过人体，然后又通过艺术，将人体重新组合起来，从而使人体超越其物质状态而存在。

对页图：诺亚·布坎南，《维纳斯降临》，2018年，亚麻布油画，116.84cm×116.84cm，由艺术家提供

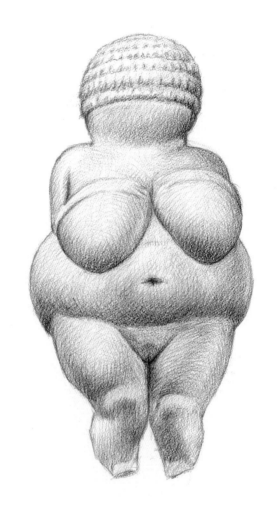

审美目的下的
解剖学研究。

上图：《沃尔道夫的维纳斯》素描效果图，大约公元前28,000-公元前25,000年

对页图：列奥纳多·达·芬奇，《人与马的腿部肌肉和骨骼》，约 1506-1508 年，钢笔墨水／橙红色草纸，28.2cm×20.4cm，皇家收藏信托，RCIN 912625

艺术家们通过解剖、绘制结构解剖图（肌肉骨骼模型）或者查阅教科书研究人体来了解人体各个部位的外观、位置以及名称。但艺术家们剖解人体后，必须以艺术品的形式将其重新组合，添加美学元素，并赋予其"文化生命"。这一必不可少的操作将人体转变成了一种语言符号形式——一个传递文化价值的载体。对页图显示，达·芬奇的这幅画展示了这种超越过程：从解剖学上看，这一小幅杰作中的腿部，画得毫无瑕疵——所有肌肉都被绘制出来了——但是与之相比，这些粗壮的腿部所传达出的形态、姿态与生命感却更为重要。

数千年来，艺术一直从文化层面诠释人体的生物形态。最早表现文化与人体生物形态间密不可分联系的例子是《沃尔道夫的维纳斯》，这个裸体女性小雕塑，其历史可能要追溯到30,000 年前。它仅有巴掌大小，便于运输——对一群总要迁移的狩猎者或采集者来说，这是一个重要的考虑因素。女性肥硕的身形象征着富足与生育——她很美，因为对旧石器时代创造她的人来说，这意味着繁衍不息。

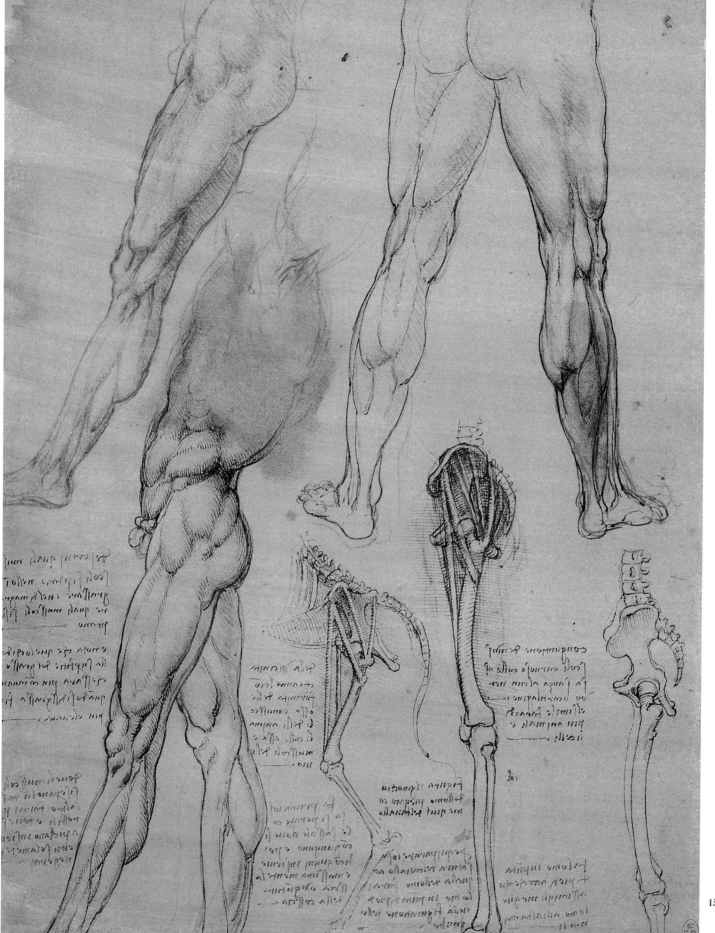

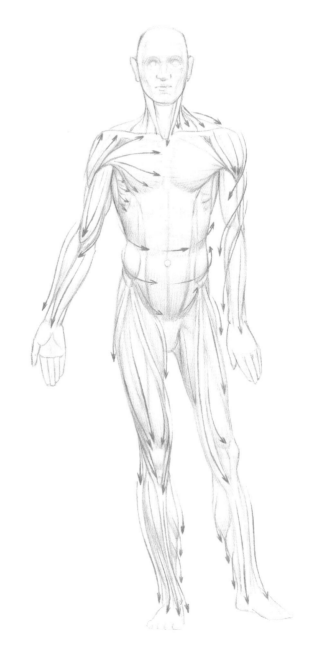

身体——文化价值
观的载体。

流线、节奏和动作

　　放开思想，再度审视人体，眼前所见会令你大吃一惊。人体有数百块肌肉，而几乎每个动
作都会牵涉不止一块肌肉。比如，前臂有三块不同的屈肌：肱二头肌、肱肌和肱桡肌，它们都
使前臂屈曲，但角度稍有不同，其中一块肌肉活动时，其他两块肌肉也会不同程度地辅助屈曲，
产生不同的身体外部形态。另一种联系是肌肉群间的对立关系，例如，某一肌肉群可能使身体
伸展，而另一肌肉群则使身体屈缩。

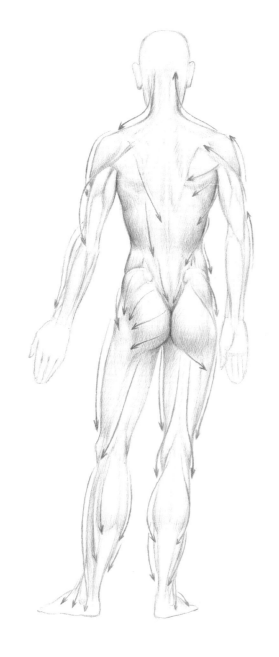
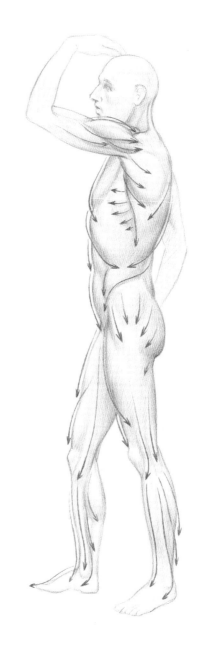

肌肉间，以及肌肉与骨骼间的相互作用，产生流动的线条——走向、形态与协调人体的连接，这些都是人体的典型特征。这些流线虽然可以从人体结构角度得到解读，但是也具有并表现出美学特征。如果说肌肉和骨骼是字母表，那么这些韵律就是人体创造的诗歌。学会辨识人体节律，你就可以"阅读"人体美学，并凭借自己的艺术造诣表达它们。

本图显示了人体各部分相互作用形成的主要流线走向路径。本章中，我将重点介绍连接和协调人体各部分的流线，以及它们创造的美感。图中的流动指向，我称之为内在流线，也就是说，它们是常见的人体生物结构。下一章将会探索人体运动时的动作节奏和线条。

人体创作的诗歌。

躯干的流线

我们先观察不同角度、不同姿态下的某些人体部位，了解如何将解剖学中的和谐理念应用到人物绘画实践中。这些图显示了手臂举起时，手臂肌肉与胸腔侧面肌肉的连接，成为浑然一体的美学形态。

右图：手臂抬起的男性躯干侧视图，（红）色调素描图

当你以色调呈现人体时，精通解剖结构及和谐美学的知识，将有助于你准确、细致地描绘人体。此图显示了由阴影的最暗部划分的明暗交界线。如你所见，明暗交界线位于不同肌肉块的最突出部位，这有助于你辨识这些肌肉，并更全面地了解它们的形态。

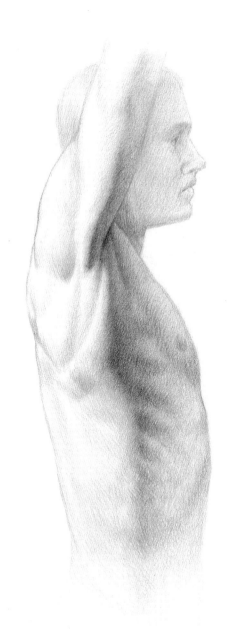

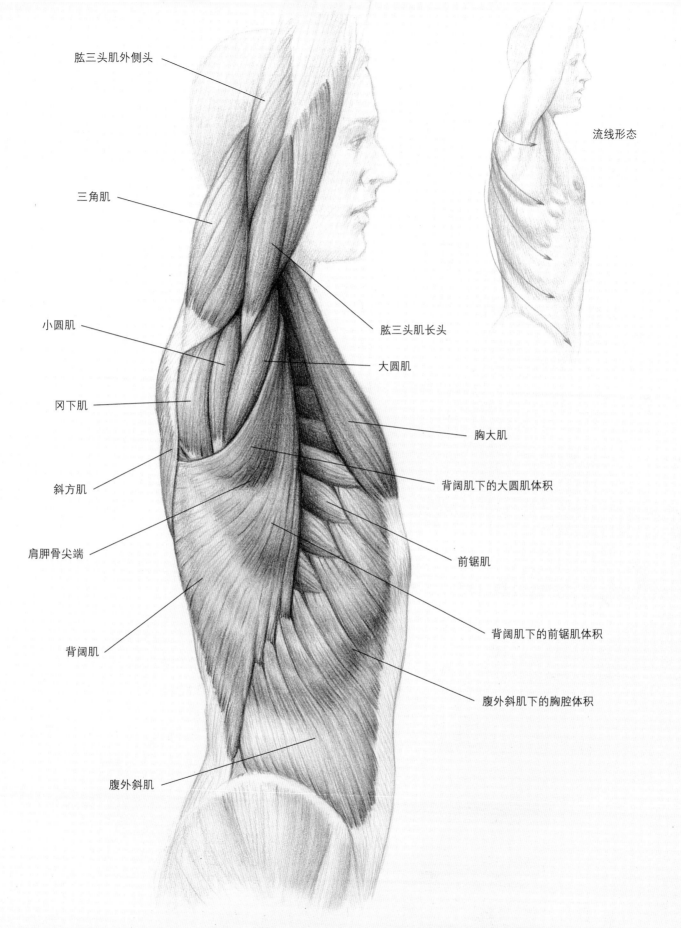

肱三头肌外侧头

三角肌

小圆肌

冈下肌

斜方肌

肩胛骨尖端

背阔肌

腹外斜肌

肱三头肌长头

大圆肌

胸大肌

背阔肌下的大圆肌体积

前锯肌

背阔肌下的前锯肌体积

腹外斜肌下的胸腔体积

流线形态

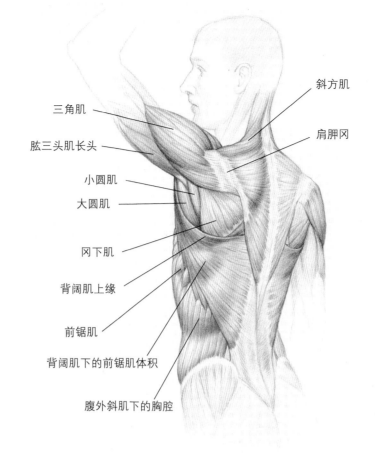

斜方肌

三角肌

肩胛冈

肱三头肌长头

小圆肌

大圆肌

冈下肌

背阔肌上缘

前锯肌

背阔肌下的前锯肌体积

腹外斜肌下的胸腔

上、下图：手臂抬起的皮下肌肉、流线，四分之三躯干背面图

此幅图从另一个角度显示了一个稍微不同的姿势。皮下肌肉组织再一次决定着主要流线。

对页图：女性躯干的主要部分与流线

本图中，我绘制出了躯干外部形态的一些主要流线走向路线，这些躯干外部形态是由肌肉、肌肉到胸部通道，胸腔、髂嵴、腹股沟和生殖器构成的。

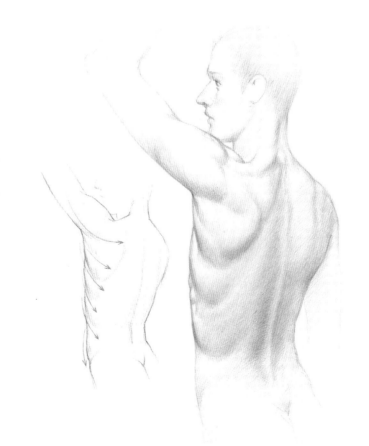

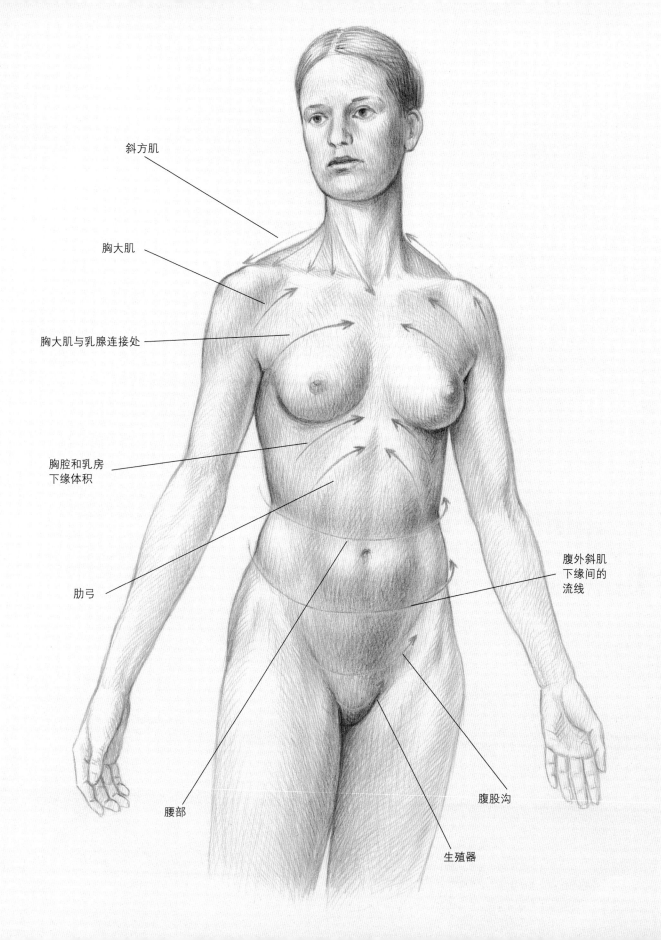

斜方肌

胸大肌

胸大肌与乳腺连接处

胸腔和乳房
下缘体积

肋弓

腰部

腹外斜肌
下缘间的
流线

腹股沟

生殖器

手臂的流线

手臂高度灵活，肌肉众多，因此活力十足，可以形成无数流动的线条。本节中的图显示了不同位置、不同角度的手臂形态与流线。本节对手臂的研究全面但未必详尽，旨在说明姿态、动作与视角不同，人体创造的美学路径也各异。

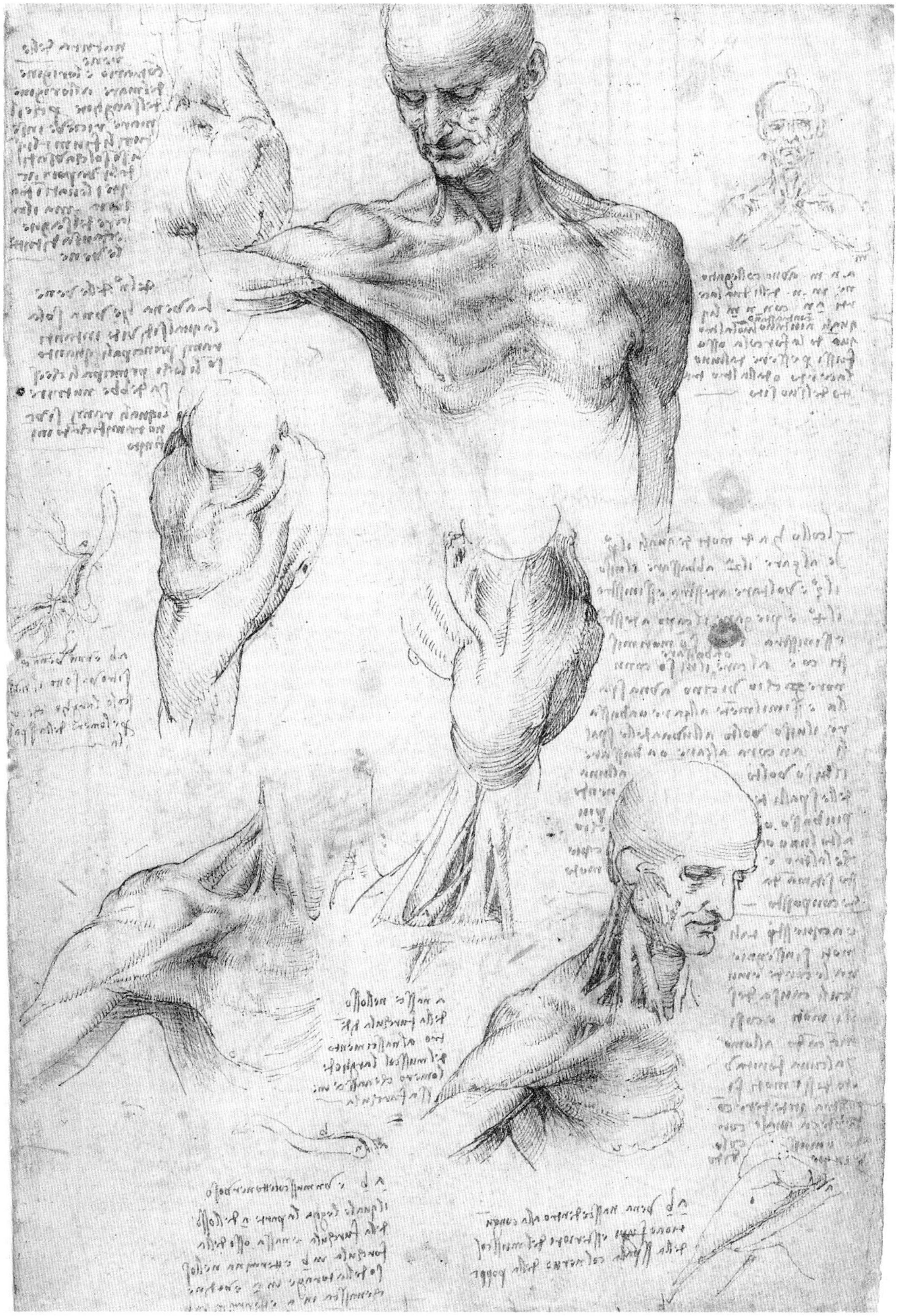

右图：列奥纳多·达·芬奇，《肩关节的解剖学研究》，1510—1511年，黑色粉笔/墨水/纸，28.9cm×19.9cm，英国皇家图书馆（温莎）

达·芬奇开创了一种极其有效的观察肌肉的方法：将肌肉简化成线条，这样可以更清楚地观察线条的走向、路径，并关注肌肉的功能。

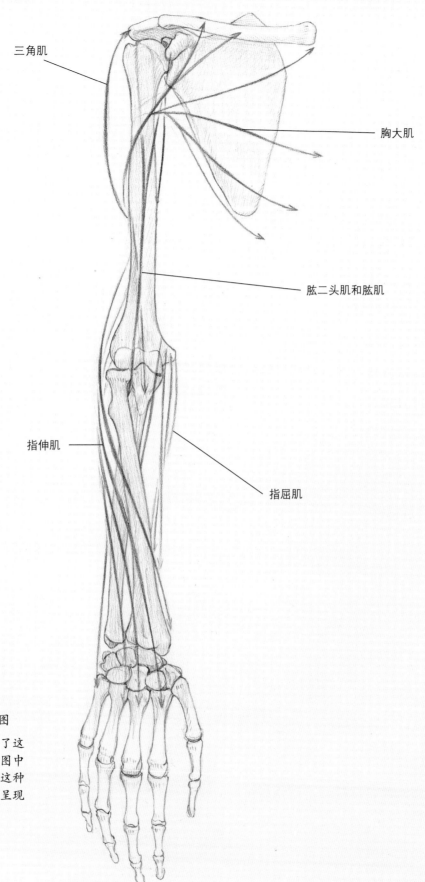

三角肌

胸大肌

肱二头肌和肱肌

指伸肌

指屈肌

简化成线条的手臂肌肉，前视图

我按照达·芬奇的方法，绘制了这
张手臂浅表肌肉前视示意图，图中
未显示胸腔部分。肌肉线条化这种
方法有助于更好地观察肌肉所呈现
的美学形态。

流动线与动态线

　　我在本书中将流动线与动态线区分开来。这幅图显示了流线路径，这些流线路径是由肌肉块之间相互作用而产生的。作用线将在下一章运动章节中讨论。

右图：手臂流线走向路径，双视角

不同角度不同姿势会产生不同的流线及不同的美学路径。

对页左上图、左下图及右上图：旋后手臂肌肉与外部形态流线

这三幅图直接对比了肌肉形态、表层形态及流动线条。右上图显示了两种类型的流线走向路径：蓝色箭头显示肌群间的流动及相互作用，红色螺旋箭头则显示基于美学而非结构的整体流动。

对页右下图：手臂的主要肌群示意图

可以把肌肉归结成几个主要肌群，这样方便我们辨识流向路径。手臂的主要肌群示意图，让我们更容易了解流线。图中的交叉轮廓线，使手臂体积更清晰明了。

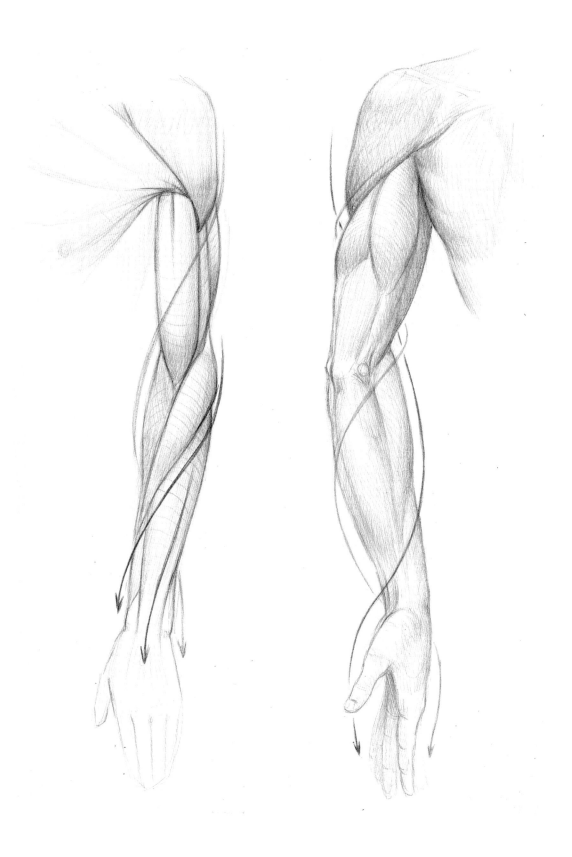

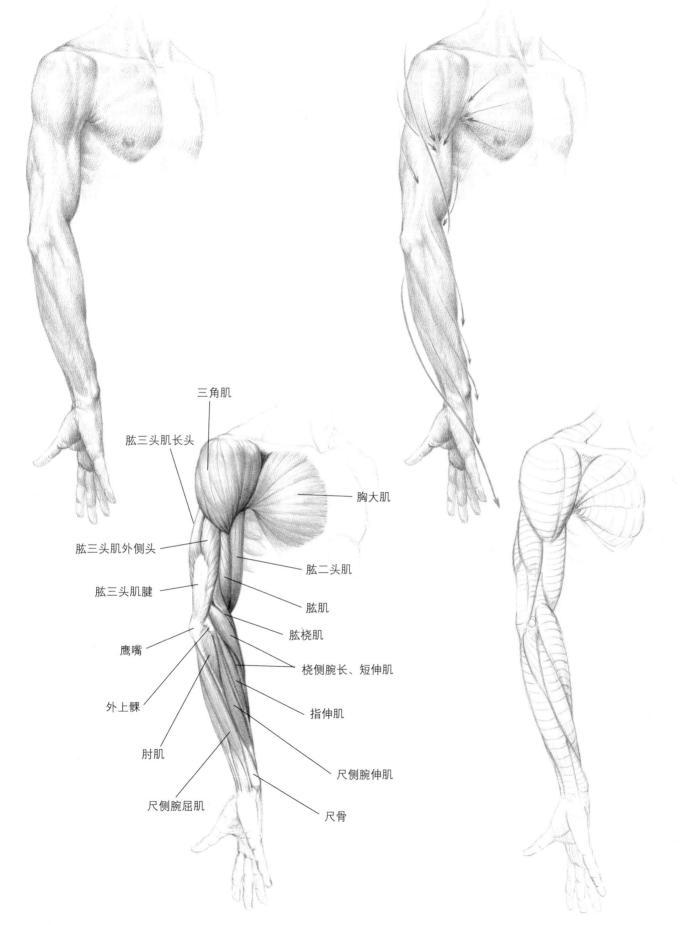

三角肌

肱三头肌长头

胸大肌

肱三头肌外侧头

肱二头肌

肱三头肌腱

肱肌

肱桡肌

鹰嘴

桡侧腕长、短伸肌

外上髁

指伸肌

肘肌

尺侧腕伸肌

尺侧腕屈肌

尺骨

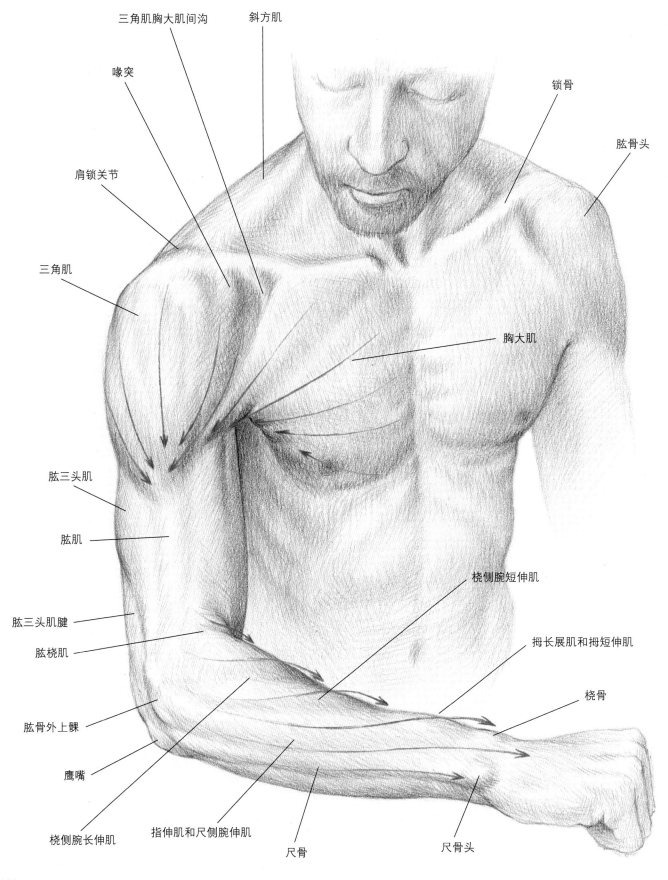

三角肌胸大肌间沟

斜方肌

喙突

锁骨

肩锁关节

肱骨头

三角肌

胸大肌

肱三头肌

肱肌

桡侧腕短伸肌

肱三头肌腱

拇长展肌和拇短伸肌

肱桡肌

桡骨

肱骨外上髁

鹰嘴

桡侧腕长伸肌

指伸肌和尺侧腕伸肌

尺骨

尺骨头

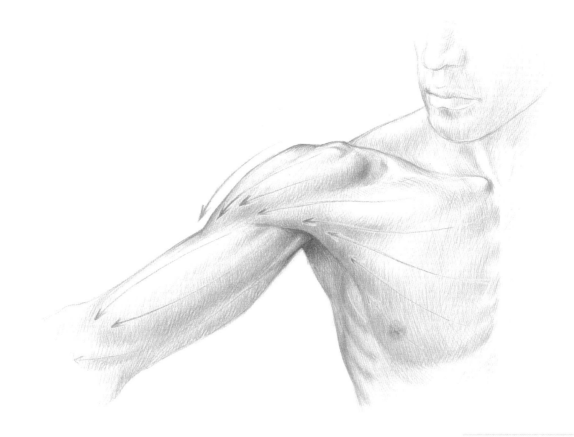

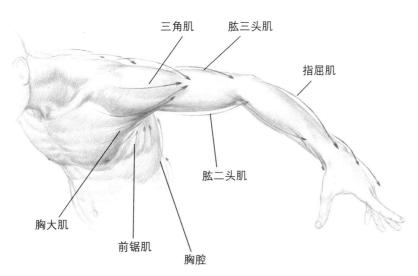

三角肌　　　肱三头肌

　　　　　　　　　　　　指屈肌

肱二头肌

胸大肌

前锯肌　　胸腔

对页图：躯干上部到前臂间的肌肉流线

本图（同第 3 章，见 102 页）也可用于分析肌肉流线。注意伸肌包裹前臂的方式，以及胸大肌束聚集于三角肌下的方式。

上图：胸大肌纤维与三角肌纤维的衔接、聚拢

中图：肩膀与手臂流动线，俯视图，例 1

本图与下图中的人体分别从不同角度显示了手臂上的流线。我们不难发现，手臂线条确实有无限的可能性。

下图：肩膀和手臂流线，俯视图，例 2

这张图换了一个角度，人物姿势也略有不同，但是流线与肌肉体积与上图类似。

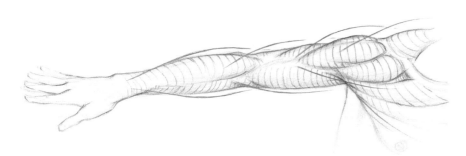

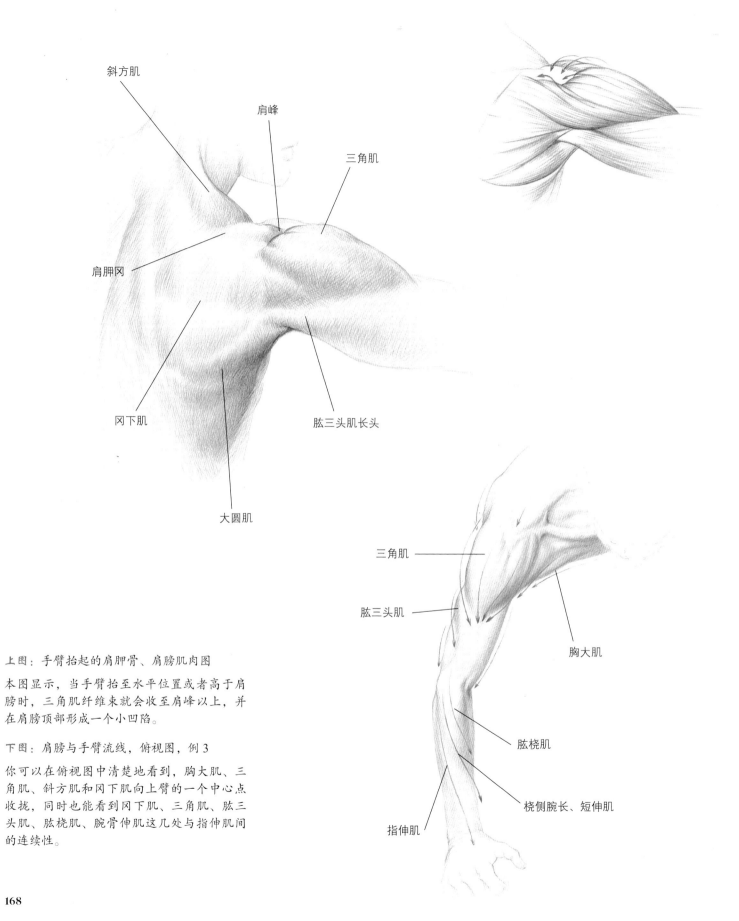

斜方肌

肩峰

三角肌

肩胛冈

冈下肌

肱三头肌长头

大圆肌

三角肌

肱三头肌

胸大肌

肱桡肌

桡侧腕长、短伸肌

指伸肌

上图：手臂抬起的肩胛骨、肩膀肌肉图

本图显示，当手臂抬至水平位置或者高于肩膀时，三角肌纤维束就会收至肩峰以上，并在肩膀顶部形成一个小凹陷。

下图：肩膀与手臂流线，俯视图，例3

你可以在俯视图中清楚地看到，胸大肌、三角肌、斜方肌和冈下肌向上臂的一个中心点收拢，同时也能看到冈下肌、三角肌、肱三头肌、肱桡肌、腕骨伸肌这几处与指伸肌间的连续性。

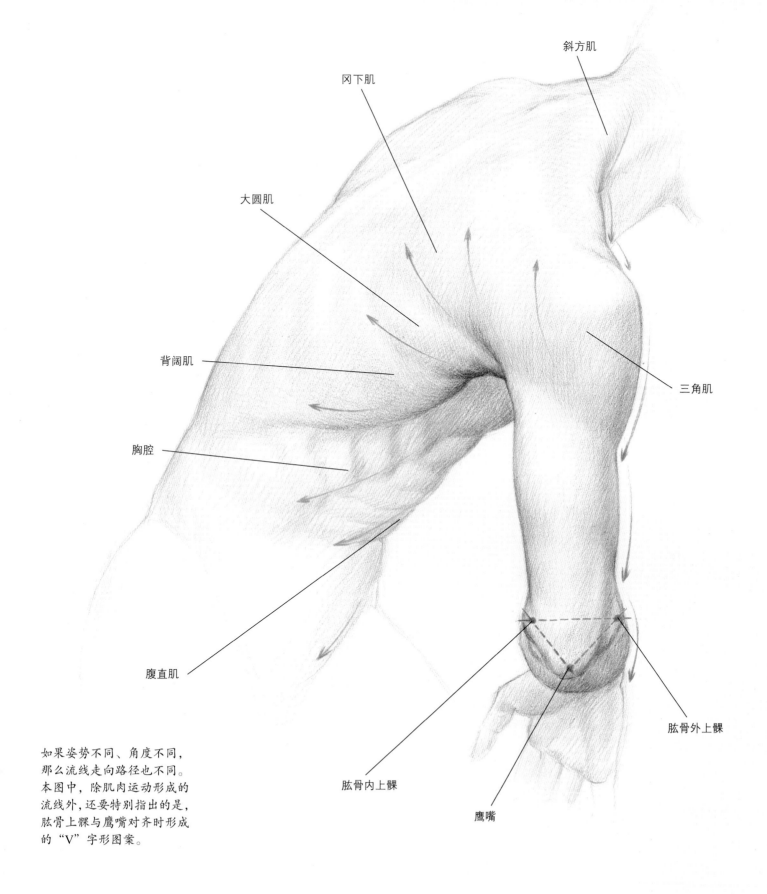

斜方肌

冈下肌

大圆肌

背阔肌

胸腔

腹直肌

三角肌

肱骨外上髁

肱骨内上髁

鹰嘴

如果姿势不同、角度不同，
那么流线走向路径也不同。
本图中，除肌肉运动形成的
流线外，还要特别指出的是，
肱骨上髁与鹰嘴对齐时形成
的"V"字形图案。

腿部的流线

　　我们可以通过多种方式来解读腿部肌肉与骨骼结构间的协调关系。我们通过流线将肌群与骨骼间的相互作用，在图中标注出来。然而，腿部标注的流线，有些纯粹是出于审美目的，与腿部的结构、功能不存在直接的必然的联系。因此，这些流线更多是基于个人感受与见解。

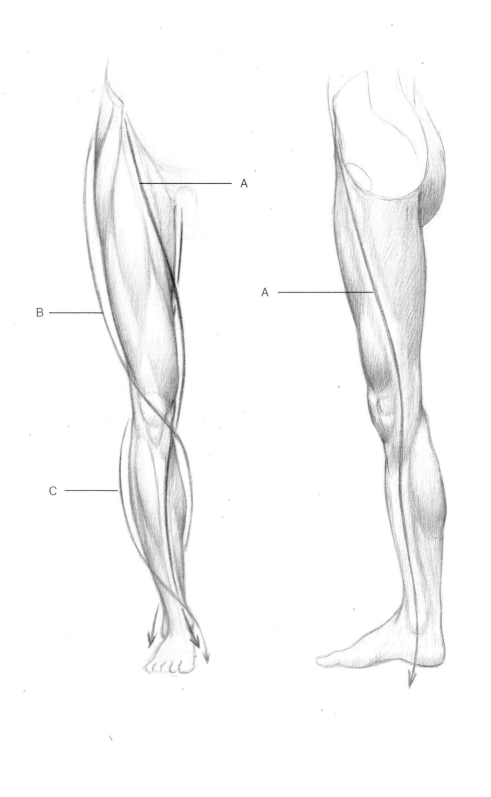

右图：腿部流线

如图所示，腿部的一些流线源于结构的连续性，如紫色的线条（A），始于髂前上棘，穿过缝匠肌、膝部和胫骨，最后到达内踝。我们把这条线称作"丘比特之弓"，它完美地平衡了结构流线和解剖流线。红色的流线（B）和蓝色的流线（C）沿着或穿过腿部肌肉，呈螺旋状分布。这两条流线比较客观地描绘了腿部肌肉形态在美学上的连续性。

丘比特之弓

约翰·霍恩曾是我的恩师，如今我们既是朋友又是同事。正是他向我介绍了本图中显示的肌肉形态。这一形态由缝匠肌和胫骨构成，始于髂前上棘，一直延伸到内踝。意大利文艺复兴时期，人们把这种人体形态命名为"丘比特之弓"，它是人文主义解剖学的完美范例，使我们在生物学中发现了美。膝部详图显示了屈曲或伸展膝部时，其外观的变化方式。伸展膝部时（A），缝匠肌位于膝部后上方；屈曲膝部时，缝匠肌滑出膝部后位（B），使膝部侧面变宽。

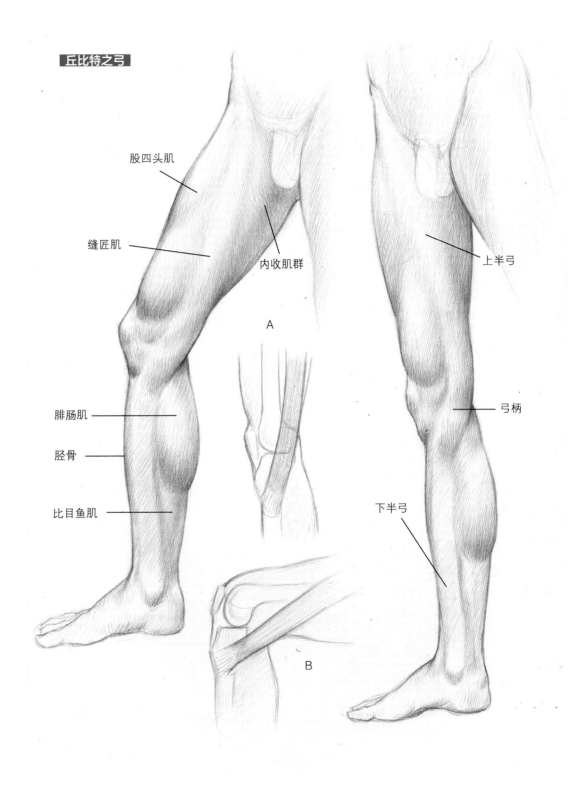

丘比特之弓

股四头肌

缝匠肌

内收肌群

A

腓肠肌

胫骨

比目鱼肌

B

上半弓

弓柄

下半弓

171

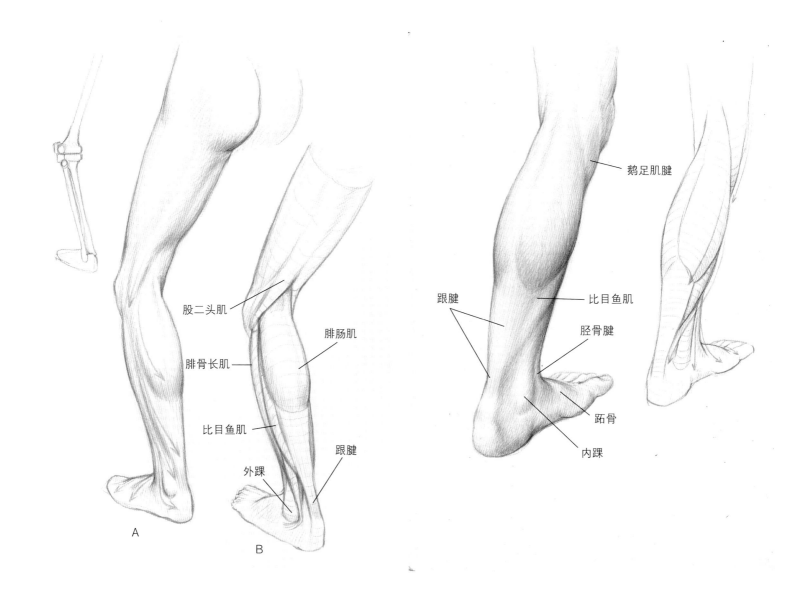

股二头肌

腓肠肌

腓骨长肌

比目鱼肌

外踝

跟腱

A

B

鹅足肌腱

跟腱

比目鱼肌

胫骨腱

跗骨

内踝

左图：小腿，箭头标示流线，后视图

腿部分布着许多相互连通的流线。本图显示了侧视图（A）中的流线。腿部结构解剖图（B）更详细地显示了创造流线的肌肉外观。

右图：腿部流线详图，四分之三腿内侧后视图

这幅腿内侧后视图有助于我们更全面地分析肌肉和骨骼结构形成的腿部流线。模特方面，我选用的是纽约艺术学院里一尊古典雕塑的石膏像。这类石膏像是绝佳的研究对象，因为它们的解剖结构是基于完美的人体比例，因此比真实模特的解剖结构更易于我们理解。

石膏像素描

艺术院校曾经收藏了大量不同时期的石膏像，学生们可以用它们来练习绘画。然而在 20 世纪的后几十年，反传统的"文化大清洗"席卷了艺术院校，许多藏品都被处理掉了。但是，如果你就读的院校侥幸还有石膏像，你就可以用它来研究解剖学。

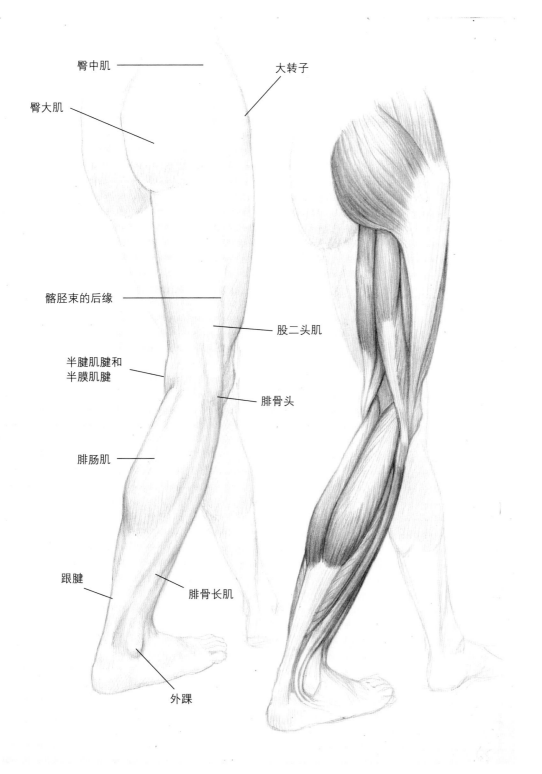

臀中肌

大转子

臀大肌

髂胫束的后缘

股二头肌

半腱肌腱和
半膜肌腱

腓骨头

腓肠肌

跟腱

腓骨长肌

外踝

左图：《西勒诺斯抱着婴儿狄俄尼索斯》石膏像素描

左图是我依照纽约艺术学院早期希腊化雕塑《西勒诺斯抱着婴儿狄俄尼索斯》的石膏像绘制的，之后我又创作了右侧的腿部结构解剖图。希腊古典时期及希腊化时期雕像作品的解剖结构十分准确，也是按照完美人体比例创作的，因此有助于学生们识别肌肉、界标、流线和人体形态。看到这个石膏像素描，你会发现识别肌肉外观和界标其实并不难。

人体全身的流线

下图：流线与浅表肌肉的对应，蹲姿侧视图

到目前为止，我们已经分析了运动时人体具体部位的美学路径，包括躯干、上肢和下肢，接下来我们谈谈人体全身。下图显示了全身肌肉之间复杂却十分和谐的相互作用。

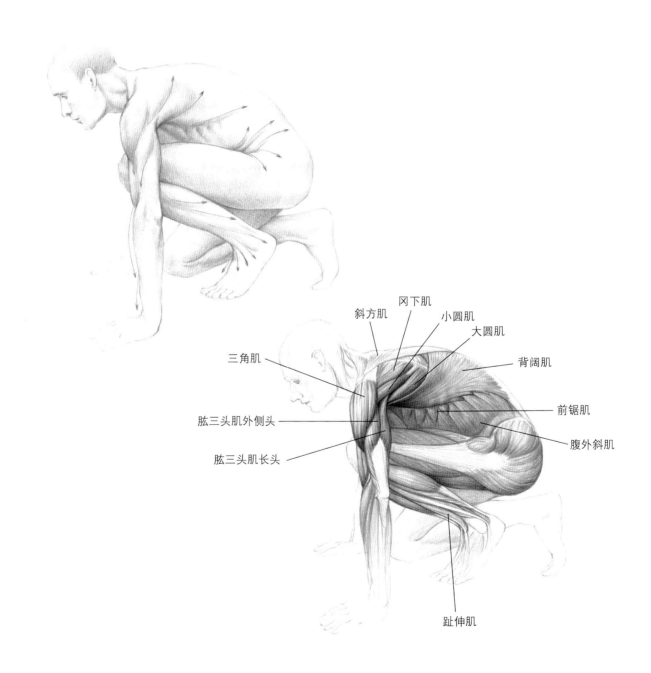

斜方肌
冈下肌
小圆肌
大圆肌
三角肌
背阔肌
肱三头肌外侧头
前锯肌
肱三头肌长头
腹外斜肌
趾伸肌

174

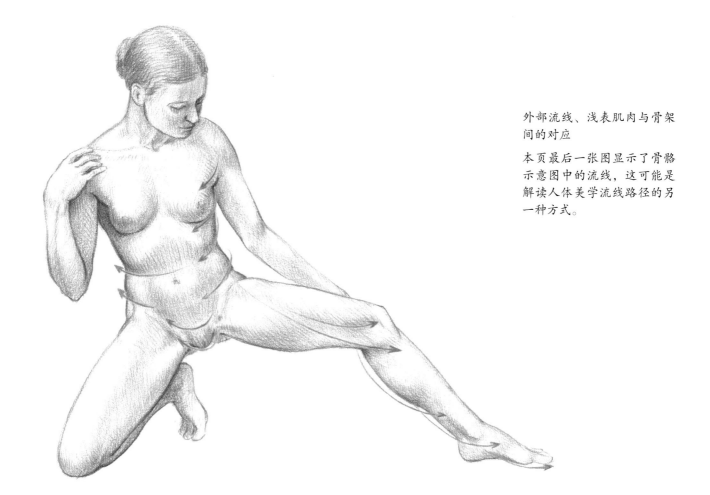

外部流线、浅表肌肉与骨架
间的对应

本页最后一张图显示了骨骼
示意图中的流线，这可能是
解读人体美学流线路径的另
一种方式。

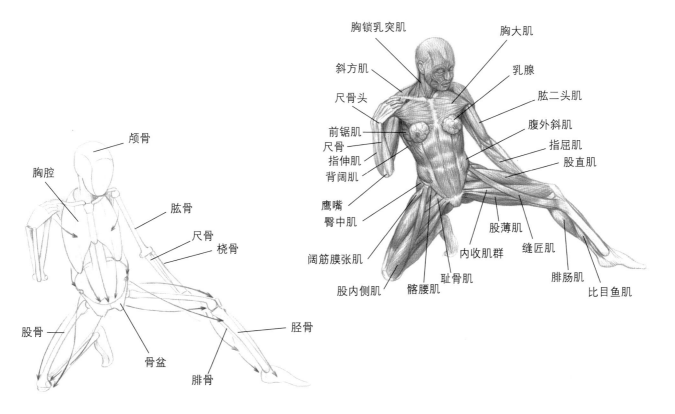

颅骨

胸腔

肱骨

尺骨
桡骨

股骨

骨盆

腓骨

胫骨

胸锁乳突肌
胸大肌
斜方肌
乳腺
尺骨头
肱二头肌
前锯肌
腹外斜肌
尺骨
指伸肌
指屈肌
背阔肌
股直肌
鹰嘴
臀中肌
阔筋膜张肌
股薄肌
缝匠肌
股内侧肌
内收肌群
耻骨肌
髂腰肌
腓肠肌
比目鱼肌

流线在人物绘画中的应用

当绘制伸展的或高难的人物姿势时，最好事先画一张草图，以便研究人物各部位的细节、肌肉形态、流线走向、路径以及光线对人物形态的影响。本页的图就是这种方法的范例。

右上图：女性人体肌肉流线俯视图

我爬上梯子，从一个不常见的视角观察我的模特梅根摆出的造型。图中箭头显示了肌肉体积产生的一些流线。我们绘制人物时，尤其是绘制像本图这样具有挑战性视角的人物时，先观察这些流线走向，这将会大有裨益。

右下图：身体前倾站立时，各部位流线形态

左下图：全身流线，坐姿

本图是人物坐在地面上时，全身肌肉创造的另一种美学路径。

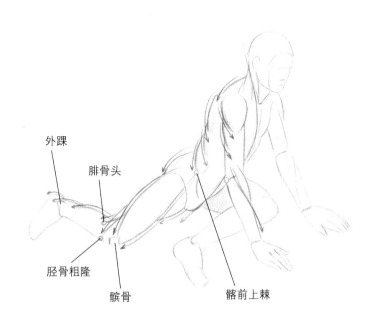

外踝

腓骨头

胫骨粗隆

髌骨

髂前上棘

练习

复印下面这三幅图，然后在上面标注人体流线。

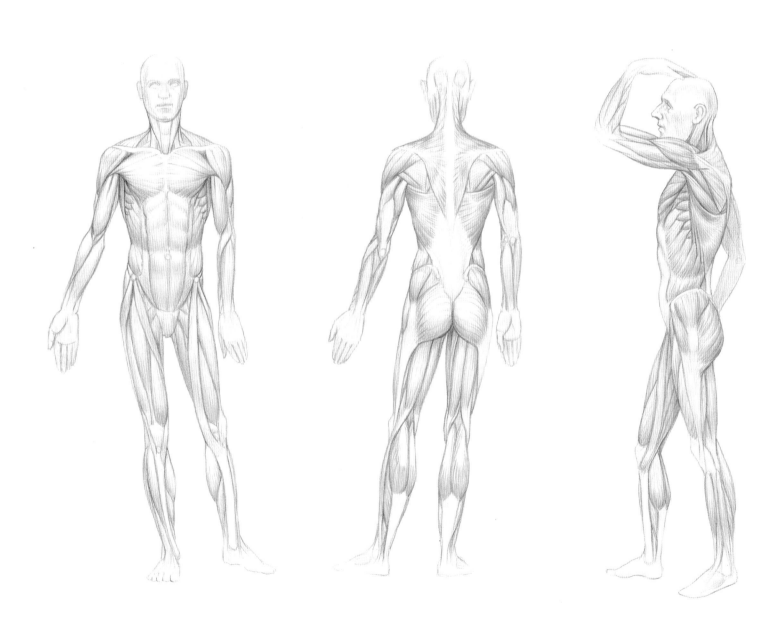

第 6 章

运动

本章中，我会先回顾古风时代、古典时期、古希腊的希腊化时期，一直到意大利整个文艺复兴和巴洛克时期，在这段近两千年的历史中，艺术中的动感是如何发展的。我将重点分析运动的风格以及动感的姿态。在本章的后半部分中，我将从人体机械生理学的角度探讨人体运动。

本章中的示意图和演示进一步阐释了前几章中关于人体结构、界标识别和肌肉流线等概念。这些内容将有助于你创作出动感十足，富有表现力的具象艺术作品。

对页图：斯科特·诺埃尔，《摔跤的人》，2020年，色粉/丙烯油画，106.68cm×76.20cm，艺术家提供

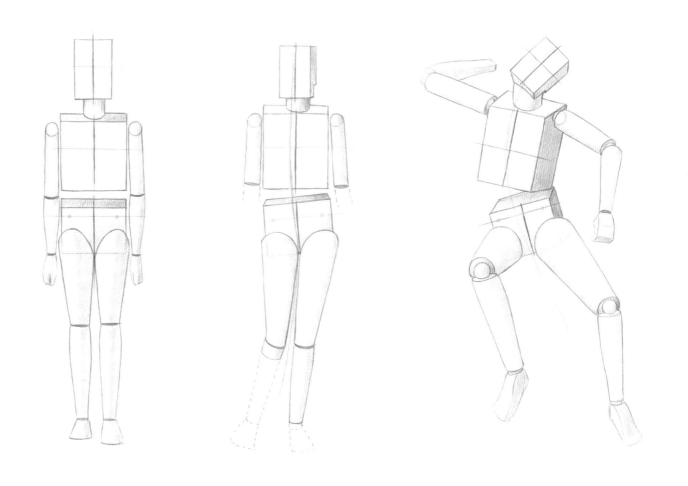

从古风时期到希腊化时期，人物动作经历了三个基本模式：古代库罗斯模式，人物头部、躯干和腿部沿人体中轴线对齐；克雷提奥斯的少年模式，头部和躯干部分，沿曲轴向不同角度略微倾斜；最后，拉奥孔模式，手脚乱挥，弓着身子，歪着脑袋，产生了一种戏剧性、螺旋上升的离心效果。

艺术中运动的起源

　　希腊雕塑家将动感赋予自己的作品，经过几个世纪的发展，动感效果越来越逼真，使艺术作品更具生命力。古风时代的一大创新，就是创作了真人大小的独立式人体雕塑。这些雕塑的姿势非常僵硬，只能借助所谓的"古风式微笑"来实现雕塑的生命感。虽然随着时间的推移，雕塑表面的颜料几乎磨损殆尽，但它们起初都非常逼真。

　　古典时期，动态、逼真的姿势、更精准的人体解剖结构，以及对立式平衡（见下页图）的创新等，使雕塑栩栩如生。古典时期雕塑的姿势和形态通常较为克制、优雅。到了希腊化时期，人物生理上和心理上的运动感越来越强烈，最终达到了艺术的顶峰，如《拉奥孔群雕》，强烈的情感扭曲使拉奥孔栩栩如生；还有右上图的老妇人雕像，十分逼真地刻画了一位手提篮子、不堪重负的女性形象。尽管希腊化时期的雕塑表现对象处于静止状态，但是它们还是散发出强烈的情感和一触即发的运动感，如左下图《温泉浴场的拳击手》中的人物似乎随时准备站起来离开。

愈加令人信服的
生命力。

左上图：《穿披肩的少女》，公元前530年，帕罗斯岛大理石，高119.88cm，雅典卫城博物馆，图片来源：马西亚斯

这个人物的表情被称为"古风式微笑"，这是古风时期雕塑的典型特征。

右上图：一个老妇人的大理石雕像，约14-68年，公元前2世纪希腊原件的罗马复制品，高125.98cm，纽约大都会艺术博物馆，罗杰斯基金会，1909年

左下图：《温泉浴场的拳击手》，公元前3世纪-2世纪，青铜雕像，高119cm，罗马国家博物馆马西莫宫，摄影师：玛莉兰·阮

右下图：《温泉浴场的拳击手》细节图

对立式平衡姿势

对立式平衡（意大利语"counterpoise"）是指身体各部分相互对立的一种姿势：头部、胸腔和骨盆朝相反的方向倾斜，并沿着一条略微呈"S"形的曲线排列。已知最早采用对立式平衡的作品是公元前480年创作的《克雷提奥斯的少年》（见对页图）。这种姿势传递出一种优雅的感觉，并呈现出人物的情感和心理活动。要深入理解对立式平衡，可以先分析一个非对立式平衡的姿势，这是一种行之有效的方法。

优雅感与情感表达。

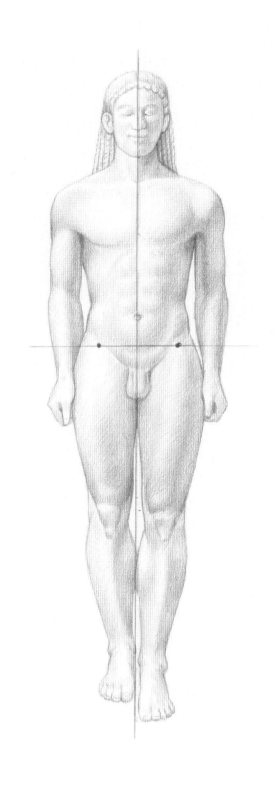

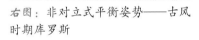右图：非对立式平衡姿势——古风时期库罗斯

图中的姿势僵硬、古板，髂前上棘连线垂直于纵轴。

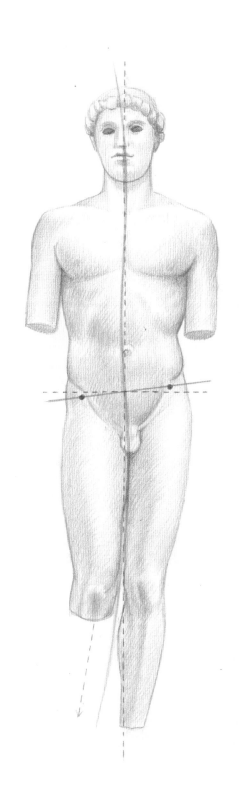

公元前 6 世纪古风时期的库罗斯（见对页图）绝对不是对立式平衡姿势。很显然，他的姿势源于埃及雕像，相当僵硬、呆板，头部、胸腔和骨盆沿纵轴对齐。骨盆中的髂前上棘两端对齐，构成水平轴，与纵轴垂直。两条腿平分身体重量，保持着笔直的僵硬状态；两只手臂也同样笔直，与身体两侧平行。雕塑是独立式的，面带所谓的"古风式微笑"。

《克雷提奥斯的少年》一改古风时期库罗斯雕像的僵硬，取而代之的是优雅的、富有表现力的姿势，使人感觉这个处于静止状态的男孩可能随时会走动。他的头部、胸部和骨盆向不同的角度稍微倾斜，并沿着一条平缓弯曲的"S"形中轴线排列，一直延伸到腿部。连接髂前上棘左右两端的线并不完全水平，这说明骨盆稍微有些倾斜。即使腿部部分缺失，也能表现出对立式平衡的另一个典型特征：一条腿微微弯曲，几乎不承受身体重量，全身重量集中到另一条笔直的承重腿上。

左图：对立式平衡姿势——《克雷提奥斯的少年》
髂前上棘连线的角度稍微有些倾斜，身体各部分沿着一条弯曲的中轴线排列。

意大利文艺复兴时期，古希腊和古罗马的古典理想——包括对立式平衡姿势都得到复兴。在米开朗基罗的作品《大卫》中，大卫的身体各部分沿平缓弯曲的"S"形中轴线排列。头部向观众的右侧略微倾斜，展现面部半侧面；胸腔偏向观众的左侧，面向前方。从图中髂前上棘连线的朝向可以看出，骨盆向观众右侧倾斜。面对我们的左侧这条腿是笔直的承重腿，也就是说身体大部分的重量都依靠这条腿，而右侧的这条腿是略微弯曲的空闲腿，这条腿除了支撑身体少部分重量，主要是保持身体平衡。两只手臂也相互对立：大卫的右臂自然下垂，而左臂弯曲，手里握着可以致命的投石索。

古典理想的复兴。

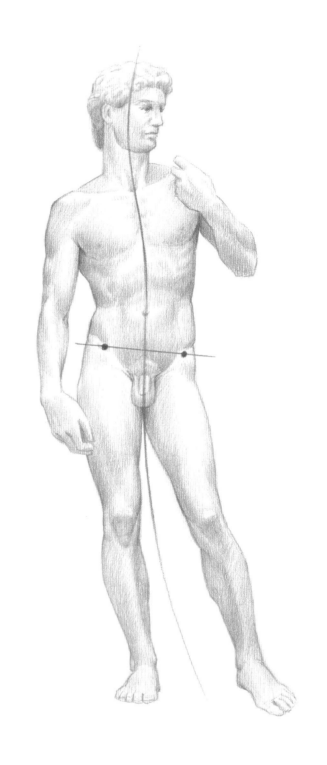

右图：米开朗基罗，文艺复兴时期对立式平衡姿势——《大卫》

米开朗基罗的杰作完美诠释了对立式平衡的系统运用。

对页左上图：拉斐尔《美惠三女神》素描图（约 1503–1505 年）

对页右上图：拉斐尔，《美惠三女神》体块示意图

对页下图：拉斐尔，《美惠三女神》曲线示意图

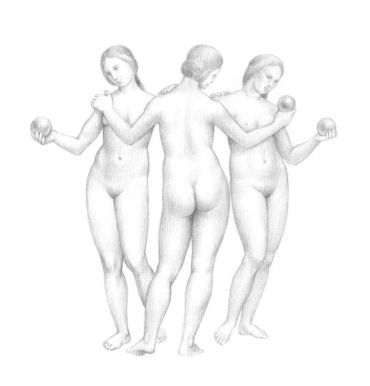

绘画时，对立式平衡也被用来创造复杂的构图，如拉斐尔的《美惠三女神》示意图所示。本画创作于 16 世纪初，画中三位女性人物的身体都呈现出"S"形曲线。我们通过图中所示曲线和髂前上棘连线的朝向可以看出，她们的头部、胸部和骨盆方向各不相同；承重腿与空闲腿，笔直的腿与弯曲的腿交替出现；她们的手臂形成了一个上上下下的"之"字形图案；而且她们三位从左到右分别呈现正面，背面然后又是正面。

《美惠三女神》的"S"形曲线也是交替性的，第一位和第三位的弯曲中轴线分别朝向左边和右边，尽管第二位和第三位女性的曲线都朝向右侧，但是由于她们的面部朝向不同，因此她们自身就是对立的。

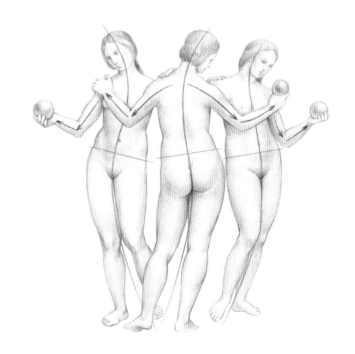

动势线

左图：《巴贝里尼的农牧神》，动势线

右图：《受伤的尼俄柏的女儿》希腊原件，创作于约公元前440年，动势线

本节重点讲述我所提及的动势线。我们可以有意让人物的躯干和四肢构成某种形态来创造动势线。正如图中所示，希腊化时期的《巴贝里尼的农牧神》以及公元前5世纪古典时期的《受伤的尼俄柏的女儿》，尽管两幅作品中的人物姿势有些不同，但他们弯曲的手臂，略微弯曲的躯干，向外伸展的双腿，以及后仰或转动的头部都展现了一种动态感。

许多希腊化时期的作品，包括拉奥孔，都是基于这种姿势创作的。在米开朗基罗的《最后的审判》中，基督的姿势也具有同样的特征。通过对人体体块的立体再现，我们分析了拉奥孔的动势线，由此我们可以清楚地看到，把人体各部分沿弯曲的中轴线串连在一起后，拉奥孔是如何获得强大的活力的。

左图：拉奥孔的动势线立体图

对古典传统的

巧妙颠覆

上图：米开朗基罗，《酒神巴克斯》素描图及显示体块和运动方向的素描图（1496-1497年）

尽管巴克斯的胸腔、骨盆和左腿沿着一条后弧线（肩膀后的红色箭头）向后微斜，但是他整个身体却由于醉酒，仍跟跄地向前倾斜。

失控的醉态

现在，我们先回到1500年前，审视一下米开朗基罗的几幅作品，分析他对古典主义和希腊化时期范式的发展。米开朗基罗在年仅22岁时就创作了《酒神巴克斯》。作品中人物的重心偏移，形成了一种不平衡感。在传统的对立式平衡姿势中，笔直站立的腿作为承重腿，支撑住整个身体。但在这个作品中，承重腿却显得不太稳定。另一条空闲腿，在传统的对立式平衡姿势中常常是弯曲的，放松的，但在这里却随巴克斯身体的前倾而用力，以防摔倒。

在《酒神巴克斯》中，人物身体各部位交替倾斜，动作失控，也略显粗俗，但却表现出了那种微醺醉意下不由自主的姿态。米开朗基罗巧妙地颠覆了古典传统中的和谐、平衡以及自我控制。

紧张与对抗

　　米开朗基罗在创作《被缚的奴隶》的几年前，曾见过《拉奥孔群雕》，也许是受到雕像中扭曲的人物启发，他在自己的作品中用紧绷的肌肉显示了人物内心的紧张。《被缚的奴隶》巧妙地融合了佛罗伦萨派的艺术风格，其表现为以中轴线为轴心螺旋形的身体动态，以及希腊化时期传统的佝偻、扭曲的身体。雕塑呈螺旋环绕螺旋的形态。人物身体的中心螺旋（上图中的蓝色线条所示）上，人物头部转向前方，胸腔朝向后方，而骨盆再次转向前方，双腿似乎要改变方向，又一次扭向后方（红色箭头所示）。雕塑的第二个螺旋（紫色箭头所示），与第一个螺旋同心，发于头部左侧，沿上臂而下，环绕背部，最后延伸至大腿。

上图：米开朗基罗，《被缚的奴隶》动势线

戏剧性与空间的
相互渗透。

叙事投射

贝尼尼的《大卫》完美阐释了巴洛克艺术的显著特点：戏剧性与空间的相互渗透。人体是叙事的一种手段，这种叙事并非是仅靠作品自身独立实现的，而是需要唤起观众的共鸣才行。作品中，大卫注视着石头即将被抛出的轨迹，这也预示了歌利亚被打败的命运。大卫的头和胸部分别转向不同方向，肌肉紧绷，塑造出人物身体和心理的紧张感。就像米开朗基罗的《被缚的奴隶》那样，贝尼尼雕像的组成结构也是基于两个同心圆，但是在这幅图里，一个同心圆表现了身体的扭动，这是一个已经发生的动作，而另一个同心圆表明了即将发生的动作——伸展身体、抛出石头。

狂喜

在希腊神话中,狄俄尼索斯的女性追随者们被称为迈纳德。这尊雕像《酒神狂女迈纳德》——希腊化时期希腊雕塑家斯科帕斯作品的罗马复制品,描绘了一位身体后仰的酒神追随者。这种姿势通常用来表现狂喜的状态。我们可以在贝尼尼的作品《圣特雷莎的狂喜》(见下页)中看到他对这一姿势的诠释。阿维拉的圣特雷莎修女同样身体后仰,但与衣着暴露的迈纳德不同,修女并未显露出任何色情意味,因为她身穿圣徒的宽大衣袍。事实上,根深蒂固的传统使我们忽略了圣特雷莎的肉体,她身上凌乱的长袍讲述着她神秘的经历,这增强了她的宗教属性。

上图:《酒神狂女迈纳德》,原件创作于约公元前360年,右图为动势线

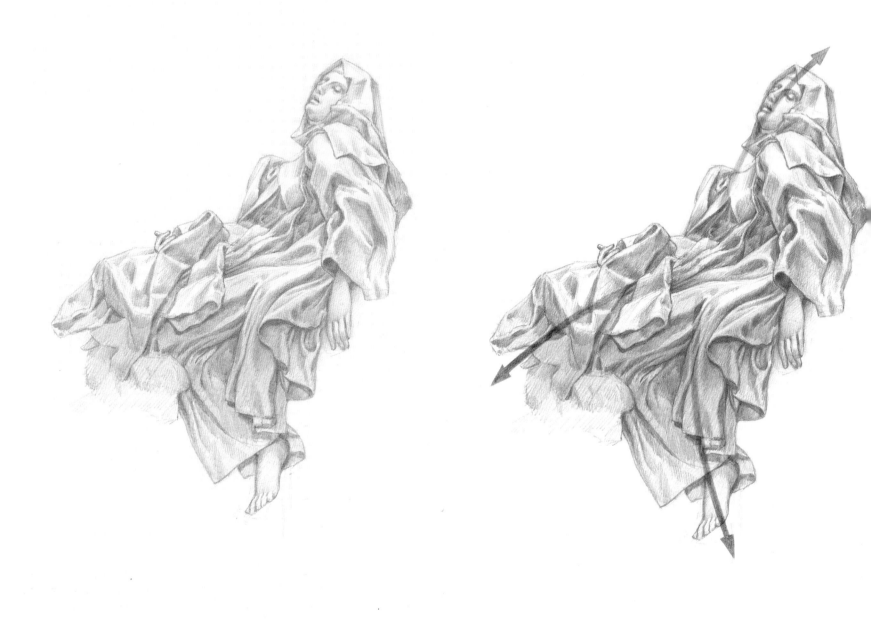

上图：贝尼尼，《圣特雷莎的
狂喜》，1647-1652年，右图
为动势线

迈布里奇对运动的研究

　　英裔美国摄影师埃德沃德·迈布里奇（1830-1904年）在作品中清晰透彻地阐明了人类和动物运动的秘密。自1877年开始，他拍摄了100,000多张照片，记录下了各种运动的机理和细节，包括步行、跑步、跳舞、弯腰、摔跤、转弯和攀爬等。这些连续动体的照片为艺术家提供了宝贵的参考。

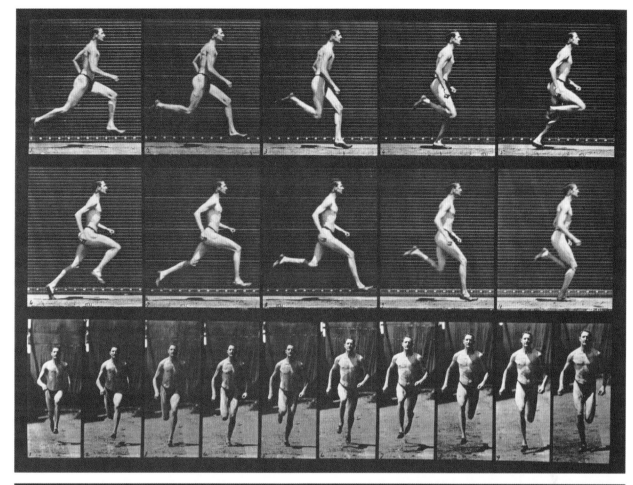

上图：埃德沃德·迈布里奇，《奔跑半英里》，底片60；《动物的运动：根据电气摄影进行的有关动物运动的连续形态的研究》（1887年）

下图：埃德沃德·迈布里奇，《跳舞的女人》，又名《幻想》，底片187，选自《动物的运动》

身体运动

下面和对页的图中总体介绍了男性和女性人体的主要体块、比例关系和各种关节，这些是在绘制运动中的人物时需要考虑的四个基本要素中的三个（另外一个是重心线，见后续章节）。我们已经探讨过人体各部分的比例关系（例如，手臂和手的各部分的比例），现在，我们将观察下人体各部分间的连接方式，以及主要关节的位置，以便我们能够更深刻理解并绘制动态人体。

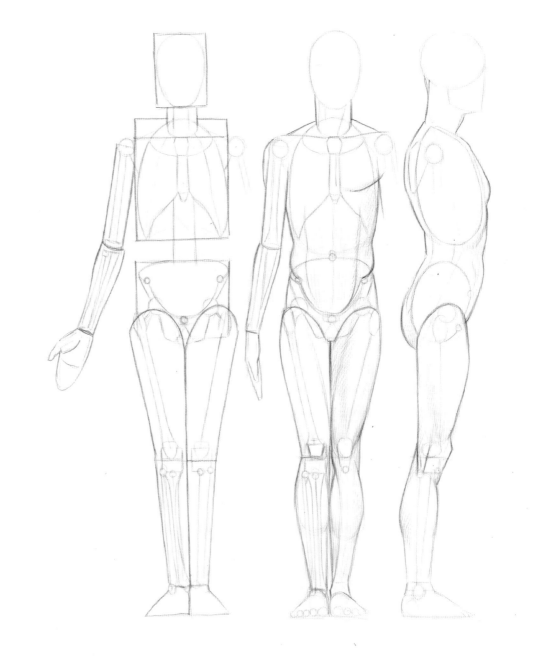

右图：男性比例与关节

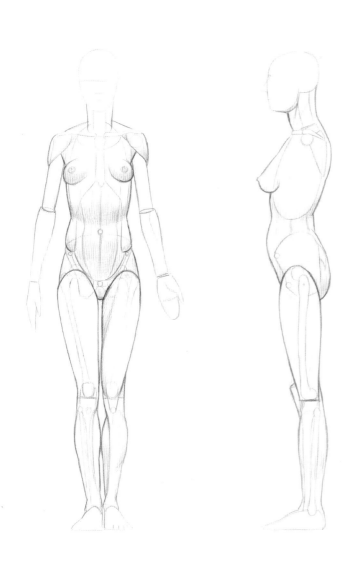

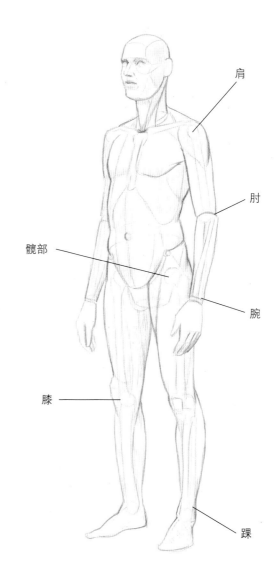

肩

肘

髋部

腕

膝

踝

第 196 ~ 198 页的三幅简图显示了人体的主要动作。当然人体动作有很多类型，图中所示仅为人体最基本的动作。

左图：女性比例与关节

右图：男性比例与关节，四分之三前视图

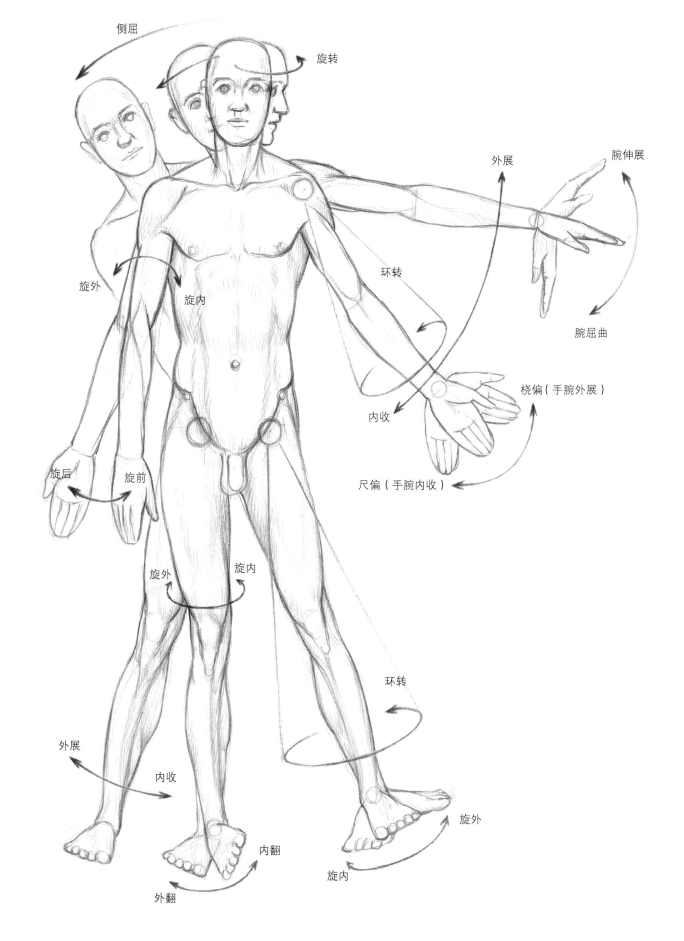

侧屈

旋转

外展

腕伸展

旋外

旋内

环转

腕屈曲

桡偏（手腕外展）

旋后

旋前

内收

尺偏（手腕内收）

旋外

旋内

环转

外展

内收

旋外

人体主要动作，
前视图

内翻

旋内

外翻

196

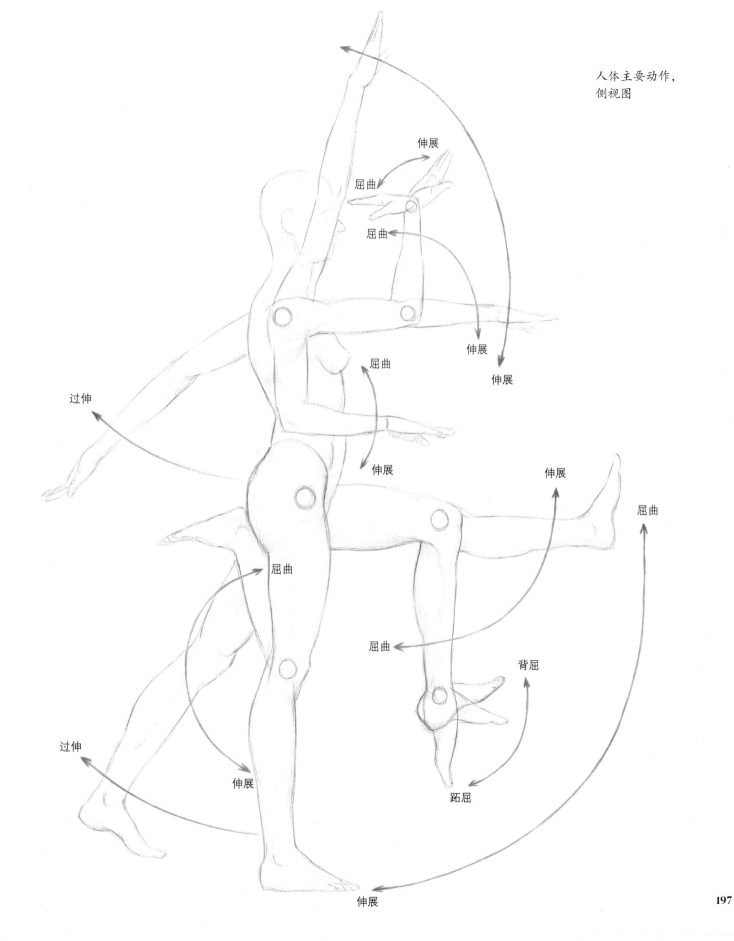

人体主要动作，
侧视图

伸展

屈曲

屈曲

伸展

伸展

过伸

屈曲

伸展

伸展

屈曲

屈曲

屈曲

背屈

过伸

伸展

跖屈

伸展

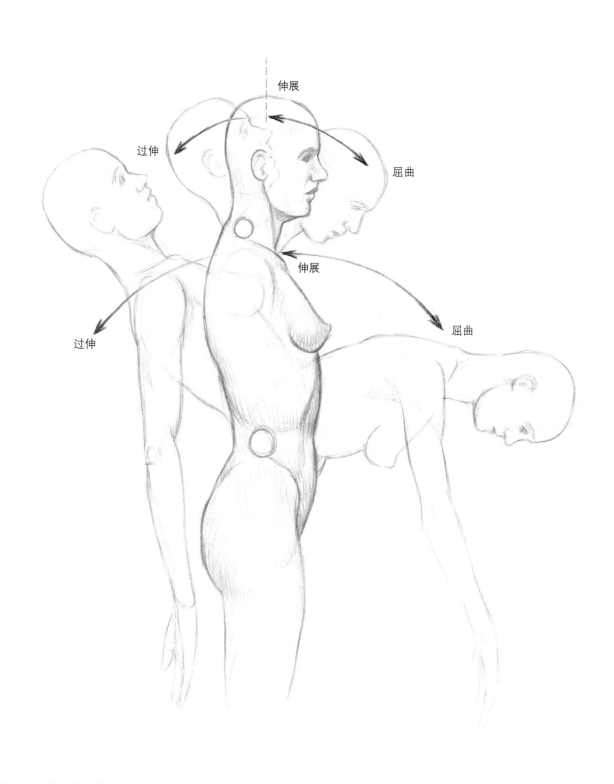

上图：躯干与头部动作，侧视图

运动与立体体积

    如果我们把人体看作是各个独立部分的组合，那么就更容易理解人体运动及其三维特征。人体立体图在这方面可以给我们提供很大帮助，因为它可以让我们从人体的基本体块着手，进而了解它们的连接方式，这样，我们只需关注人体运动，而不需理会令人困惑的解剖细节。上图是16世纪画家卢卡·坎比亚索绘制的人物体块速写，此图说明了长期以来，艺术家们是如何运用这种方法来研究构图、运动以及光线对人体所造成的影响。

上图：卢卡·坎比亚索，《耶稣被捕》，约1550–1575年，墨水/纸，21.20cm×30.00cm，马德里普拉多博物馆

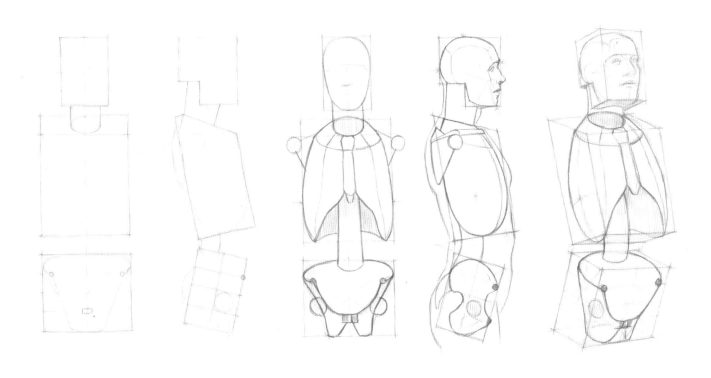

上图：躯干与头部立体图，男性比例

注意：侧视图中，中轴骨骼不同部位（头部、胸腔、骨盆）间的角度方向不同。

下图：躯干与头部立体图，女性比例

人体体积内的骨骼结构示意图。

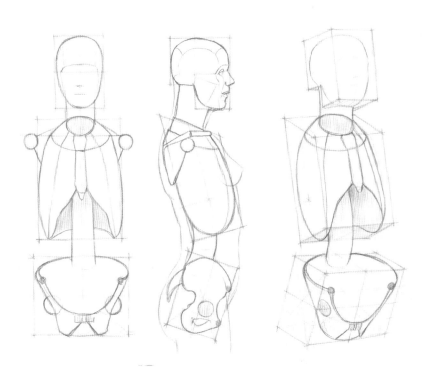

　　通过上图对男性与女性躯干立体图进行比较后，我们发现两个主要差异：（1）男性胸腔与骨盆等宽，而女性胸腔比骨盆略窄。（2）侧视图中，女性骨盆与胸腔间的倾斜角度比男性的更明显。

在移动人体全身前，你应该先尝试移动人体的中轴部分——头部、胸腔和骨盆。先描摹上图中的例子，然后凭记忆和想象，或通过将人体写真图简化为主要体积的方法，尝试自己绘制图形。

上图：移动的立体人体

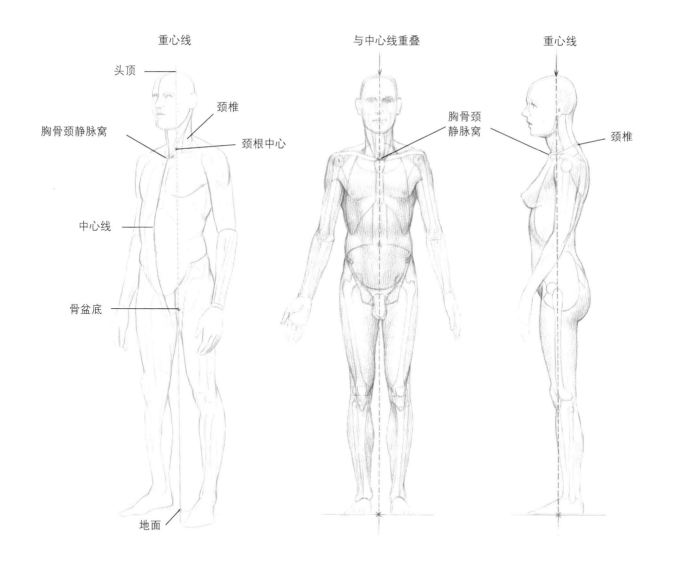

重心线

头顶

颈椎

胸骨颈静脉窝

颈根中心

中心线

骨盆底

地面

与中心线重叠

胸骨颈
静脉窝

重心线

颈椎

上图：中心线与重心线

掌握人体平衡与造型

的必备条件。

上图：中心线与重心线

左侧人物显示了人物站立时，四
分之三视角的重心线（蓝色线条）
和中心线（红色线条）。在前视
图中，中心线和重心线重叠，侧
视图中，仅能看到人物的重心线。

中心线与重心线

　　重心线（缩写LCG）是一条假想线，始于头顶，穿过身体，最后到达双脚之间。尽管重心线是从头顶开始，但是如果你想观察身体相对于这条线的运动，更简单的方法是利用胸骨颈静脉窝（在身体前面）和突出的第七颈椎（后背上）。了解这种对齐非常必要，它可以帮助你捕获运动时的人体平衡和姿势，以及人体各部位间的和谐一致。

　　而中心线是一条沿着身体外侧轮廓的假想线，将人体垂直分为两部分。在正面人体的前视图中，中心线与重心线重叠，在四分之三视图中，中心线并不是一条直线，因为中心线沿着人体表面分布，显示了人体的轮廓，将人体躯干和头部分为两个大小不等的部分，用于绘画时比照，以确保准确性。

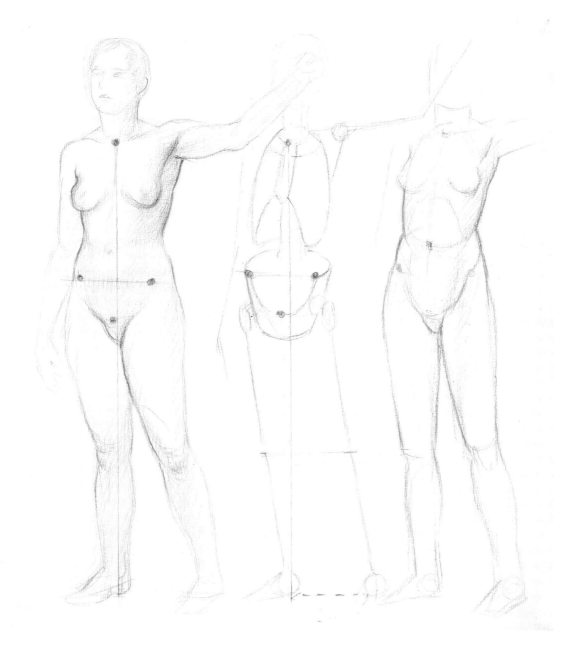

本页简图中所示的三步法显示了如何使用重心线。左侧人体代表人体模型，躯干上的四点分别标记了胸骨颈静脉窝、髂前上棘的左右两端及耻骨。图中细蓝色线条表示重心线，这条线始于胸骨颈静脉窝，垂直切分模特的身体，穿过胸骨，经过耻骨右侧，最后到达足跟。艺术家将铅垂线放置在模特身前，从而找到重心线。铅垂线是一根拴着黄铜砝码的细线，它是泥瓦匠们发明的，用来确保建造的墙体垂直地面，使墙面水平。对艺术家们来说，它也同样是有用的工具。简图中间的人体展现了依据人体界标重构的人体骨架。本图中的蓝色线条是一条辅助线，展现了模特身上界标的排列方式。人体模型的结构和比例解决后，你就可以如右侧人体所示，绘制人体形态了。

上图：绘画实践中重心线的应用

使人体动起来

下图中的两个人体显示了如何在兼顾人体结构的同时，逐步赋予画作运动感。先画出人体中轴骨骼，然后画出肩膀和髋关节后，再画出人体的四肢。左侧人体的动作幅度较小：头部、躯干和髋部的轴线笔直，一只手臂后旋，一条腿微微弯曲。右侧人体的动作幅度稍大：注意头部、躯干和髋部的轴线（红色线条）彼此间存在一定角度，四肢的动作幅度更明显，整个身体微微转向左侧。

右图：赋予画作以运动感

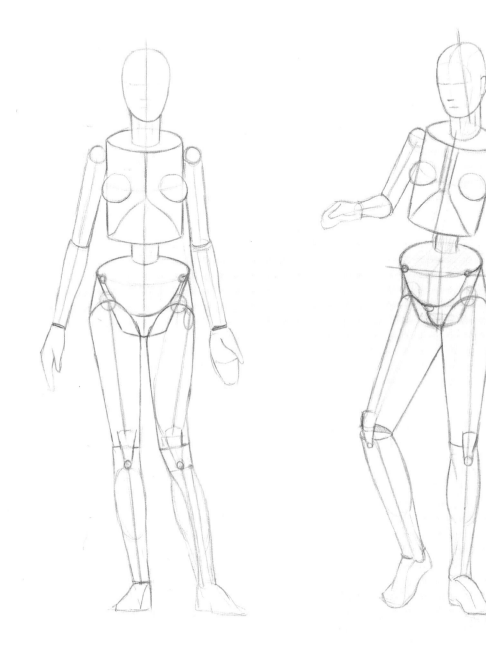

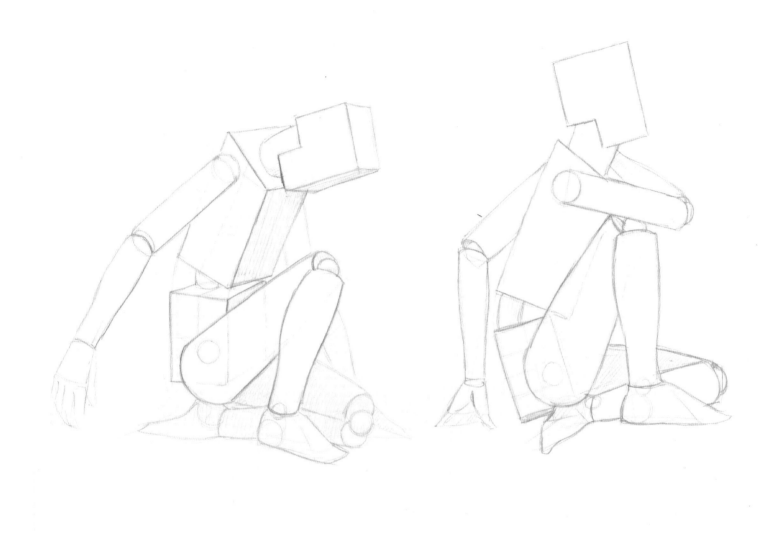

在绘制更具动态性的姿势时，从一开始就使用主要人体体块立体图，如上图中的两种蹲姿图所示，这将事半功倍。然后你可以进一步画出更圆润的人体体积示意图（利用铅垂线），包括人体重心线，如后面几页中的图所示。如果以正面的视角呈现人体时，就从胸骨颈静脉窝画起；如果以背面的视角呈现人体时，就从人体第七颈椎开始，向地面垂直地画出一条重心线，然后将人体上半身与下半身连接起来，从而捕捉人体姿势的稳定感与平衡感——或者找出其中缺少的稳定感与平衡感。由于重心线从躯干顶部直达地面，因此，还要注意重心线与人体其他部位的联系。

上图：动态姿势体块图

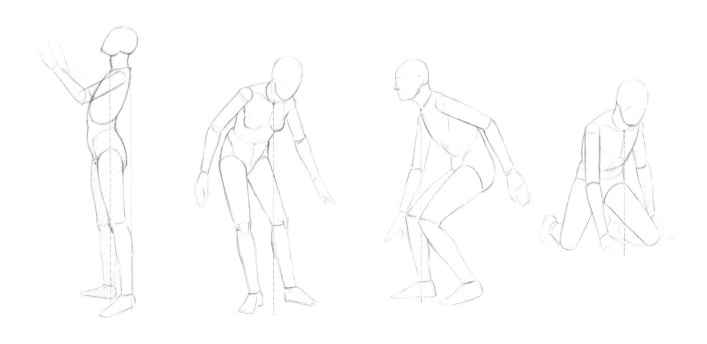

上图：标记重心线的动态姿势

最左边的人体身上的重心线，无论从正面
还是背面都可以看到。从躯干背部开始画
的重心线，与臀肌和小腿后区相切，最终
刚好穿过足跟；而从胸骨颈静脉窝开始画
的重心线，穿过身体中心，经过膝部，最
终到达足中心。左侧第二个人体中，重心
线始于胸骨颈静脉窝，斜着穿过股骨，从
小腿后区旁擦过，最后与两脚间地面相连。
正如你从上面四幅人体画中所见，重心线
有助于准确地把握人体姿势。

右图：标记重心线的失衡姿势

在绘制失衡姿势，或者极复杂的姿势时，
虽然重心线完全落在人体外面，但是仍十
分有用。

德尔·萨托的结构法

文艺复兴鼎盛时期艺术家安德烈·德尔·萨托，是我最喜欢的艺术家之一。本页图是他版画作品的摹本，在其局部图中，人体的构建很明显地使用了结构法，这与我提到过的方法类似。德尔·萨托刻画了几个主要的肌肉体积，人物的衣服也几乎没能遮挡这些主要的肌肉体积。

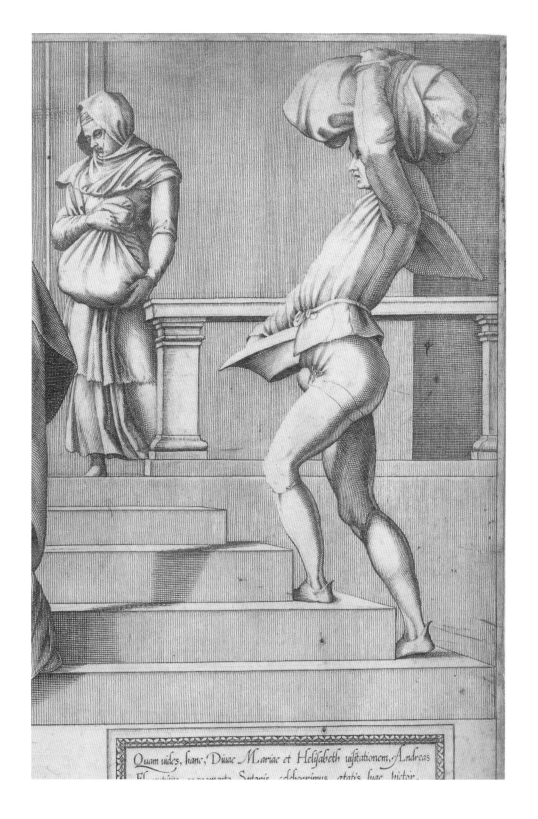

左图：埃内亚·维科，安东尼奥·萨拉曼卡和安东尼奥·拉弗雷尔，仿安德烈·德尔·萨托，《圣母往见》局部图，1561年，版画，整张尺寸30cm×41.4cm，纽约大都会艺术博物馆

起身的人

这一系列动作图包含了到目前为止讨论过的所有概念：基本骨骼体积、关节、比例关系、外部主要体积和重心线。为了创作这组图，我拍摄了约瑟夫的照片，他是我最喜欢的模特之一。照片是他正从躺着到站起来的全过程。然后我确定了照片中人体的主要界标和关节，并重新构建了人体骨骼和外部形态。你也可以拍摄一位正在运动的模特或者朋友，来创作自己的系列动作作品。

1

我按照顺序把每张照片覆上一张描图纸，然后标出主要关节和骨盆的界标，重建人体基本骨骼结构。接下来，我添加上人体主要体积，使人体更加鲜活。在绘制这一动作的每个步骤时，我都重复了这个过程。

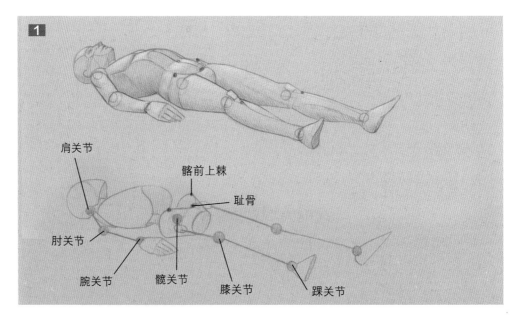

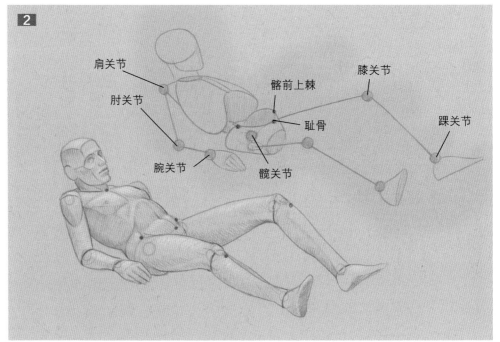

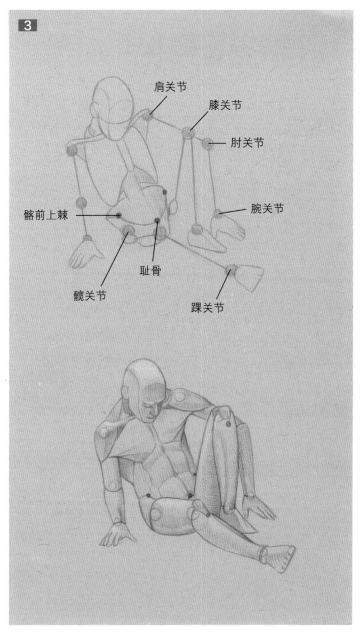

3

肩关节
膝关节
肘关节
腕关节
髂前上棘
耻骨
髋关节
踝关节

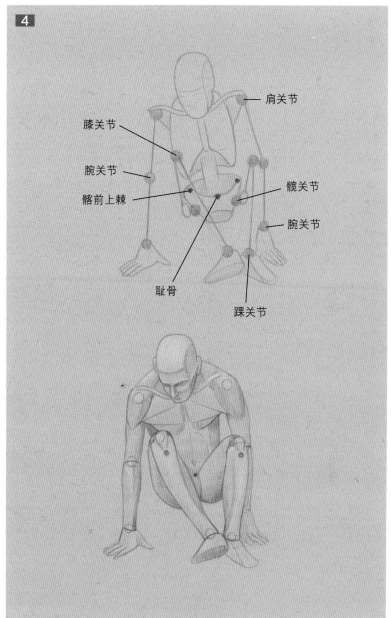

4

肩关节
膝关节
腕关节
髂前上棘
髋关节
腕关节
耻骨
踝关节

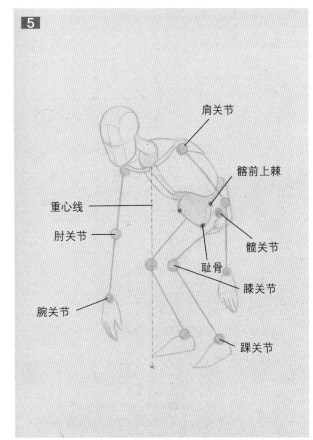

5

图中的红色虚线
代表重心线。

肩关节

髂前上棘

重心线

肘关节

髋关节

耻骨

膝关节

腕关节

踝关节

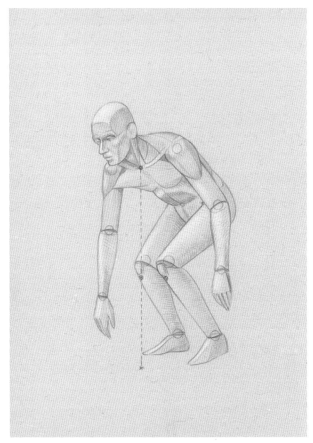

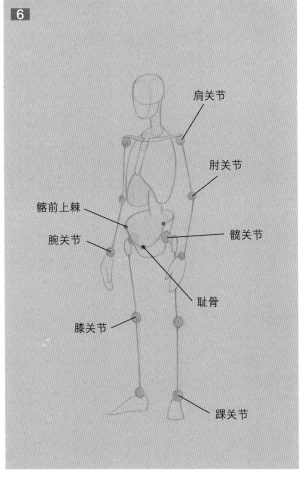

6

肩关节

肘关节

髂前上棘

腕关节

髋关节

耻骨

膝关节

踝关节

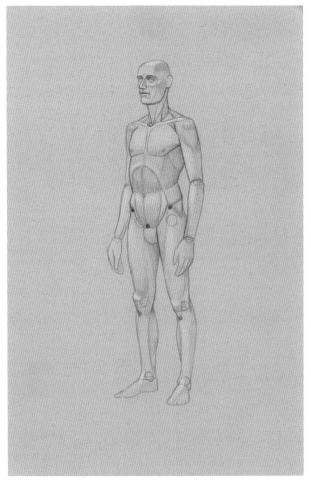

从立体形态到有机形态

　　下图显示了如何将肌肉形态应用到人体结构图中。先画出立体简图，然后在兼顾人体比例关系和流线的同时，添加主要肌肉体积，逐步得到一幅更加逼真的人体示意图。我们通过虚拟解剖和概念模型拆解人体后，再为其增加美感和活力，将人体重新组合起来。

下图：从简图到逼真的示意图
本图展示了从体块图，到较圆润的人体体积，最后形成有机形态这一循序渐进的过程。

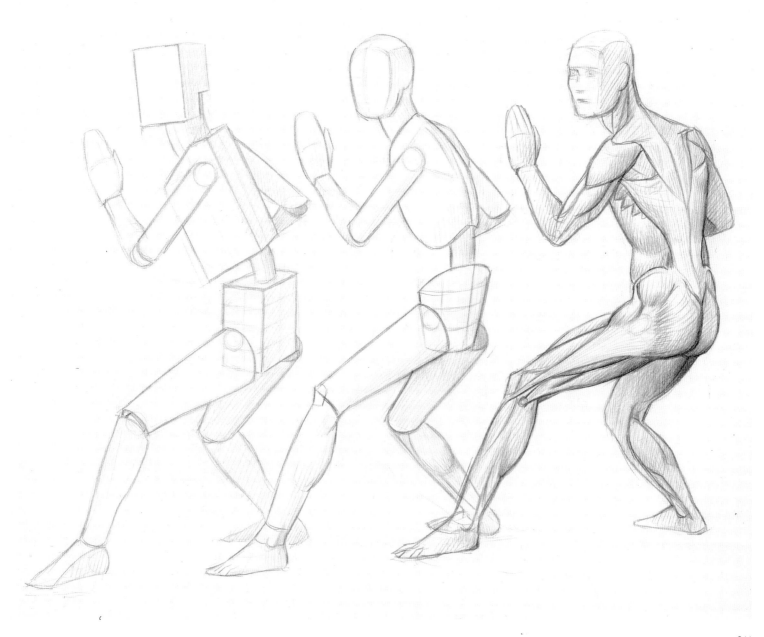

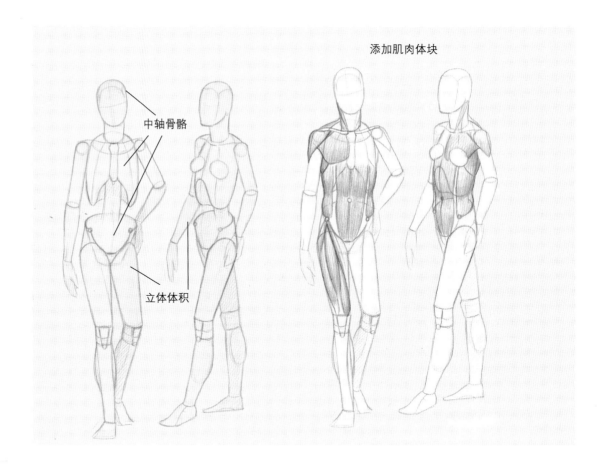

添加肌肉体块

中轴骨骼

立体体积

上图：从简图到添加肌肉体块

在本组系列图中，左面的男性和女性形象都表现得十分简略。我在右图的人体中添加了一些主要肌群。

下图：动态姿势中的肌肉

此图中的两个例子也显示了在人体处于动态姿势中，如何在骨架上绘制肌肉。

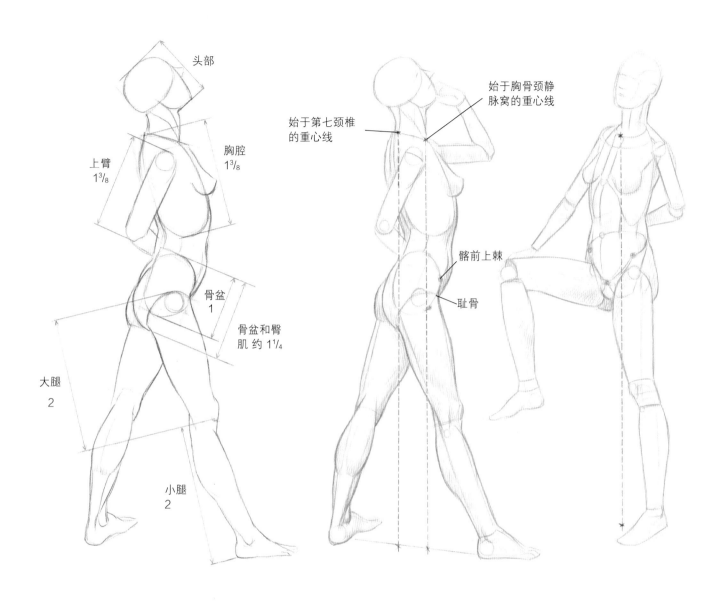

头部

胸腔
$1^3/_8$

上臂
$1^3/_8$

始于第七颈椎
的重心线

始于胸骨颈静
脉窝的重心线

骨盆
1

髂前上棘

骨盆和臀
肌 约 $1^1/_4$

耻骨

大腿
2

小腿
2

上图：利用人体比例和重心线捕捉人体造型

左图显示了如何把头部高度（1）作为度量单位，来测量人体的各部位，以准确把握人体比例关系。中图显示了人体各部位如何借助重心线排列。在这个姿势的侧视图中，胸骨颈静脉窝和第七颈椎都可以用作重心线的起始点。右侧的人体是说明如何应用重心线的另一个例子；在这幅图中，重心线始于胸骨颈静脉窝，穿过髂前上棘和耻骨间，最后到达大脚趾旁。

从中轴骨骼到肌肉组织

示例图源于想象，是为了举例说明准确掌握人体是如何让我们在没有模特的情况下，仍能够自由地绘制人体造型的——这是通过记忆和想象进行构思和创作时的重要技能。本组系列图描绘了人体从坐立到站立的过程。在绘制每幅图时，都要先画出人物的中轴骨骼，然后再添加人物四肢。每幅图中还显示了添加肌肉后的人体形象。

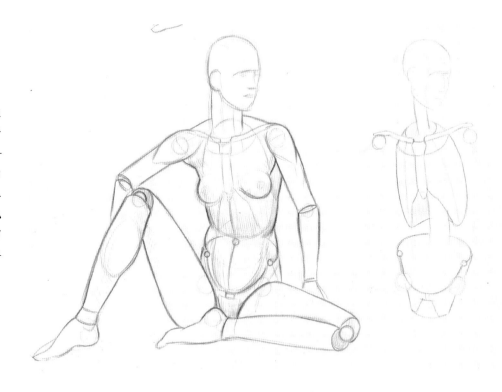

1
我们先从坐姿开始。

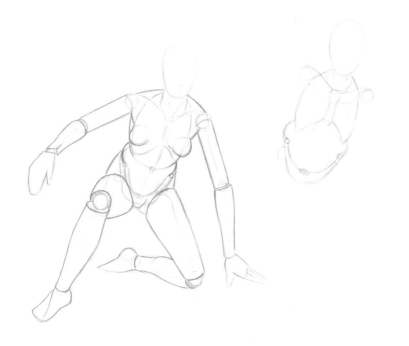

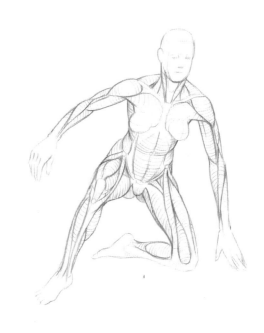

2（上图）

在中间阶段，人体已经起身到蹲伏的姿势。

3（下图）

最终，人体接近站立的姿势。

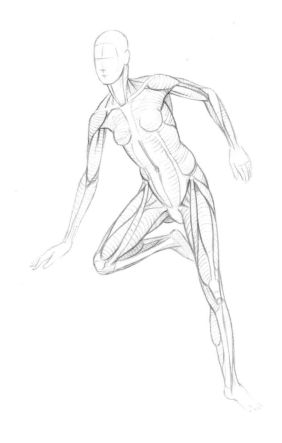

运动时的肌肉

　　肌肉在运动和静止时，会表现出特殊的结构特征，这些特征一般很难察觉，因此很容易被忽略。一般来说，除面部外的所有人体肌肉都不是对称的。如果绘制一块对称的人体肌肉，那么创作出的肌肉形态会像是被充了气似的，显得不自然。不管是运动还是静止，单块肌肉、肌群和拮抗肌群之间都是非对称的。肌峰的最宽处，不对称就更加明显了。因此，辨识股内外两侧的肌群顶峰，对正确定位这两种相对的肌群形态至关重要。这两组肌群的顶峰总是与所属四肢主轴存在一定角度。

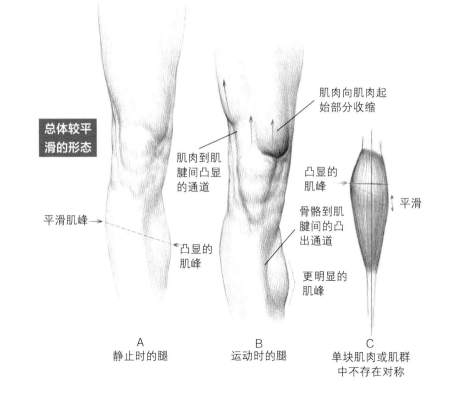

总体较平滑的形态

肌肉到肌腱间凸显的通道

肌肉向肌肉起始部分收缩

平滑肌峰

凸显的肌峰

凸显的肌峰

平滑

骨骼到肌腱间的凸出通道

更明显的肌峰

A
静止时的腿

B
运动时的腿

C
单块肌肉或肌群中不存在对称

上图：静止和运动时的腿部肌肉

肌肉形态中不存在对称。肌肉或者肌群的顶峰绝不会与肌肉主轴垂直。一般来说，一侧肌肉或肌群的顶峰比对侧的更平滑，也更难准确定位，对侧的肌群更有棱角，也更加明显。左图（A）显示了静止时，腿部总体的平滑形态；从肌肉到肌腱以及骨骼到肌肉间的过渡更平缓。请注意，小腿内侧和外侧肌峰连线与主纵轴并不垂直。本图中，外侧肌峰比内侧的位置更高，且并不明显。在中图（B）腿部肌肉正向肌肉起始部分运动，髌骨也随之向上移动。肌肉更加膨胀，轮廓也更分明，从而使肌肉、肌腱和骨骼间的区别更明显了。右面的插图（C）显示了一些梭形肌的结构特征。

下图：运动时的上臂肌肉

本图显示了上臂在静止和收缩时，肌峰形态和方向的变化。

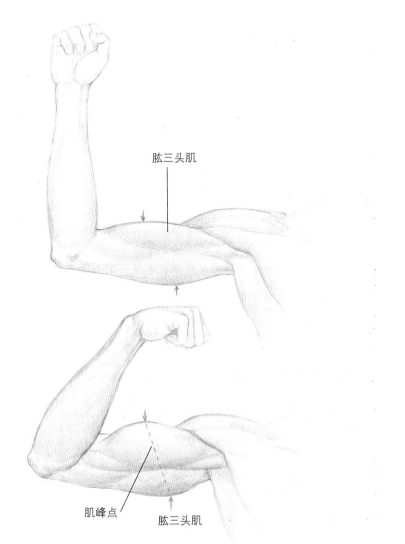

肱三头肌

肌峰点

肱三头肌

肌肉与骨骼的连接细节

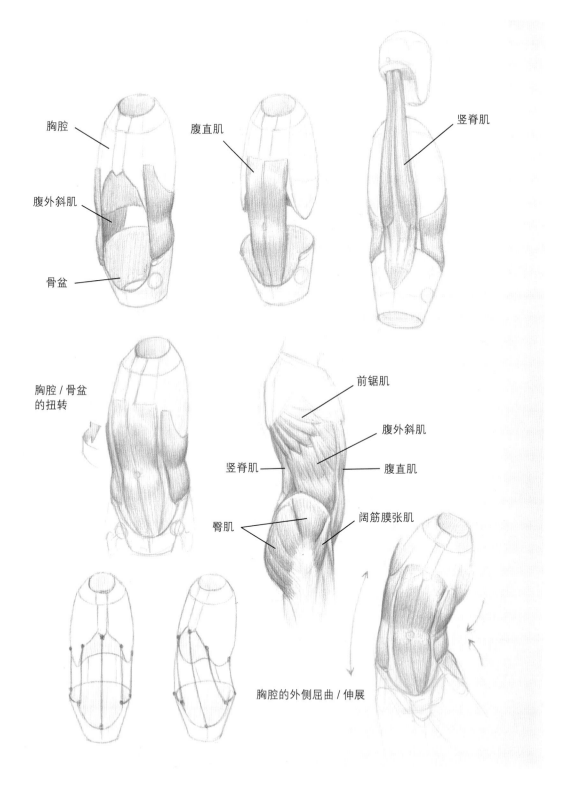

胸腔

腹外斜肌

骨盆

腹直肌

竖脊肌

胸腔 / 骨盆
的扭转

前锯肌

腹外斜肌

竖脊肌

腹直肌

臀肌

阔筋膜张肌

胸腔的外侧屈曲 / 伸展

下图通过具体而逼真的细节，进一步描述了肌肉和骨骼间的关联。这些研究显示了扭转、屈曲和伸展这些动作对肌肉组织形态造成的影响，以及如何准确绘制这些人体动作。参考下面的例图，先画出人体的基本骨架示意图，然后再为其添加肌肉，尝试用这种方法绘制不同姿势、动作的躯干。

左图：扭转、屈曲和伸展姿势对躯干肌肉的影响

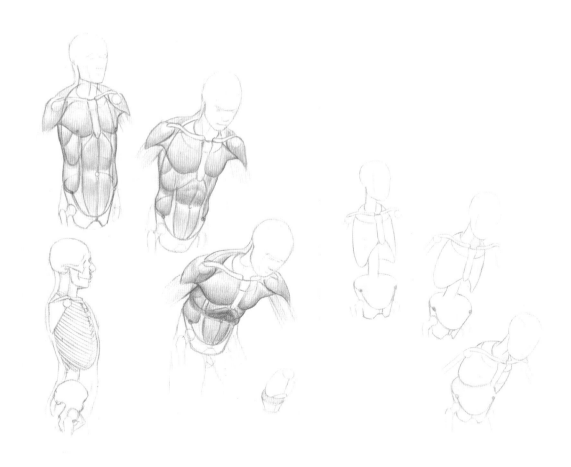

上图：躯干屈曲系列图

绘制图中这个躯干屈曲的系列图时，可以先画出胸腔。这有助于你准确地画出附着在骨架上的肌肉。不要忘记躯干屈曲时，肌肉块的重叠、短缩和收缩等。

下图：躯干的侧屈与过伸

绘制运动的人体时，我们需考虑到人体骨骼结构，这有助于理解收缩、侧屈（B）、伸展（C）或透视短缩（D）造成的肌肉形态变化。如果要画透视短缩姿势，你可以先从一个肌肉不重叠的角度画起（C）。最简单的方法就是由骨骼画起，然后添加肌肉，最后在透视缩短的姿势中合理地体现出来。

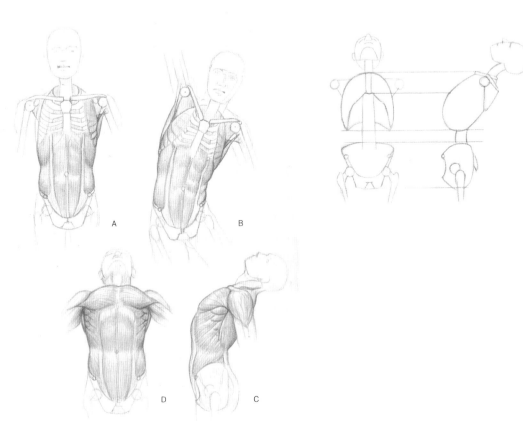

全身动势、运动和流线

考虑到骨骼姿势对主肌群的影响，现在让我们试着将运动扩展到全身。要实现这个目的，首先要画出骨骼示意草图，然后画出肌肉体积。

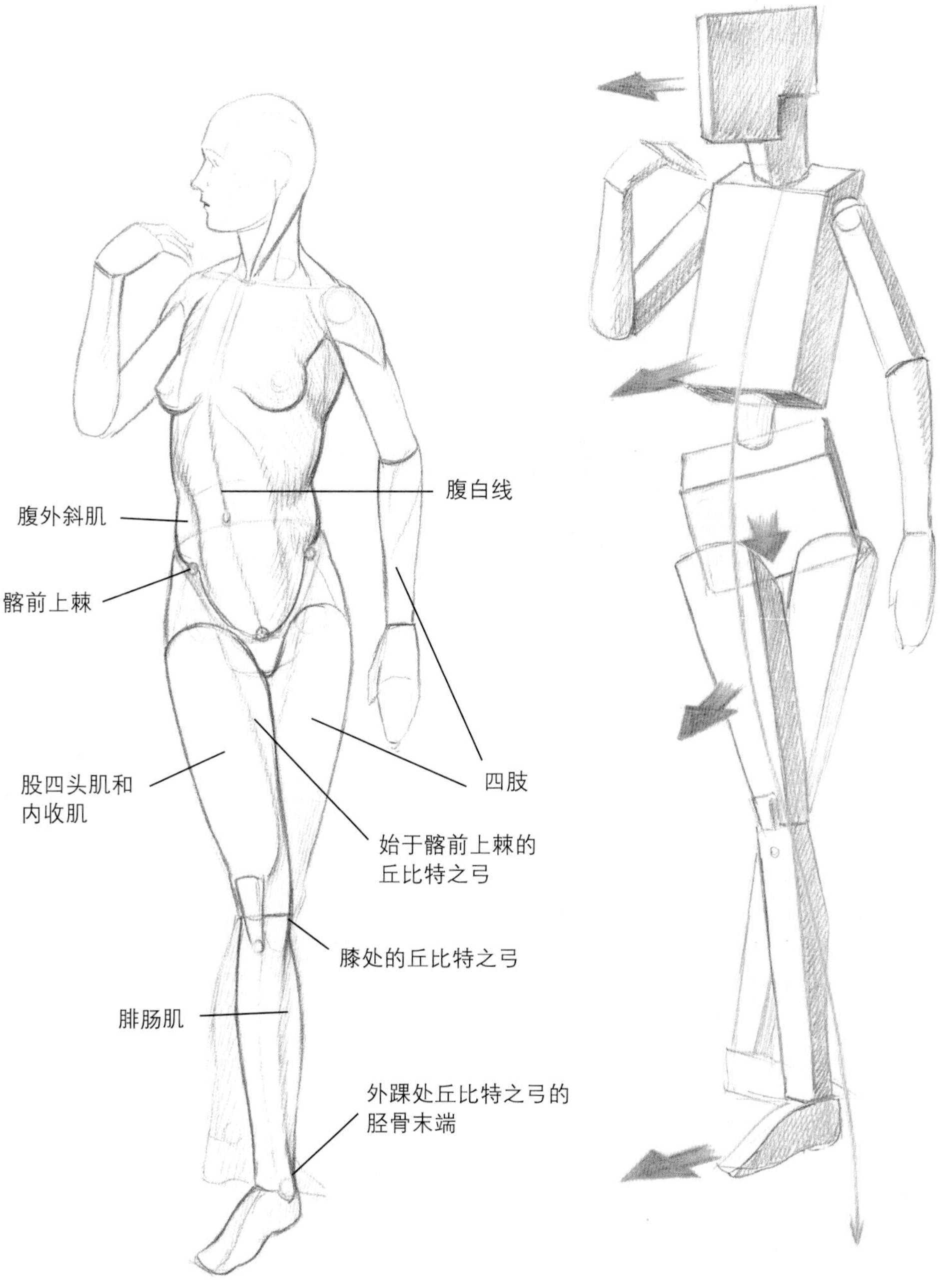

腹白线

腹外斜肌

髂前上棘

四肢

股四头肌和
内收肌

始于髂前上棘的
丘比特之弓

膝处的丘比特之弓

腓肠肌

外踝处丘比特之弓的
胫骨末端

左图：运用立体几何研究运动
左侧的人体显示了整体的骨骼和肌肉结构。右侧的立体效果图研究了人体平面和体积的方向，以及它们沿挠曲轴线的排列方式。类似的研究对绘制伸展的姿势非常有帮助。

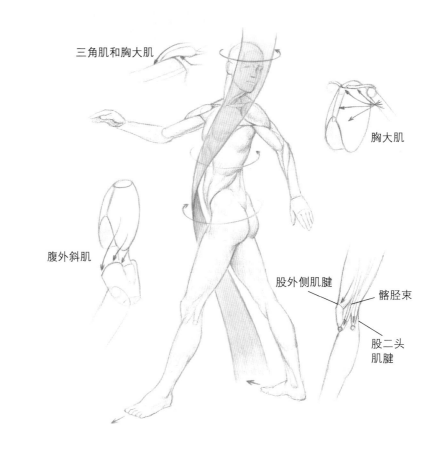

三角肌和胸大肌

胸大肌

腹外斜肌

股外侧肌腱

髂胫束

股二头肌腱

上图：运动的人体流线与动势

下图：结构、流线与运动

本页图显示了在运动的人体骨骼上逐层添加肌肉这一过程。

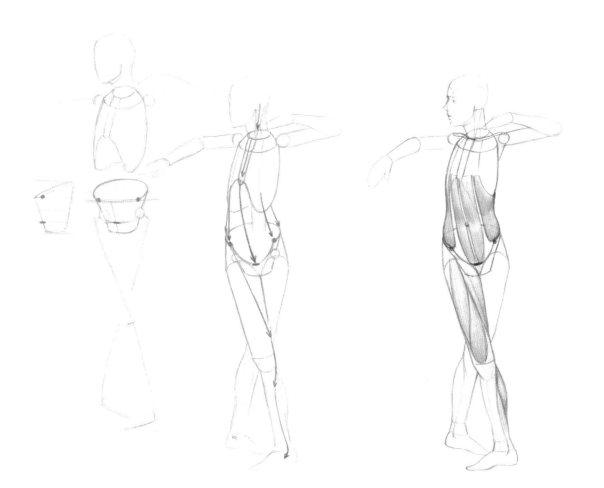

　我用下页中用拉斐尔恢弘、生动的素描作品作为本部分的总结。该画作完美地概括了到目前为止我们探讨的人体运动的方方面面。人体比例、界标、肌肉体积、流线以及动作等要素组合成一幅佳作。

上图：姿势的动态与美感

左侧的人体动态线显示了人物运动的美感和动态。相比之下，右侧人体则处于静态姿势，表明人物四肢的位置是刻意摆好的。这可以认为是出于审美目的，而摆出的对立式平衡姿势。

背页图：拉斐尔，《战斗者》，1510-1511 年，红色粉笔／铅绘，37.89cm×28.09cm，英国牛津阿什莫林博物馆

当代形体解剖大师

下图：布莱恩·布斯·克雷格，《杰茜》，2015年，青铜，86cm×25cm×20cm，艺术家提供

　　布莱恩·布斯·克雷格的雕塑作品《杰茜》展现了他在运动形体解剖方面的精湛造诣。雕塑的造型优雅动人，完美地捕捉了动态人体结构、解剖方面的特点，并将它们有机融合。如果从雕塑的背部观察，由于竖脊肌始于骶骨，上达脑后部，因此我们可以欣赏到竖脊肌优美的曲线。在前视图中骨盆的水平位置上，髂前上棘、阔筋膜张肌、缝匠肌起点和股直肌清晰可辨。虽然这尊雕塑中每块肌肉的位置都恰到好处，但是它真正想表现的并不是解剖结构的精确，而是人体的动态美，这才是这尊雕塑的真正意义所在。

由静态到动态

　　每幅图都是从几个角度进行分析：首先是标有肌肉体块流线的骨骼，然后是表面解剖图，最后是外部形态。目的是捕捉优雅的造型与美感——这是艺术家研究解剖学的最终目标。

1（下图）

下图中的第一个人体，用红色箭头显示了肌肉和骨骼的连接以及它们产生的走向、路径。将这些线条与下页的图进行比较，看看运动是如何在各种姿势、动作中影响身体美感的。下中图的人体全面地分析了浅表肌肉，这将有助于我们理解该序列最后一图中的人体表面形态。最后一个人体显示了静止姿势依然可以表现出一定的动感，如图中的长动态弧线所示（红色）。蓝色短线则显示了浅表肌肉块形成的外部形态流线。

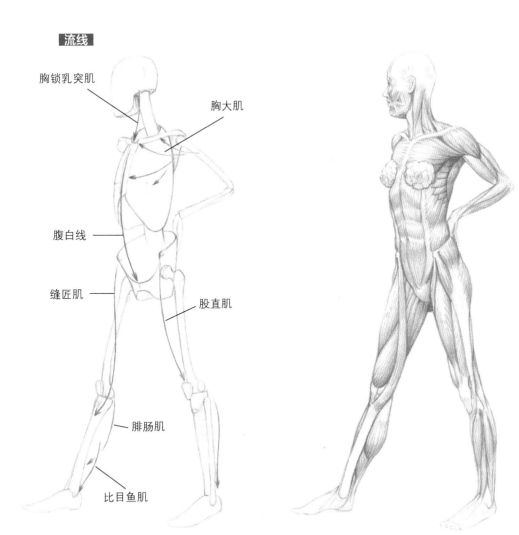

流线

胸锁乳突肌

胸大肌

腹白线

缝匠肌

股直肌

腓肠肌

比目鱼肌

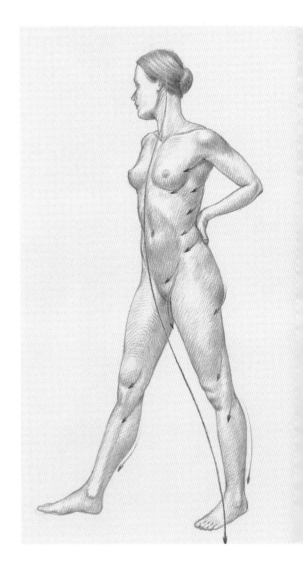

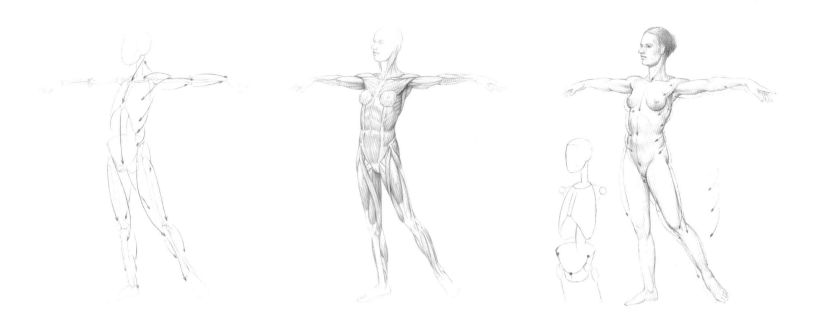

2（上图）

第二系列图显示了一个腿部稍微过伸、手臂举起（外展）的人体。第一个人体显示的是肌肉流线的方向；第二个人体研究的是浅表肌肉；第三个人体显示了浅表肌肉对外部形态的影响。

3（下图）

下面的三幅图是这个系列图收尾之作。图中人物的身体后仰，姿态优雅有力，让人想起了希腊化时期女祭司狂喜的姿态。同前几幅系列图一样，本图中的第一个人体显示了流线形态，这些形态组合形成主要肌肉形态的走向路径。第二个人体显示了所有的浅表肌肉，而第三个人体使我们得以欣赏优雅的外部形态。沿人体正面而下的长弧线就是动态线。

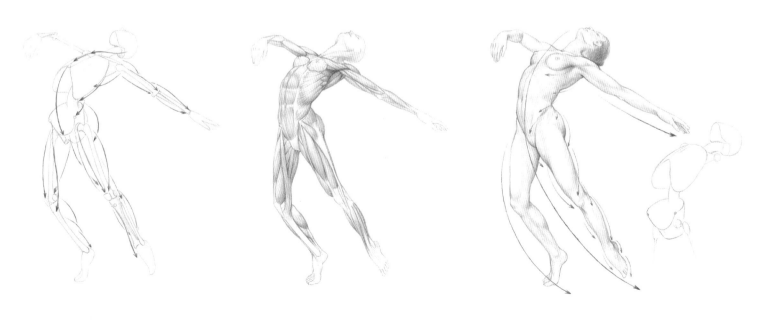

人体运动分析——三幅系列图

本节中的系列图显示了如何利用不同的可视化方法研究人体运动：体块图、解剖图（骨骼或浅表肌肉）以及逼真的效果图。通过不同方法、不同顺序来分析和描绘人体，可以提高你的观察能力。你可以模仿本节中的任何系列图进行练习。

左图：从体块图开始

这组系列图从人体动作体块图开始。创作灵感源自一位女芭蕾舞演员的照片。

右图：添加肌肉

然后，我在立体结构上绘制了肌肉。

系列图 1：体块图——肌肉——表面形态

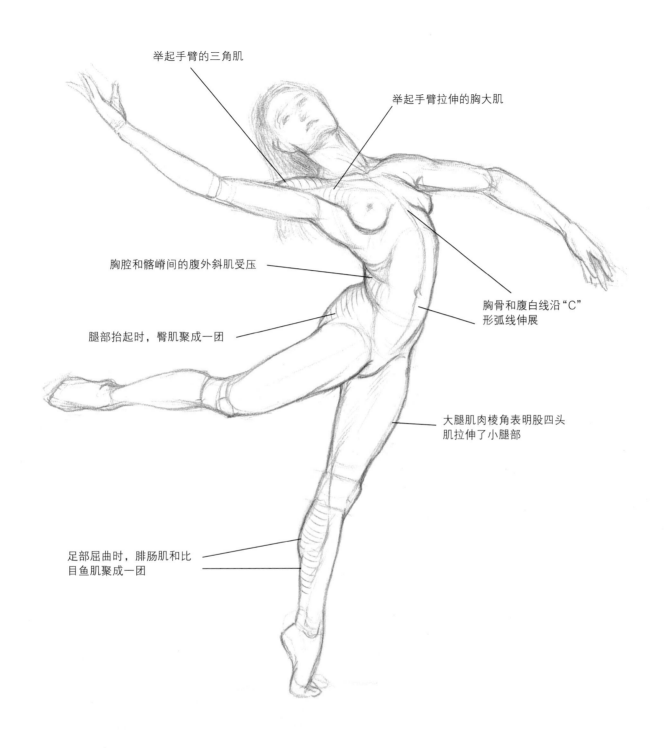

举起手臂的三角肌

举起手臂拉伸的胸大肌

胸腔和髂嵴间的腹外斜肌受压

胸骨和腹白线沿"C"形弧线伸展

腿部抬起时，臀肌聚成一团

大腿肌肉棱角表明股四头肌拉伸了小腿部

足部屈曲时，腓肠肌和比目鱼肌聚成一团

上图：绘制外部形态

在系列图的最后一幅中，我添加了外部形态，运用交叉轮廓线，表现运动中肌肉体块的变化。

系列图 2：表面形态——骨骼

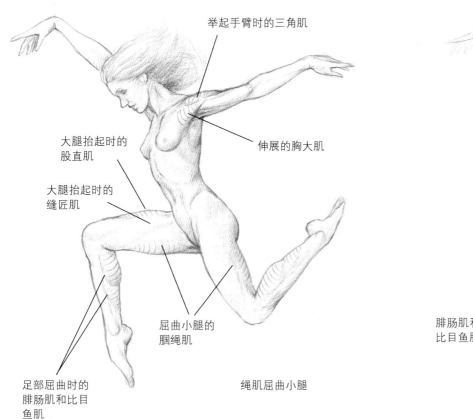
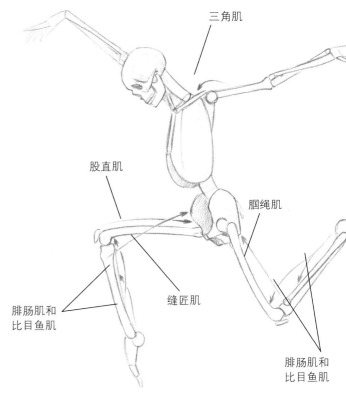

举起手臂时的三角肌

大腿抬起时的股直肌

大腿抬起时的缝匠肌

伸展的胸大肌

屈曲小腿的腘绳肌

足部屈曲时的腓肠肌和比目鱼肌

绳肌屈曲小腿

三角肌

股直肌

腘绳肌

缝匠肌

腓肠肌和比目鱼肌

腓肠肌和比目鱼肌

左图：从外部形态开始

现在，我们根据"由外而内"的原则，先探讨下外部形态。本幅图是我参照一张照片绘制的，与前几幅系列图一样，我在参与动作的肌肉上绘制出交叉轮廓线，分析人体运动。

右图：绘制出骨骼

辨识出上一幅图中的界标后，就可以重新构建它的骨骼结构。与这一姿势相关的肌肉动作方向在图中用红色箭头表示。

228

系列图 3：逼真效果图——示意图

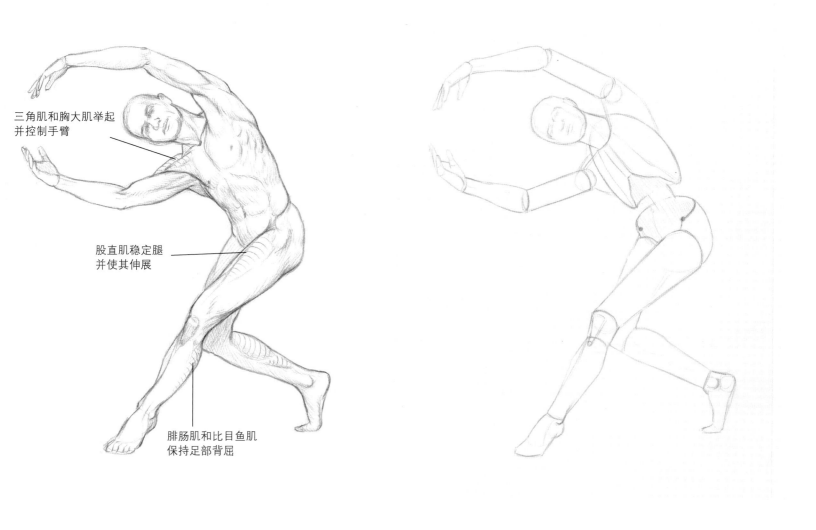

三角肌和胸大肌举起
并控制手臂

股直肌稳定腿
并使其伸展

腓肠肌和比目鱼肌
保持足部背屈

左图：从逼真效果图开始

最后一组系列图先从人体逼真效果图开始，然后分析出运动牵涉到的肌肉。

右图：合成立体形态

最后一幅图将有机形态合成为立体体积。

手臂动作

手臂和前臂有

24块肌肉。

手臂的肌肉众多，能完成的动作也多种多样，因此成为一个复杂的研究课题。本节将着重关注手臂及其结构、解剖和动态特征。

手臂和前臂共有24块肌肉，如果将这些肌肉逐一考虑，试图理解运动对手臂的影响，可能让人望而却步。在本节的图中，我无意从所有可能角度描述手臂弯曲、伸展、旋前、旋后的所有可能动作组合，而是展示如何解读手臂的动作，甚至是更复杂的动作，并正确绘制出来。在对页的图中，我将前臂肌肉分为三个主要体积，以便更清楚地展示不同动作时，前臂形态的变化。

右图：填充主要体积

小窍门：一定要把手臂的各部分——或者身体其他部位的各部分——视作由独立体积组合而成。这将有助于你更准确地绘制人体部位，创作出更加真实的动态感。

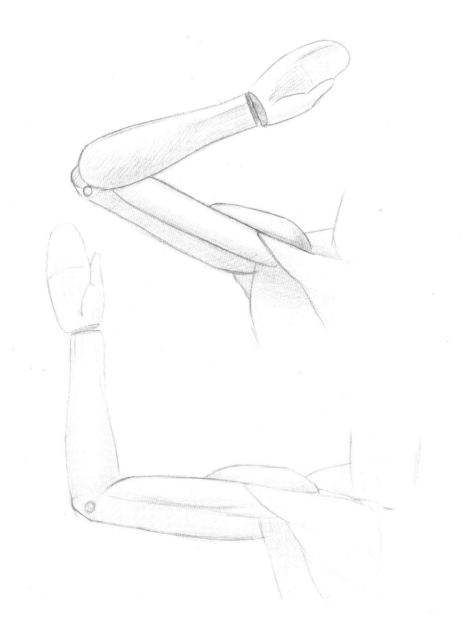

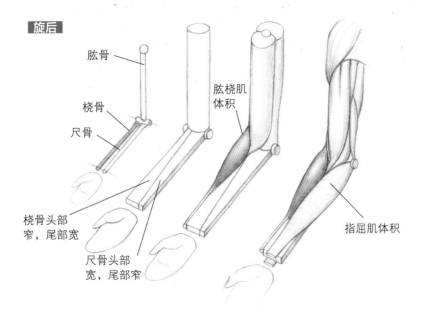

肱骨

肱桡肌
体积

桡骨

尺骨

指屈肌体积

桡骨头部
窄，尾部宽

尺骨头部
宽，尾部窄

过渡姿势

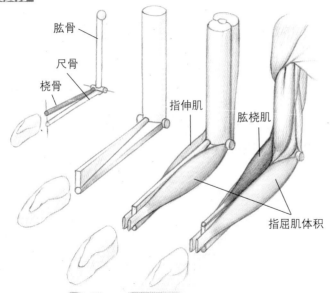

肱骨

尺骨

桡骨

指伸肌

肱桡肌

指屈肌体积

本页图：屈曲的手臂由旋后到旋前

本页的三张系列图显示了手臂从旋后转至向上，然后经由过渡姿势，转至旋前位置。系列图中的前臂肌肉可以分为三个主要部分：红色部分为肱桡肌、桡侧腕长伸肌和桡侧腕短伸肌；蓝色部分是指屈肌；黄色部分是指伸肌（不包括桡侧腕长伸肌和桡侧腕短伸肌）。本系列图先从骨骼入手，目的是阐释运动对肌肉组织和骨骼结构的影响。若想找到桡骨和尺骨，应记住：靠近大拇指一侧为桡骨，靠近小指一侧为尺骨，所以你只需跟随大拇指，就能找到这两块骨骼。手臂旋后时，手心向上，大拇指转至外侧，桡骨和尺骨平行。手臂旋前时，大拇指转至内侧，桡骨和尺骨交叉。

旋前

肱骨

桡骨

尺骨

指伸肌

指屈肌体积

肱桡肌

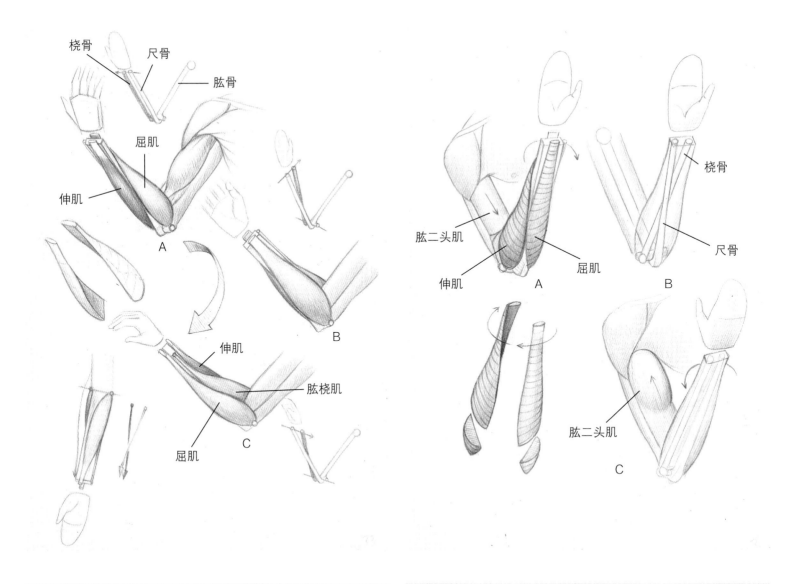

左图：屈曲的手臂，从旋后到旋前

这个"三步"系列图显示了骨骼运动与外部肌肉间的对应关系。手臂旋后屈曲（A），桡骨与尺骨平行，腕关节也与肘关节平行，肱二头肌收缩成团，屈肌（蓝色）和伸肌（红）以骨骼为轴缠到一处（见第一幅图下的局部图）。手臂介于旋后、旋前之间时（B），屈肌与伸肌彼此松开，并相互平行，手腕侧桡骨移动到尺骨上方，尺骨与肘关节垂直。手臂旋前屈曲（C），屈肌群与伸肌群又缠到一处，但是可以看到位于它们中间的肱桡肌（黄色）；腕关节再次平行于肘关节，但桡骨和尺骨相互交叉。系列图底部的局部详图显示了屈肌和伸肌的肌群是如何从肘关节相对两侧和上髁对侧——向腕部中心移动，然后在腕部重叠的。在腕部找到桡骨和尺骨的位置，须记住，靠近大拇指侧为桡骨。

右图：屈曲的手臂由旋前向旋后——不同角度，反向动作

居家时尝试一下：保持手臂屈曲，如图所示，然后观察手背（A）。

处于这个姿势时，尺骨和肱骨交叉（B）。图C显示手臂旋前，肱二头肌放松并被拉长时，手指的屈肌（蓝色）和伸肌（红色）是如何包裹前臂的。现在将手转至旋后，手掌面向自己：此时肱二头肌聚成一团，桡骨与尺骨平行，前臂肌肉转向反方向。拇指转至内侧时，桡骨与尺骨交叉，而拇指转至外侧时，桡骨与尺骨保持平行。

对页图：手臂外展与肩胛骨运动

这个"三步"系列图显示了手臂侧向抬起时，肩胛骨与手臂间的对应。比较每组的两幅图，然后观察骨骼运动对外部形态的影响。起初，手臂沿身体两侧自然下垂，肱骨体与肩胛骨脊柱缘平行。然后，手臂外展（如第二组图），肩胛骨随之运动，在胸腔外侧滑动，并且沿肩胛骨上角转动，此时肩胛骨脊柱缘微微倾斜。最后，当手臂举至接近头部时，肩胛骨向外滑动，肩胛骨尖端滑至胸腔外缘。将手臂举至这个姿势时，肱骨体与肩胛骨脊柱缘垂直。

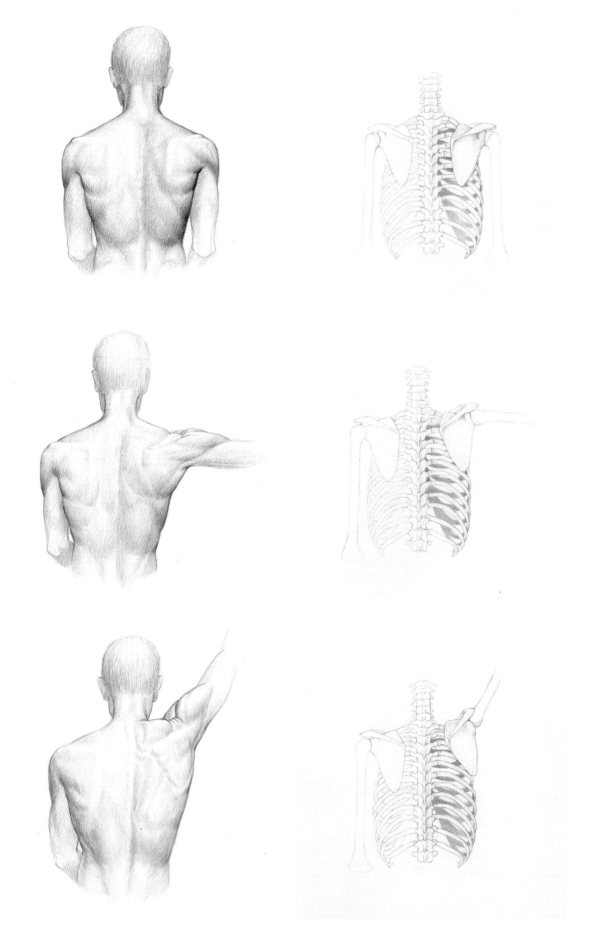

手臂运动与流线

　　本系列图介绍了手臂由旋后向旋前，手臂向下运动时，肌肉流线的变化。

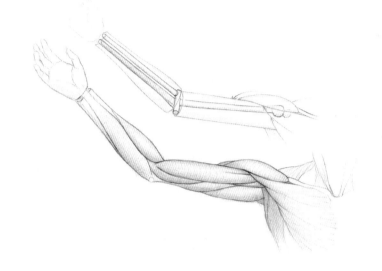

1

起始姿势（旋后）。抬起手臂，且手朝前方。桡骨与尺骨平行。

2

过渡姿势。放低手臂，旋转手掌，此时桡骨与尺骨重叠。

3

最终姿势（旋前）。旋转手掌至手心朝下，此时桡骨与尺骨交叉。

练习

　　首先，找一张动态姿势的人物照片或一尊雕塑，找到界标，然后重构骨骼，最后填充肌肉体积，如下图所示。例如，我曾使用贝尼尼的《大卫》(雕塑示意图见42~43页)，也可随意选择自己喜欢的雕塑作品练习。

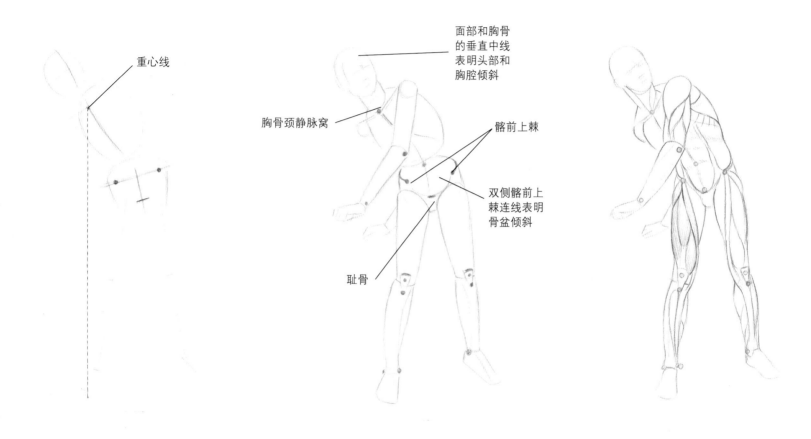

重心线

面部和胸骨
的垂直中线
表明头部和
胸腔倾斜

胸骨颈静脉窝

髂前上棘

双侧髂前上
棘连线表明
骨盆倾斜

耻骨

1

画出骨骼。首先研究雕塑或者照片中的人体界标，然后根据这些界标画出骨骼。最后填充头部、胸腔和骨盆体积，并确保各部位间比例关系准确。本例中胸腔的高度约等于一头半高，而骨盆约为一个头高。接着画出腿部轴线，以建立头部、躯干和腿部间的比例关系，以及确定人体与地面接触部分。最后，画出手臂，并考虑它们与胸腔主要形态的重叠和关联。

2

添加手臂和腿部体积。通过补充手臂和腿部体积完善画作，此外，画出更多界标，这样有助于下一步定位肌肉。

3

描绘肌肉组织形态。先画出示意图，然后逐渐绘制出更自然逼真的示意图。尝试标出肌肉名称，这有助于记忆它们的名称和位置。可先参照这些步骤练习，之后再尝试通过记忆来练习。最后，使用不同的照片，或者你喜欢的其他雕塑重复这一过程。

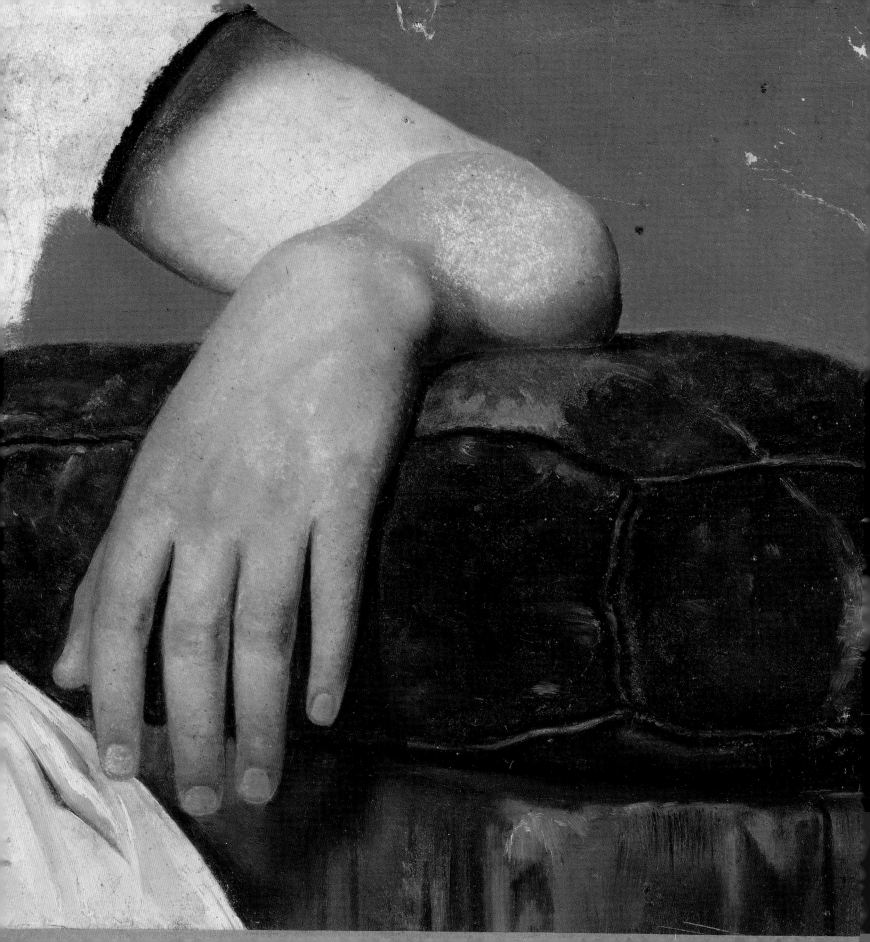

第 7 章

手

手完美地集功能与美学于一体。手部形态复杂，动作灵活，千姿百态。手的绘制极富挑战性，成为艺术家们欲罢不能的创作主题。

我在整本书中一直强调，准确绘制人体形态的诀窍，就在于先要理解它：绘画是一项需要整合加工的智力活动，它将一个移动的、彩色的、没有统一线条的三维物体，通过纸张上的线条，转化成静止的、单色的二维平面图形。这简直堪称翻天覆地的蜕变！

我在前几章用过的人体绘画方法，也将运用于本章的手部绘制。每一步只聚焦少数几个主要特征，以此减少手部的复杂性。你需要仔细观察手部，才能生动形象地将其活动部位产生的各种造型描绘出来。

对页图：阿道夫·蒂德曼，《女人的手臂》，19世纪，纸板油画，21cm×21.5cm，挪威国家美术馆

手部的骨骼结构

富于变化和挑战性，
让人欲罢不能的主题。

我们先看看手部的骨骼结构。每只手都是由 27 块骨骼组成，包括：

· 8 块腕骨，组成腕部；
· 5 块掌骨，组成掌面；
· 14 块指骨，组成五根手指（注意：拇指仅有两块指骨）。

左图：手部侧视图

右图：手部及其骨骼背视图

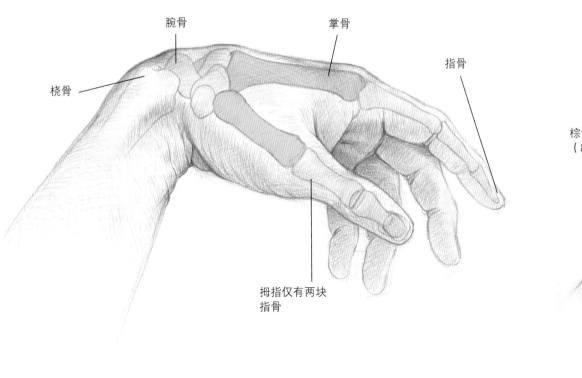

桡骨

腕骨

掌骨

指骨

拇指仅有两块
指骨

黄色：指骨（14 块）

棕色：腕骨
（8 块）

尺骨

桡骨

蓝色：掌骨（5 块）

手部的立体图

利用手部各部分高度、宽度及厚度的最大值，绘制出手部的主要体积，这样就可以呈现出一只手的大体形状。把手部看作是由基本固体图形组成的，不考虑具体细节，这样会更容易将其绘制出来，尤其是在绘制手部的复杂造型或者动态时。

本节中的演示图和其他插图并不是说明这是绘制手部（或者总体而言人体）的唯一方法，而是仅仅显示了分析人体形态的过程。为了理解人体比例关系和三维特征，把人体形态看作是立体体积来练习是至关重要的，但是请记住，这些最终也只能是帮助你形象化这一分析过程的练习。

基本固体图形的组合

下图：手、掌的比例关系及侧视图

手部的长宽比例约为 2:1，这意味着手长是手宽的两倍（A）。注意，手指从掌侧看会比从背侧看显得短。测量背侧指节显示，远节指骨和中节指骨的长度之和与近节指骨长度相同（B）。

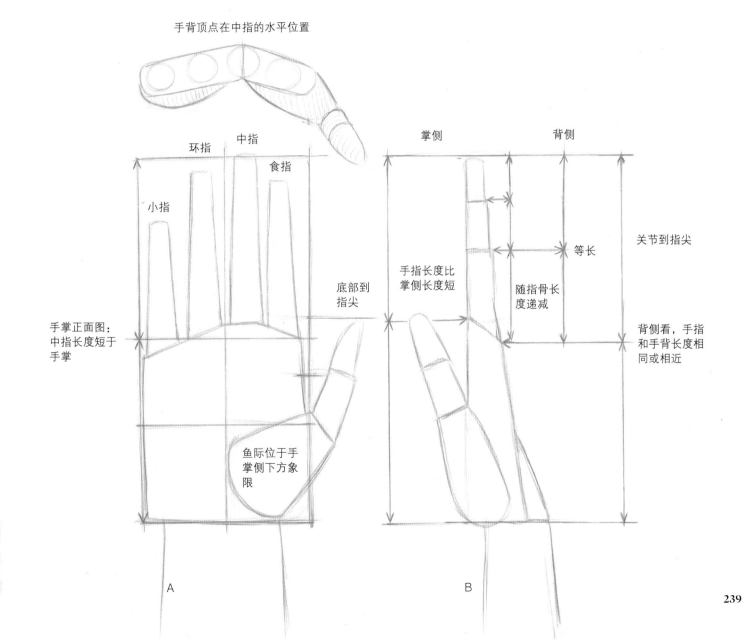

手背顶点在中指的水平位置

环指　中指

小指　食指

掌侧　背侧

等长

关节到指尖

手指长度比掌侧长度短

底部到指尖

随指骨长度递减

手掌正面图：中指长度短于手掌

背侧看，手指和手背长度相同或相近

鱼际位于手掌侧下方象限

A

B

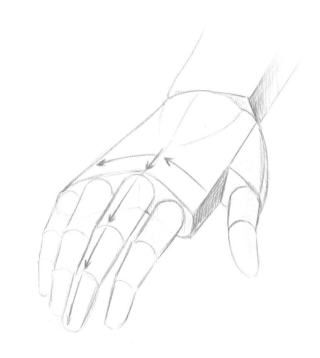

上图：手的体块图，四分之三背视图

注意：中指与手背顶部平齐。

下图：手的体块图，侧视图

考虑到手臂与手指都是距离手臂越远，就变得越细并且也越短，因此我先绘制出手和手指的体积（A），然后再补充具体细节（B），包括拇指和手掌之间的虎口，以及手指的其他部分。此时，你可以开始考虑光线对手的影响了。

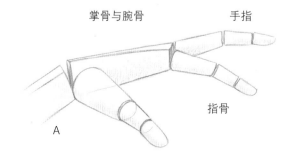

掌骨与腕骨　　　　　手指

指骨

A

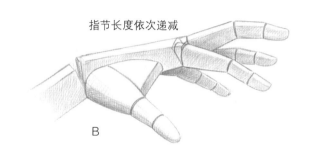

指节长度依次递减

B

我用立体几何画法，绘制出下面图中手的不同姿势。先从对页下图的侧视图开始，然后再绘制更具挑战性的造型，这是最简单的办法。如果你想描摹这些图，那么就想象一下，你有一个三维的手模型，你正在移动它的零部件。

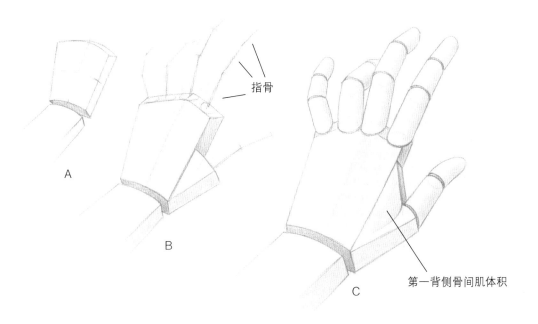

指骨

A

B

C

第一背侧骨间肌体积

上图：米开朗基罗·博那罗蒂，《创造亚当》，西斯廷教堂天顶画细节图，1508-1512年，湿壁画，梵蒂冈

在这幅著名的西斯廷教堂天顶画局部图中，米开朗基罗描绘了上帝和亚当的手，完美诠释了他从解剖学知识以及结构画法中获得的体积感与立体感。

下图：手的体块图，四分之三背视图

你可以参照自己的手，绘制出一张四分之三视角的体块图。尝试着摆出不同角度和不同弯曲程度的手指造型。首先，绘制腕部和手部轮廓（A）。然后添加拇指根部及手指，一开始先画出线条，这样就可以迅速显示出姿势或方向（B）。接下来，把手指绘制成圆柱体，柱体的长度会随着与手部的距离递减（C）。注意，我还补充了第一块背侧骨间肌体积，这是拇指底部和手掌之间隆起的体积。

241

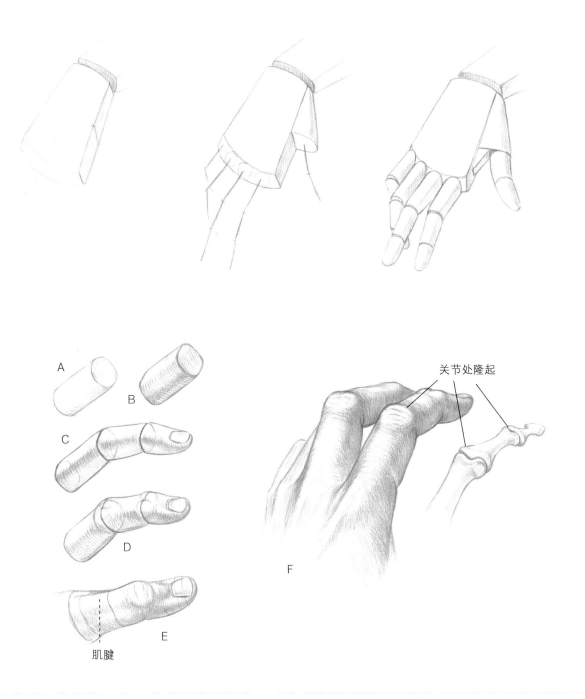

A

B

C

D

肌腱

E

关节处隆起

F

上图：手的体块图，四分之三背视图

本页是手的另一个角度体块图。与上一幅图的步骤相同。你可以参照别人的手，或者对照镜子中自己的手，尝试完成练习。

下图：绘制手，从体块图到写实图

将手指各部分绘制为圆柱体（A），既快速又简单，而且可以只关注手的长度和周长。确定这些测量数据后，你就可以添加更多细节来完善手指了。手指的截面近似方形（B）而非圆形（A）；在某种程度上，它成为界定指关节的平面（C）。最后，你再补充上关节处的隆起，以及手背和手指根部的肌腱形态（E），这样就达到了令人信服的逼真效果。最后一幅细节图（F）显示了关节处变厚的骨骼是如何影响了手指关节的隆起形态。

手部的研究与绘画

　　本系列图中的第一幅图显示，绘制以下系列图前，应该如何审视和研究手部。你可以通过测量或者使用自己或朋友的手的比例，进行练习。这样有助于你更深刻地理解手的形态差异与个体特征。

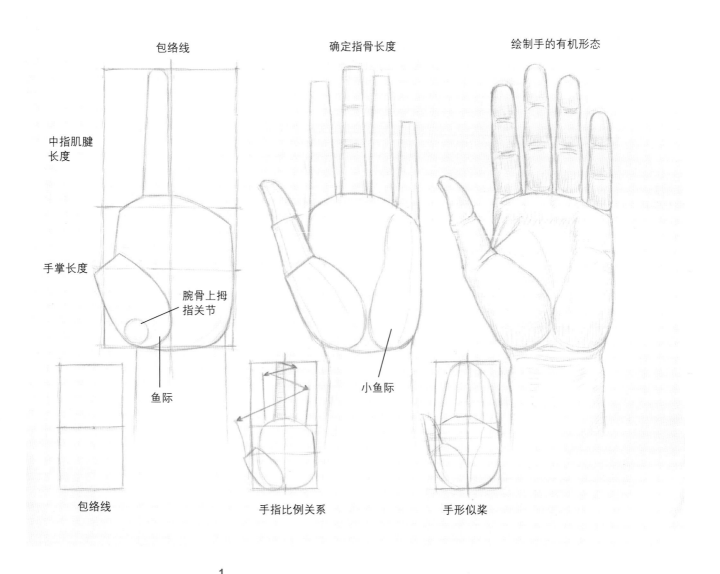

包络线

确定指骨长度

绘制手的有机形态

中指肌腱长度

手掌长度

腕骨上拇指关节

鱼际

小鱼际

包络线

手指比例关系

手形似桨

1

研究手部，从而获取手部各部分间的比例关系。可以把这看作是绘画前制定行动计划。

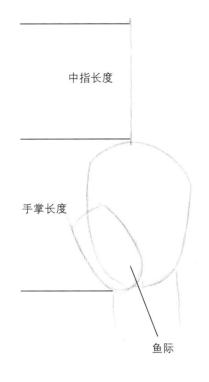

中指长度

手掌长度

鱼际

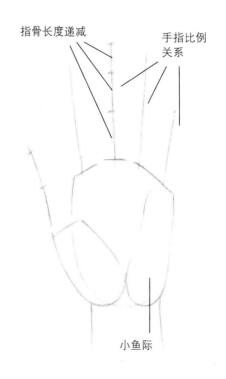

指骨长度递减

手指比例
关系

小鱼际

2

现在开始绘画。勾画手掌体积，然后确定中指的长度，从手掌来看，中指比手掌长度略短。鱼际（拇指根部）位于手掌侧下方象限。

3

现在，添加其他手指并且确保相互间比例关系准确，同时将手指分为几节，离手掌远的指节，其长度逐渐递减。画出小鱼际（小指根部体积）。

4

添加有机形态，完成逼真的手部形态素描图的绘制。

交叉轮廓线

下图是交叉轮廓线图。想象一下手部和身体其他部位的 CT 扫描切片。交叉轮廓线把这些切片形象化，显示出手部的体积轮廓。绘制手部形态的剖面线是一项趣味盎然的练习，有助于你更深入地理解手的三维特征。你可以在你的任意一幅素描作品上练习，也可以把描图纸覆盖在本章的画作上进行练习。

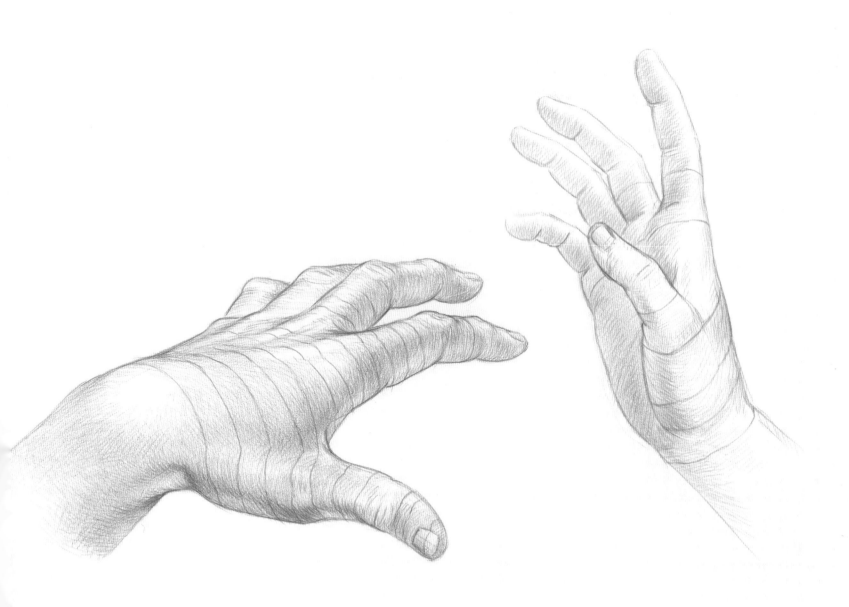

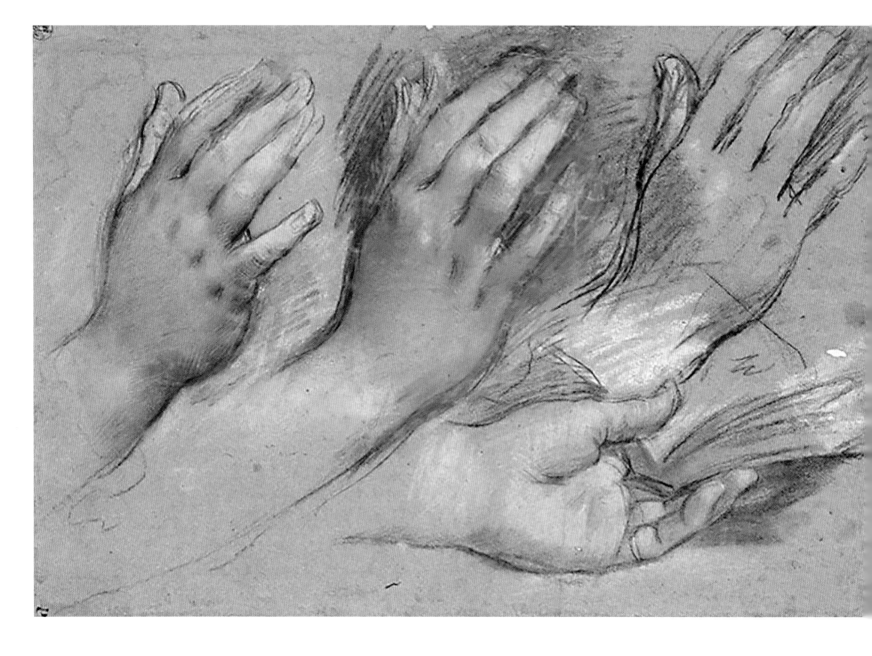

上图：费德里科·巴罗奇，《领报的圣母玛利亚之手研究》，1583—1586年，木炭/色粉笔/白色高光/蓝色纸，27.3cm×39.4cm，柏林国家博物馆-铜版画陈列馆，照片版权：柏林国家博物馆铜版画陈列馆普鲁士文化遗产基金会

一种更轻松的绘制手部的方法

如果你已经熟练掌握了这种立体化方法，就不需要再绘制这些几何图形了。对页左图显示了更轻松地绘制手的方法——但是运用这一方法仍需要掌握前文提到的比例关系及体积特征。第一阶段中的测量线，也叫"探索线"，随着绘画的进行必须擦除。记住，探索线一定要画得尽量轻浅。一旦你改变想法，浅颜色的探索线就会非常容易被擦除，然后重新画上更加准确的探索线，这样也会把视觉干扰最小化。

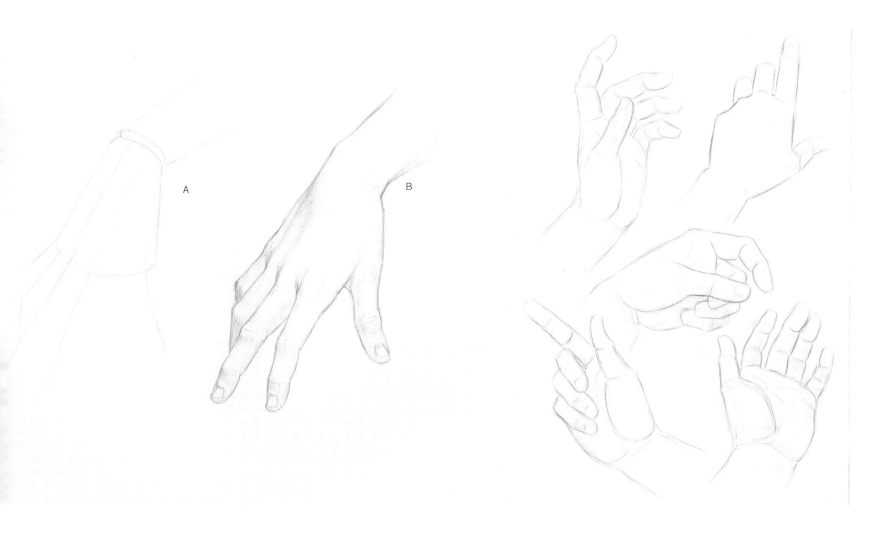

使用这种更轻松的方法，你可以更粗略地以不同层次的图式练习手部的绘制，如右图所示。在你的素描簿中迅速做几页练习——试着从中找到乐趣！你不必立刻就能画出漂亮的手。给自己一些时间练习，然后熟练掌握这种方法。

左图：迅速勾画出结构和造型

本图中用轻浅的笔触（A）先迅速勾画出了手的基本结构和造型。我称这个阶段为测量阶段或者"探索"阶段，在这个阶段中，我对绘画对象测量分析，画出简图。我画得很轻，几乎看不见线条，这样就可以在绘制有机形态时（B），将这些线条融合进图画中。

右图：素描簿中的手部研究

背页图：手的不同层次图式研究

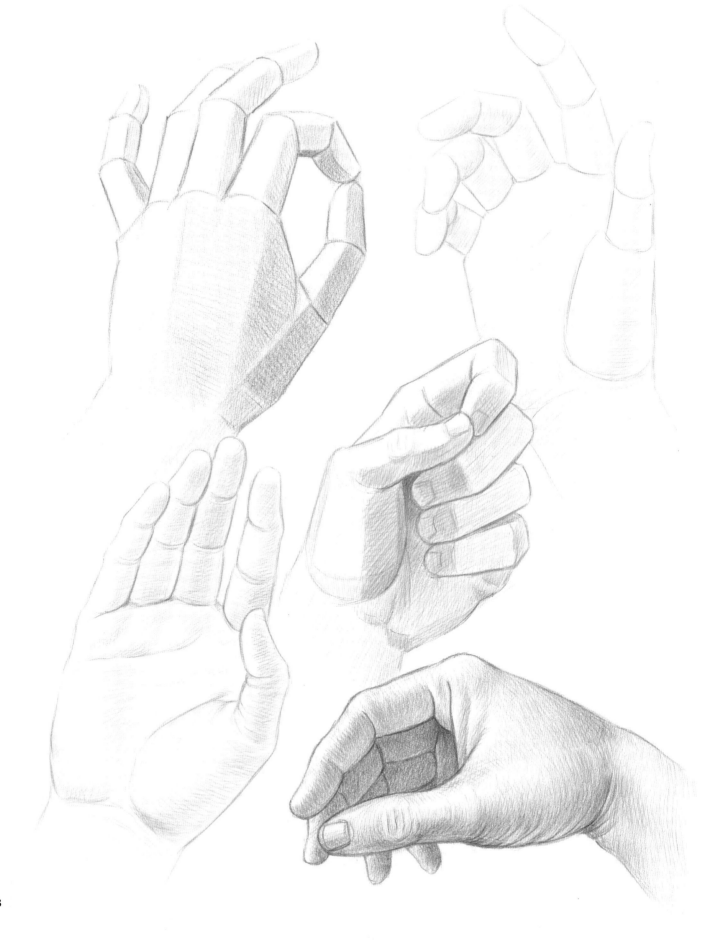

248

光照形态

你已经学习了如何分析手部以及如何合成主要体积的有机形态，这些知识对绘画的明暗色调十分有用。你必须考虑光源与绘画对象间的角度与距离：绘画对象最亮的高光部分，是光源与其最近、最垂直的位置。

不要只复制绘画对象自身的明暗对照（光与影）效果，或者仅根据从 1 ~ 10，甚至 1 ~ 200 的色阶等级来评价这种效果。这种方法只是模仿，太过被动了。相反，要考虑到绘画对象的明暗，以及它与光源的角度和距离：明暗反映了绘画对象的三维特征。换言之，就是要努力理解为什么一个特定的点就会有一个特定的亮度，也就是局部的亮度，思考它产生的原因。

光源与物体的距离，以及物体平面相对于光源的方向会影响局部的亮度。如下图所示，我们通过立体效果图更容易理解光线对手部的影响。

一定要考虑光线
角度和距离。

左图：光照在手上——体块图与明暗素描图，例1

右图：光照在手上——体块图与明暗素描图，例2

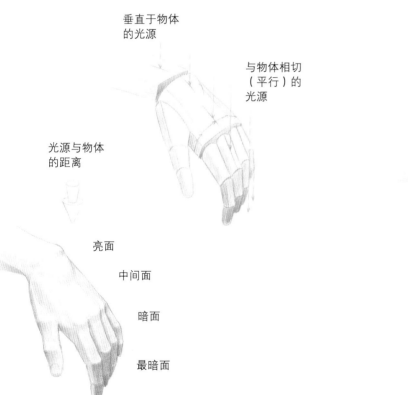

垂直于物体
的光源

与物体相切
（平行）的
光源

光源与物体
的距离

亮面

中间面

暗面

最暗面

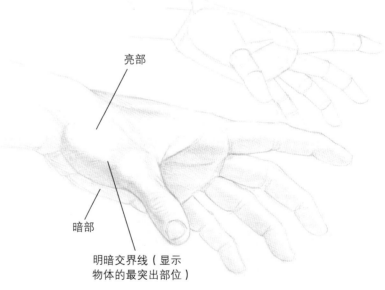

亮部

暗部

明暗交界线（显示
物体的最突出部位）

运用光线的当代大师

　　海莉·曼琼是一位才华横溢、多产的艺术家。在《照明》这幅彩色铅笔和色粉笔作品的局部细节图中，她对物体上的光线的把握游刃有余。图中优雅的手部造型显示了精确的解剖结构。

下图：海莉·曼琼，《照明》的细节图，2019年，彩色铅笔/粉笔，20.32cm×20.32cm，艺术家提供

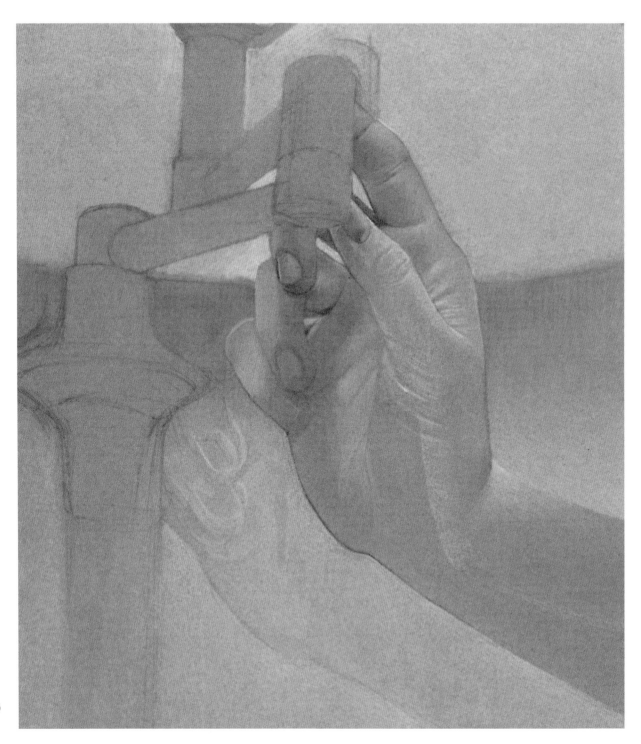

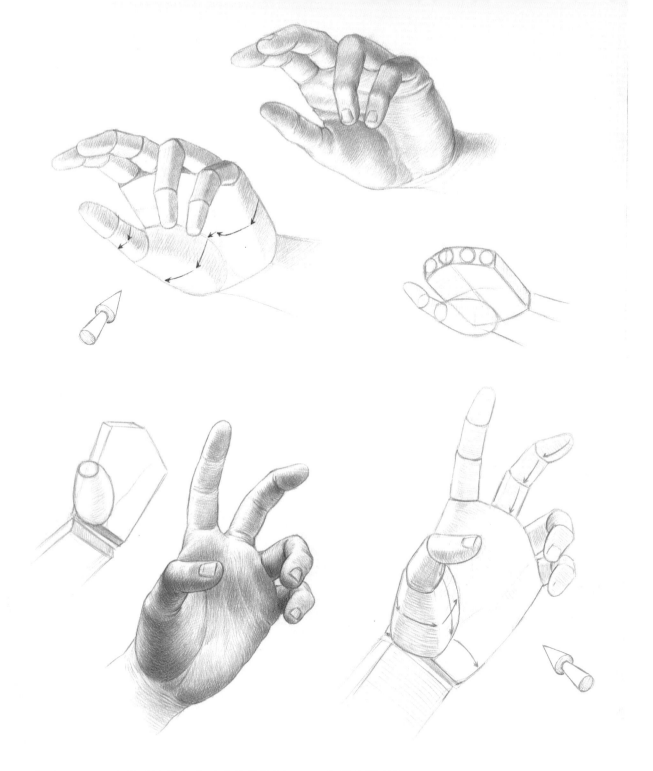

本页图展示了光线对物体产生影响的其他例子。正如前文提到的，物体上最亮的高光部分会出现在与光源最近、最垂直的位置。相反，如果物体离光源较远，或者逐渐偏离与光源的垂直位置时，亮度则会减弱。图中箭头通过平面方向和亮度的相应变化揭示了它们之间的这种联系。

上图：光照在手上——体块图和明暗素描图，例3

下图：光照在手上——体块图和明暗素描图，例4

练习绘制手的不同造型。先从临摹本章示例图开始，然后运用之前讨论过的方法绘制真实的手。你可以使用镜子，从各种角度观察自己的手，如果是很难坚持很长时间的手部造型，也可以拍摄成照片或者其他人的手。

上图：拇指和小指对掌——体块图

首先绘制手的基本体积（左图）；在手掌平面下角添加梨形的鱼际体积。然后开始移动拇指，使其向手掌中心旋转（中图）；同时，小指和无名指开始向拇指靠近。最后，拇指和小指相互触碰（右图）。显然，把手指绘制成透明状态，很容易地解决了物体重叠问题。

下图：拇指和小指对掌——从线描到明暗素描

现在试着用与步骤图同样的顺序，绘制真实的手。参照你自己的手，只使用必要的线条或者"探索"线（左图），开始轻轻地绘制。将有机形态叠加到基础图上。当你画完手的结构后，就可以添加明暗了。

手的动态造型

现在，我们来研究下手和手指的各种动作。下图只聚焦了一个简单运动：拇指和小指相对。你可以模仿图中的步骤，尝试通过记忆和想象进行练习。

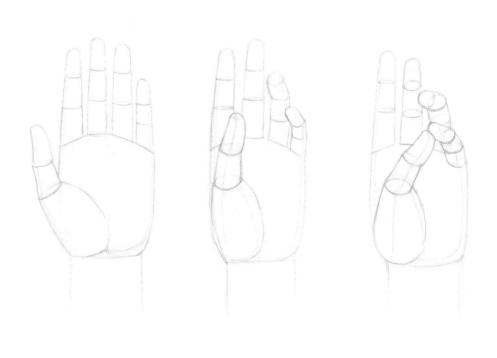

线描　　　　　　　　平面限定　　　　　　　　添加明暗

光线与物体

模仿下列步骤，练习光线对物体的影响。

1

手的线描图——你可以使用图中的手作为这个系列图的原型。

2

首先填充手掌的基本体积以及拇指根部。

3

现在添加手指体积，并考虑它们是如何重叠的。

4

添加有机形态和明暗色调，完成作品。考虑光照对手的影响，然后绘制出更逼真的手的形态，最终实现令人信服的三维效果。

两 项 演 示

使用包络法绘制手

所谓的包络法可能要追溯到 19 世纪的学院，但它只是当时的艺术家学习的内容之一，艺术家还要研究解剖学。今天这种方法得以复兴，许多画室和艺术学校都会教授这种方法，但是许多艺术学校却并不教授解剖学。我猜测，这些院校也许认为艺术家学习包络法就足够了。

包络法的优势在于，你可以用它绘制人体——或者人体任何部位——通过将其简化为某些尺寸和角度，而不需要考虑其解剖特征，但这也正是这种方法的弊端所在：我们往往会忽略绘画对象的许多解剖学特征。

这样的画作可能表面光鲜，但是却并不完整。例如，懂得哪块肌肉在表面上会创造特定形态，或者骨骼结构会对浅表肌肉和外部形态造成什么影响，这将有助于捕捉人体的有机组成和功能。如果你不懂得这些，那么也很难在绘画对象身上辨识出这些形态，理解它们之间的关联。所见出于所知，而所行出于所见。因此，知愈深，见愈广，而行亦更完整、深刻。我认为，艺术家只有对解剖学和人体结构熟稔于心，才能成功地使用包络法这一技法。

关于技法

练习各种技法总是个好主意。每一种技法都是一种特定的分析方法，它要求绘画者在审视绘画对象的时候就要做到胸中有数。一种技法关注的可能是结构、色彩或色调等；另一种技法关注的可能就是人体的表现特征或者活力。比如，绘制透视缩短的姿势与伸展的姿势所采用的技法就截然不同。

我本人的研究方法，总体上基于意大利文艺复兴时期的结构解剖法，但是我也想将其与其他优秀的方法结合，如对页边注栏中的"包络法"。

254

使用单个包络线

本页三幅系列图显示了如何使用越来越精确的测量值进行绘制。

1
首先，绘制出包络线——基本界定手指所占空间的轮廓。

2
然后，逐渐绘制出更多的测量结果，添加更多细节。

3
最后，你基本完成了高水平的细节图。此时，你就可以开始进行添加明暗了。

多个包络线的使用

以下系列图中——"第一！"的手势——我不是只用一个包络线画出整个手部，而是使用多个不同大小的包络线。

1

我先画了三个包络线：一个是拳头，一个是举起的食指，另一个是前臂／手腕。这种方法让我更加关注这三个部位的比例关系，如图中箭头所示。

2

然后，在关注各部分比例关系的同时，我利用更小的包络线画出其他手指。图中包络线相互重叠，确定了手指的前后。

3

我先使用包络线勾勒出手的各部分的平面图形，然后不断改进，描绘出手的三维形态。

4

"第一！"手势的手部素描终稿。

重叠，透视缩短，运动

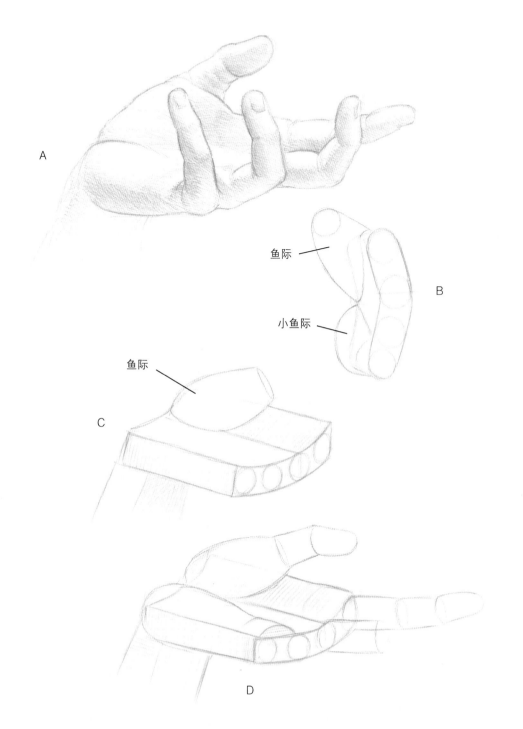

A

鱼际

B

小鱼际

鱼际

C

D

　　研究手部的形态，可以先绘制手部的基本体块，这样才能更好地理解手部的各部分间的比例关系，以及手指与手部较大体块间的重叠。花在了解绘画对象上的时间，会使你在绘画的准确性和结构的完整性方面得到回报。练习描摹本页和下页中的示例，然后画出你自己或者朋友的手。

左图：大小鱼际与手掌的关系

本页的示意图是准备图，这有助于我绘制出逼真的手部。手掌的局部图（B）对于观察大小鱼际的位置和体积大有帮助。我通过本节中的另一幅草图（C），从其他角度研究了手掌上的鱼际的位置（D）。接下来，我开始将手指连接到手的主体上，从食指开始，然后逐渐将其他手指相互重叠。通过这种方法，我绘制出体积效果更为明显的最终稿（A）。

上图：不同构图方法的使用

上图中，我尝试用三种不同的方法捕捉手的动作：绘制圆锥体（A），平面图形（B），通过圆柱绘制出手的平行六面体（C）。你呈现的细节越丰富，作品也会越复杂、更有趣。

下图：重度透视缩短的手

当绘制重度透视缩短的手部造型时，如下图所示，可绘制手各部分的透明立体图，这样的准备研究工作是大有裨益的。

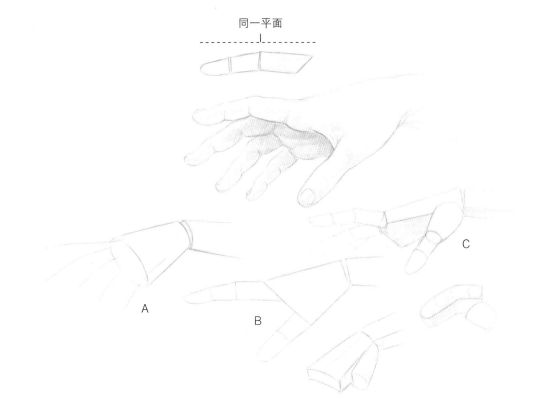

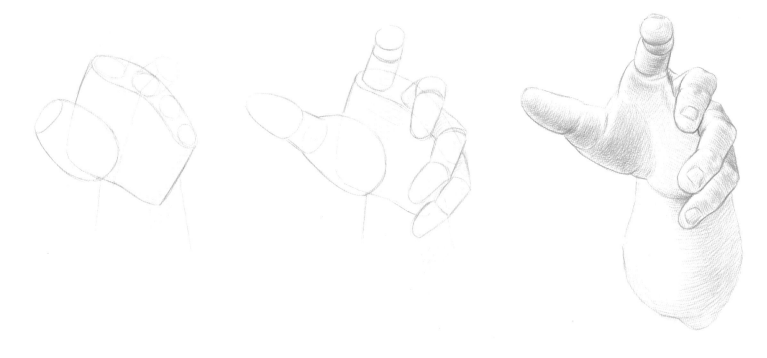

手的动作

既然我们已经深入研究了手的结构，那么理解手的运动就不难了。如果要绘制手的动作，那么就想象一下你正在移动三维模型的部件。

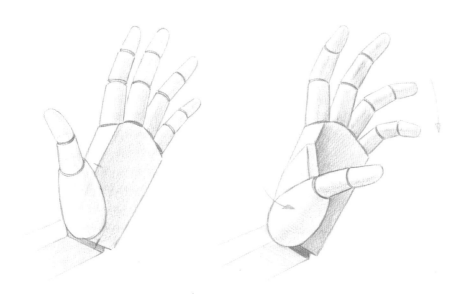

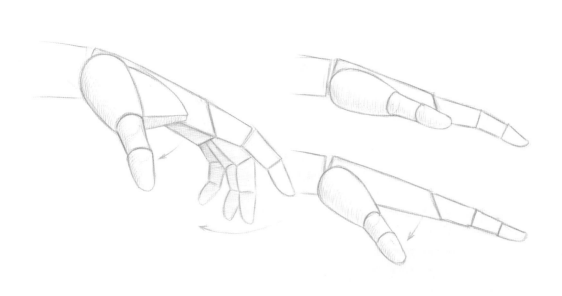

上图：手掌的外展和屈曲，例1

本页中的手指正在通过抓取的动作向前运动，拇指正以手掌根部为轴前旋。

下图：手掌的外展和屈曲，例2

本图显示了手指屈曲和拇指外展的侧视图。

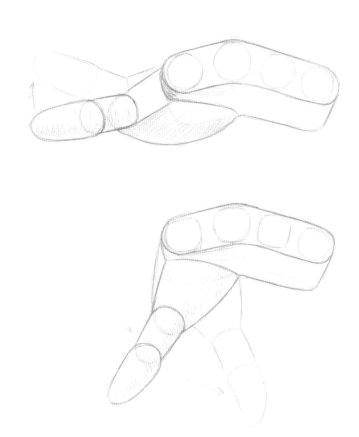

上图：拇指的收与展

本页的两幅剖面草图分别显示了以拇指根部为支点，拇指向手后运动(外展)和向掌前运动(内收)。

下图：绘制手的主要形态

本图中，我先绘制了手掌和前臂的主要形态，然后绘制鱼际，最后，添加上手指。构思食指和拇指捏在一起的动作(红色箭头)，还要考虑其他手指指尖应如何排列(蓝色箭头)。

对页图：手指运动总结概括

绘制一整页的手指运动草图是一种很好的练习方法，它有助于你更好地了解手的运动范围和表现力。

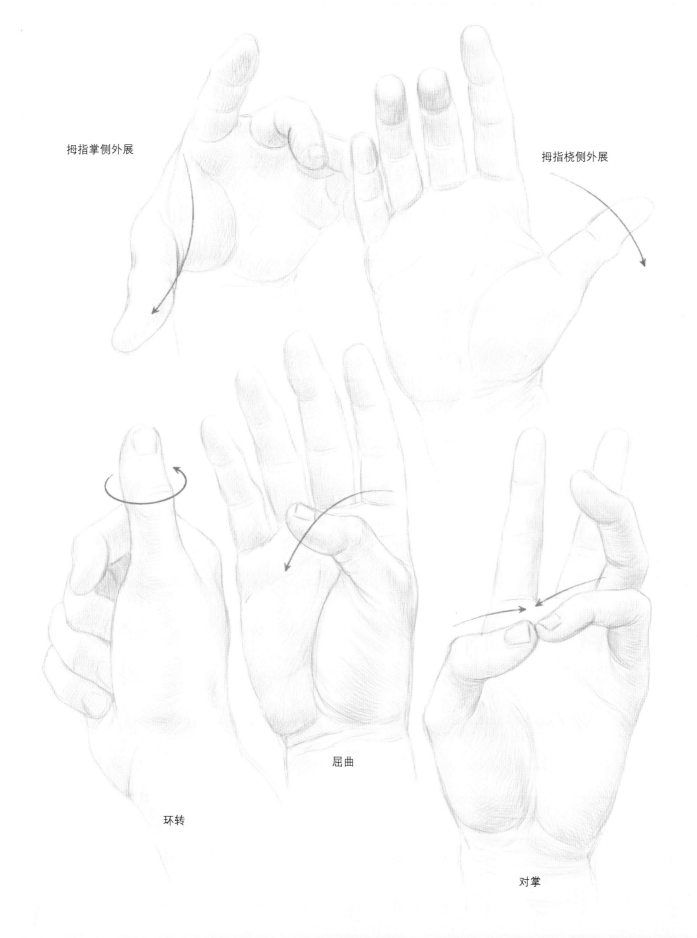

拇指掌侧外展

拇指桡侧外展

环转

屈曲

对掌

手部素描

　　绘制手部同样需要"熟能生巧"。现在，在你速写本上使用不同的构思，画出几页各种动作的手，如本页所示。可以画些速写，也可以长期作画。你可以从绘制某个姿势的手开始，通过移动手指，或者放低、举起和（或）摆动手，赋予它运动感。当绘制透视缩短的手部时，一定要考虑体块的重叠。

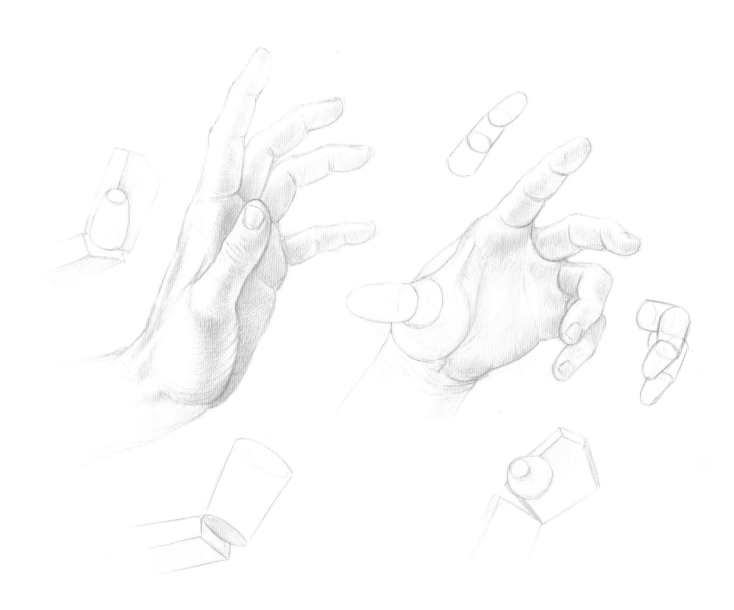

手握物体

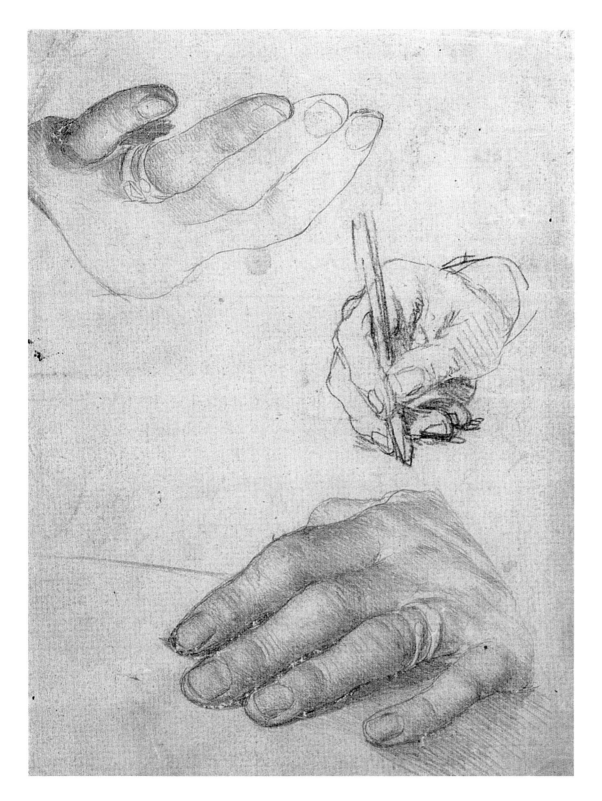

掌握了手的结构和解剖特征后，你就不难绘制出充满立体感、力量感和运动感的透视缩短的手——或者说，事实上是绘制任何一只手。下一步就是绘制握持物体或者与物体互动的手，这虽然增加了难度，但是也提升了运动感和艺术作品的表现力。你可以先描摹本节示例，然后绘制出你自己或其他人握持各种物体的手。最终，可以凭想象或者记忆创作。

左图：小汉斯·荷尔拜因，《鹿特丹伊拉斯谟左手的两项研究》；《右手书写研究》，约1523年，银尖笔/黑色蜡笔/红色粉笔/灰色纸，20.6cm×15.3cm，巴黎卢浮宫

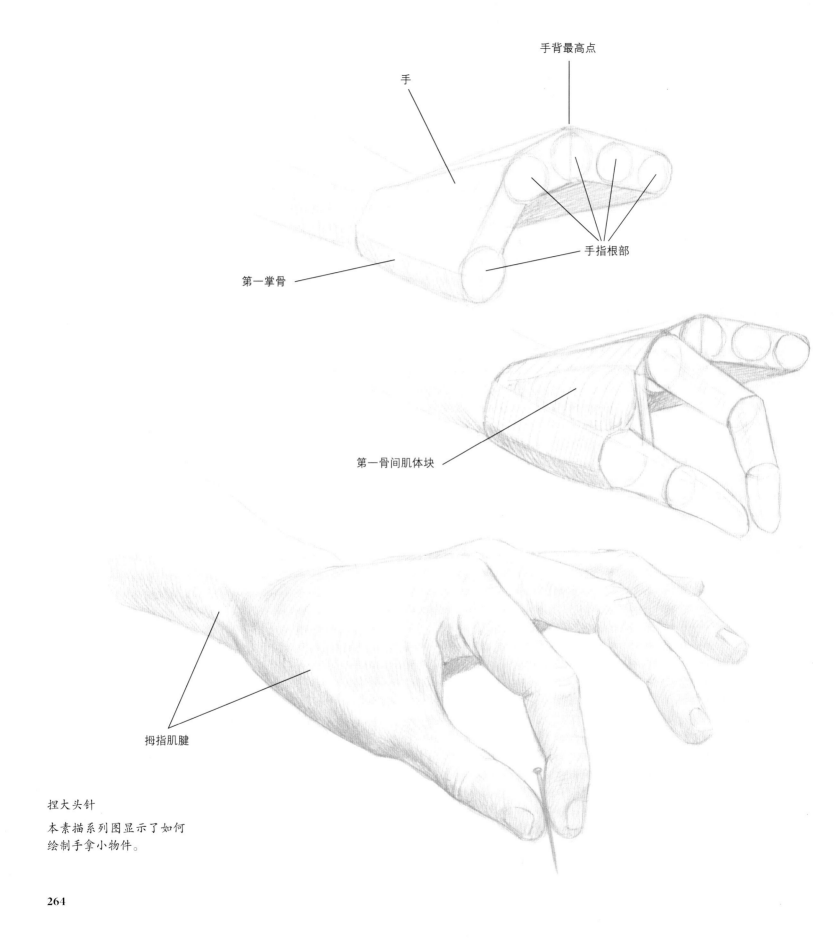

手背最高点

手

手指根部

第一掌骨

第一骨间肌体块

拇指肌腱

捏大头针

本素描系列图显示了如何
绘制手拿小物件。

264

用混合法绘制手部

　　运用混合法绘画，先要绘制一个包络线（确定主要体块），紧接着绘制立方体来表现手的形态，然后就可以进行线描和铺明暗了。

1

使用包络线绘制主要体块。

2

添加拇指体块，并且注意尺寸。

3

粗略地线描。

4

改进线描，开始添加明暗。

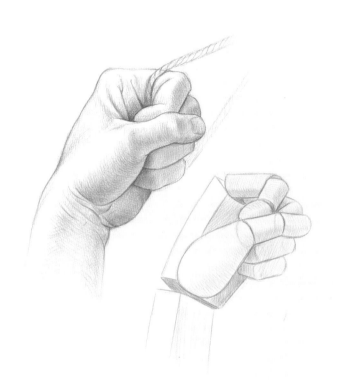

5

左侧是绘制完成的图（左图），以及立体研究图。在系列图中，可以不必绘制立体研究图，但是在对手部添加明暗前，如果要显示出光线对形体的影响，立体图十分有用。

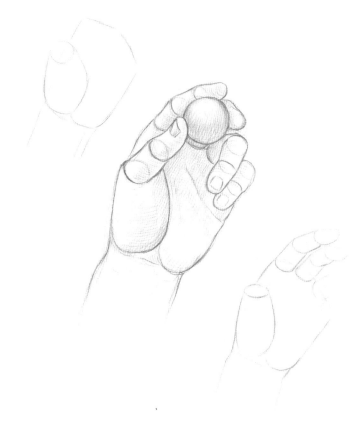

左上图：使用自动铅笔书写

本例中，体块图用于研究手的造型以及光线对手的影响。

右上图：持球

当手指遮挡大部分手掌这种情形时，要先画手掌，因为手掌是主要结构。这样也会使你更容易、更准确地将手指与手连接起来。

下图：持布

当手被物体部分遮住时，如本例中的布料，最好先绘制出整只手，然后再画上布搭在上面。

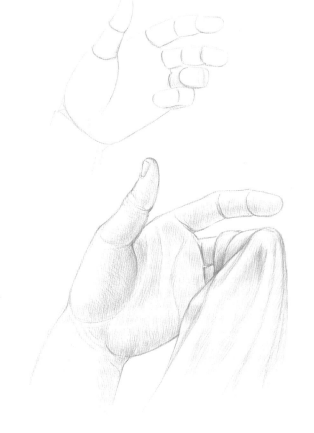

绘制流线和节律

如果你已经完全了解手部结构了，那么就可以不仅关注解剖结构的准确性，还要关注它的美感和活力方面。下面的系列图显示了不同手势形成的流线——确切地说，是两种不同的握手方式形成的流线。

双手紧握研究

我邀请了自己以前的学生伯纳德·加西亚，他耐心地配合，摆出了这个造型。你也可以请自己的朋友配合你，如果造型很难长时间保持，也可以先拍照片再临摹。

勾勒双手的轮廓

勾勒指尖轮廓，形成一个"阴阳"图案

画出手指外形

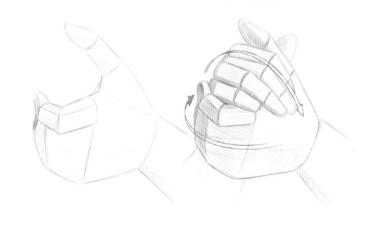

1
上图为参考图。接下来讨论解读这个双手紧握造型的两种方法。

2
在上面的小系列图中，我关注指尖轮廓形成的"阴阳"图案。

3
上图关注的是手部的结构和三维方面。这种方法更容易考虑绘画对象的体块，也更方便铺明暗，并最终形成三维感强烈的艺术作品。在绘制系列图时，我先画出了主手——你主要能看到的这只手。起初，我把它被另一只手的手指遮挡住的部分也画出来了。然后我绘制了握住这只手的另一只手。

十指交叉研究

    艺术家们总是对绘制十指交叉的手势不知所措。为了克服这种焦虑，在绘画前，你要先观察这个造型几分钟，然后推断这个造型的图案和流线，如本系列图所示。

1

本图是研究参考图。

2

你可以在本图看到十指交叉时形成的非常有趣的、蜿蜒的美学流线。

3

本图显示了从草稿到添加明暗的过程。确保最开始绘制的"探索线"要轻，这样在铺明暗时，这些线就会消失不见。

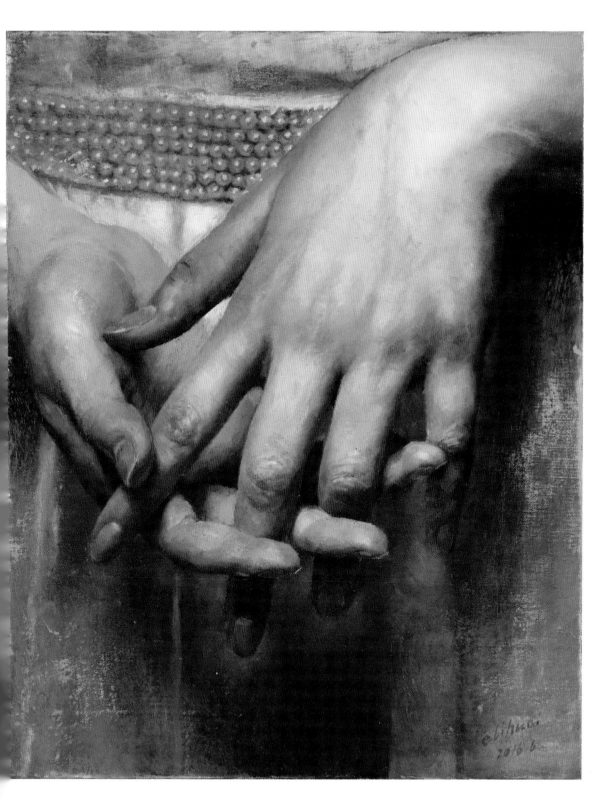

解剖形态的当代大师

何立怀是一名中国艺术家，现居北京。这幅精美的油画作品展示了手部结构，以及解剖学知识与根植于学术传统的高超绘画技巧的完美融合。

左图：何立怀，《手》，2017年，亚麻布面油画，59cm×40cm，艺术家提供

练习

根据本章材料完成下列两项练习。第二项练习总结了立体化、有机形态、光影和运动。

练习1

先绘制手的比例关系（A）；绘制出手部的主要体块，用笔要轻。然后创作一幅介于立体与写实之间的混合版本的手部图（B），这时候手的各部分仍然清晰，既不像第一步中的那么机械僵硬，也不像最后一步中的那么活灵活现（C）。

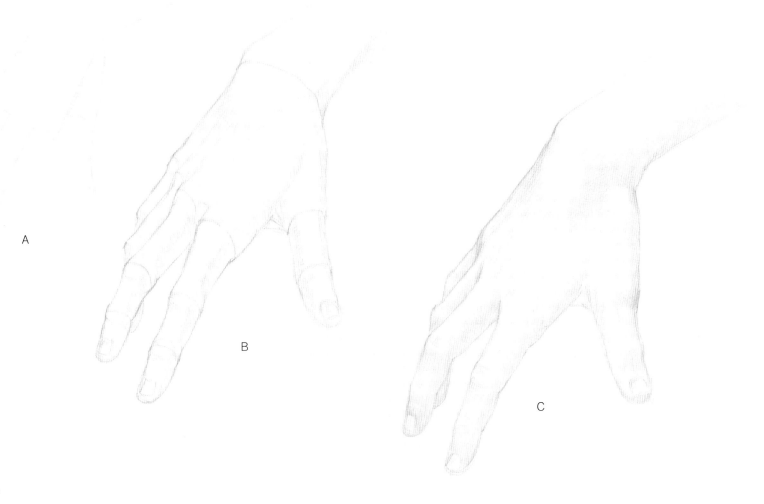

A

B

C

练习2

　　接下来，按照这个循序渐进的步骤图，练习捕捉手的结构、动态和色调。

1

你可以从左图上部的写实画开始。记住，绘制人体形态时，你一定要先"解构"观察到的现实，然后再重新构建它。这里重建的第一步是绘制体块图。

2

然后（左下图），改进手的有机形态，这正是示意图和写实图的中间过渡阶段。

3

最后（右下图），要更关注明暗对比（光影）效果以及写实效果。

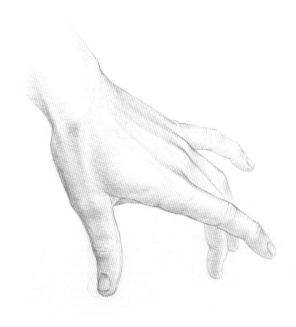

第 8 章

面部与
面部表情

希腊古典时期，对人体结构的透彻理解使艺术家们创作出更加逼真、更具表现力的人像作品。但无论是对身体的描摹，还是对面部的刻画，直到希腊化时期，作品的表现力才达到了巅峰水准，《拉奥孔群雕》和《巴贝里尼农牧神》都是其中的代表。该时期的艺术作品可能再现了希腊戏剧的特色，创造这些杰作的艺术家们赋予作品以鲜明的戏剧性，激发了人们强烈的情感。

对页图：尼科洛·德尔·阿尔加，《哀悼基督》（细节图），约1485年，赤陶，意大利圣玛丽亚德拉维塔圣殿，博洛尼亚，摄影：保罗·维拉

 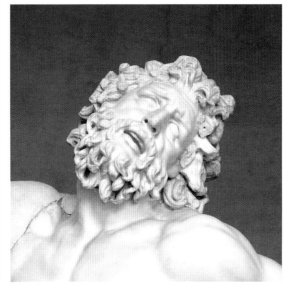 

左图：《穿披肩的少女》头部，约公元前530年，大理石，雅典卫城博物馆，摄影：马西亚斯

中图：《拉奥孔和他的儿子们》（细节图），原作创作于约公元前200年

从《穿披肩的少女》镇定、神秘的"古风式微笑"，到希腊化时期拉奥孔因身心痛苦而扭曲的脸庞，这两个形象集中展现了从古希腊古风时期到希腊化时期，在艺术准确性和表现力方面惊人的发展进步。

右图：乔托·迪·邦多纳，《无辜者的大屠杀》（细节图），选自《基督的生活场景》，约1305年，湿壁画，斯科洛文尼教堂，帕多瓦，意大利，何塞·路易斯·伯纳多·里贝罗／以知识共享许可协议 CC BY-SA 4.0. 授权

14至17世纪期间，欧洲也迎来了类似的发展阶段，这得益于人们对古典作品的重新关注，以及科学家、艺术家们对解剖学研究的再度兴起。中世纪晚期，哥特式艺术作品的特点是极富表现力、充满了自然主义的写实风格。位于帕多瓦市斯科洛文尼教堂的湿壁画就是这一风格的代表作。这些壁画是由乔托在14世纪早期绘制的，他本人也被认为是意大利文艺复兴的先驱。

本章开篇的细节图出自《哀悼基督》（约1485年），这是真人大小的赤陶群雕作品，属于晚期哥特式风格，是由艺术家尼科洛·德尔·阿尔加创造的。该作品表现的是众人将基督从十字架取下，精心照看的场景，极其精准地展示了那种悲痛、绝望与忧伤的复杂情绪，令人产生情感共鸣。

但直至文艺复兴鼎盛时期，艺术家们才开始持续且系统化地研究人物面部表情的表现方法，并将数学、几何学、解剖学以及透视法应用于艺术实践。当时的知识分子们（艺术家们也跻身其中），也得以更多地阅读由学者翻译的经典文本。

面部表现力系统研究。

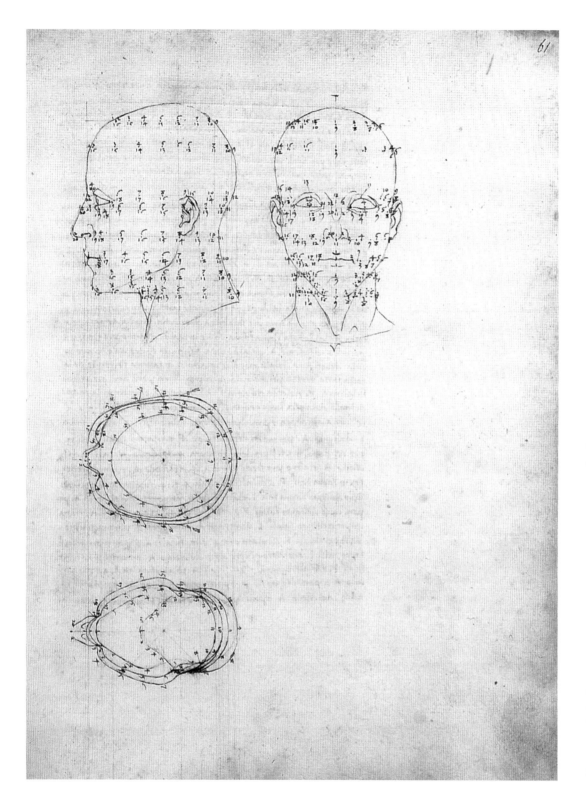

文艺复兴时期的面部

文艺复兴早期画家皮耶罗·德拉·弗朗切斯卡在研究、描绘人体形态时应用了几何学和数学知识。如左图所示，通过测量头部，建立坐标，艺术家得以用透视法绘制头部。

之后，文艺复兴时期的天才人物达·芬奇对面部表情进行了细致的解剖学研究，以便准备创作《安吉里之战》（约1505年），但是这幅壁画作品始终未能完成，如今已经遗失。达·芬奇在准备创作著名的湿壁画作品《最后的晚餐》（15世纪90年代）时，他根据佛罗伦萨街头和广场上人们的生活，绘制了很多的人物素描，以此研究人们的面部表情。继达·芬奇之后，米开朗基罗、卡拉瓦乔、贝尼尼、勒布伦、格鲁兹、哈尔斯等艺术家也创作了诸多富有表现力的艺术作品。

左图：皮耶罗·德拉·弗朗切斯卡，按透视法缩短的头部投影图，插图选自皮耶罗的《论绘画中的透视》，作于1482年前，安布罗斯图书馆，米兰

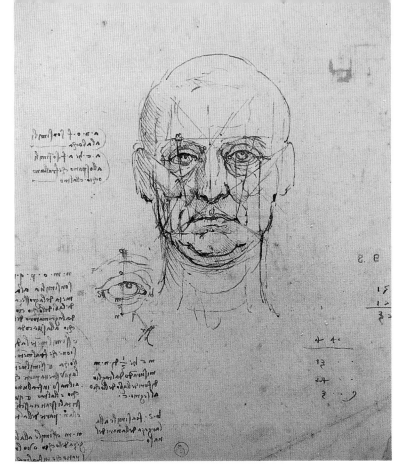

上图：列奥纳多·达·芬奇，《面部比例研究》，1489—1490年，银尖笔，19.70cm×16cm，都灵皇家图书馆，摄影：卢克·维阿托尔

下图：列奥纳多·达·芬奇，《男子侧身像及两骑者研习》，1490年和1504年，红铅粉笔/钢笔墨水/纸，27.89cm×22.28cm，威尼斯学院美术馆

如这些标注网格的面部图像所示，达·芬奇深入研究了头部的标准比例。

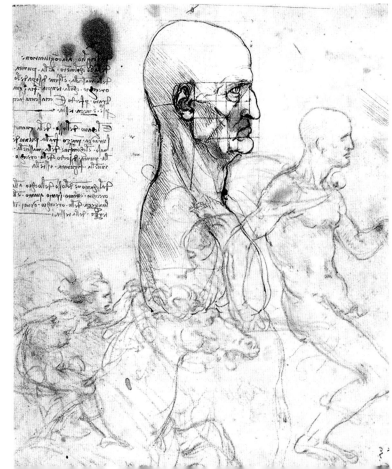

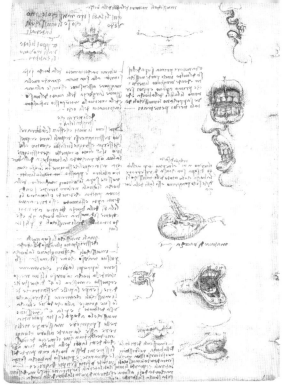

左上图：列奥纳多·达·芬奇，《口腔解剖》，约1508年，黑色粉笔/钢笔墨水，19.2cm×14.2cm，皇家收藏信托

右上图：列奥纳多·达·芬奇，《安吉里之战两个战士的草图》，约1504-1505年，黑、红色粉笔/纸，19.1cm×18.8cm，匈牙利美术博物馆，布达佩斯

下图：列奥纳多·达·芬奇，《安吉里之战战士草图》，约1504-1505年，红色粉笔/浅粉色纸，22.6cm×18.6cm，匈牙利美术博物馆，布达佩斯

如《安吉里之战》草图所示，达·芬奇在准备艺术作品创作时，系统地运用了解剖学知识，使人物形象及面部表情的刻画更加逼真，更富于表现力。

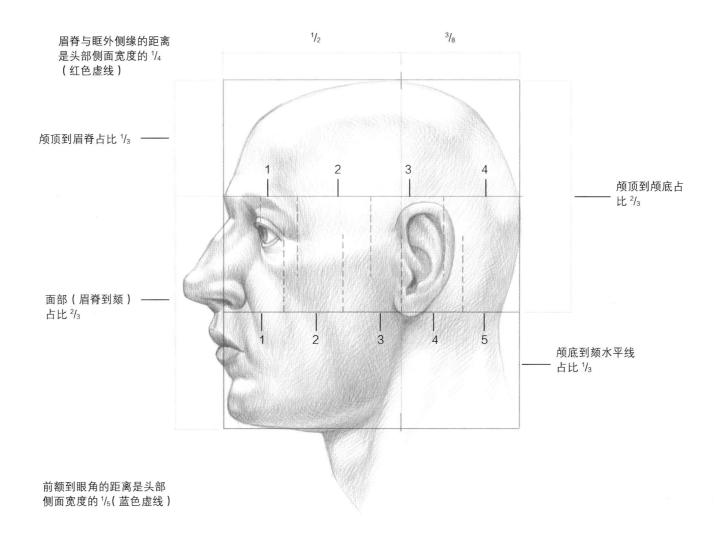

眉脊与眶外侧缘的距离是头部侧面宽度的 ¹/₄（红色虚线）

颅顶到眉脊占比 ¹/₃

面部（眉脊到颏）占比 ²/₃

¹/₂

³/₈

颅顶到颅底占比 ²/₃

颅底到颏水平线占比 ¹/₃

前额到眼角的距离是头部侧面宽度的 ¹/₅（蓝色虚线）

上图：典型的面部比例，侧视图

对页图：典型的面部比例，前视图

头部结构

现在，让我们来看一下头部的基本结构、典型比例、头部的平面以及五官的位置及特征。本节和下节的内容会帮助你练习，并更好地理解这些概念。这里的图展示了标准的头部比例关系。绘制肖像时，遵循这些比例关系有助于定位面部的主要界标。这些标准的比例可根据绘画对象的具体情况做相应调整。

278

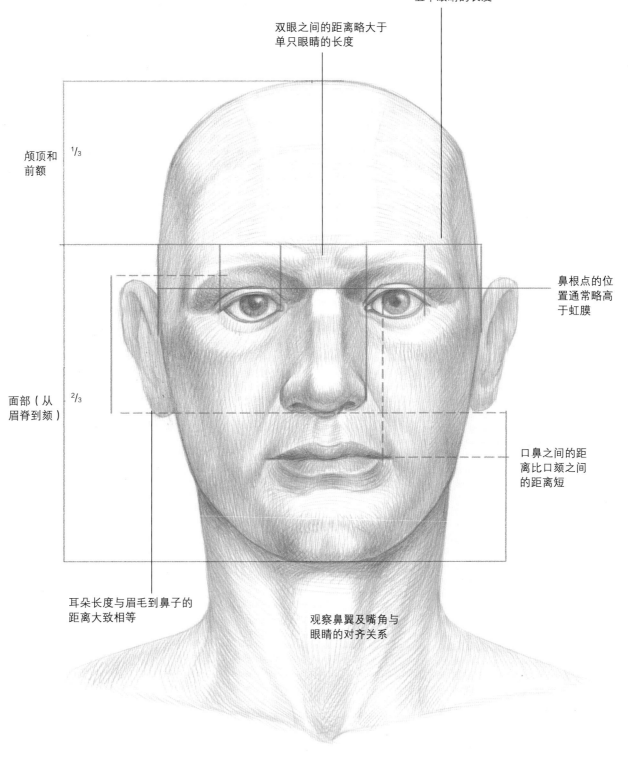

颧骨处的面部宽度约为
五个眼睛的长度

双眼之间的距离略大于
单只眼睛的长度

颅顶和
前额

$\frac{1}{3}$

鼻根点的位
置通常略高
于虹膜

面部（从
眉脊到颏）

$\frac{2}{3}$

口鼻之间的距
离比口颏之间
的距离短

耳朵长度与眉毛到鼻子的
距离大致相等

观察鼻翼及嘴角与
眼睛的对齐关系

279

头部的基本比例关系

　　下面的演示图展示了快速绘制头部的方法，即从两个主要的体积开始：颅骨（蓝线）和面部，或面具部分（红色部分）。确定好这两部分的体积后，就可以定位口鼻之后再定位其他五官。

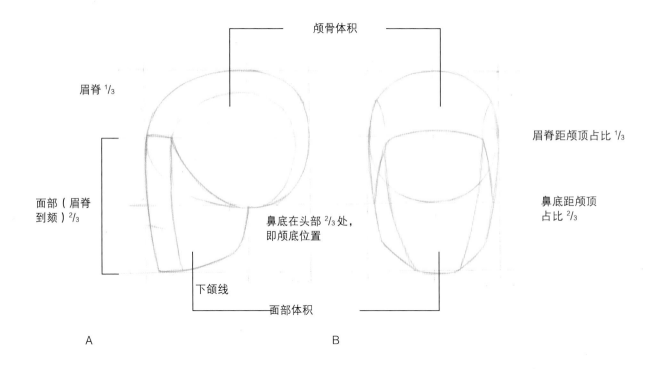

颅骨体积

眉脊 $^1/_3$

面部（眉脊
到颏）$^2/_3$

鼻底在头部 $^2/_3$ 处，
即颅底位置

下颌线

面部体积

A

眉脊距颅顶占比 $^1/_3$

鼻底距颅顶
占比 $^2/_3$

B

1

首先，从大体积画起：按照如图所示比例画颅骨部分（蓝线）和面罩（红线）。从侧面看（A）颅骨呈卵形；从正面看（B）近似球形。面部可合成为面具形状。面部高度占整个头部高度的 $^2/_3$。从侧面看，面部宽度（红色面具）略宽于头部宽度的一半（蓝色卵形）。如侧视图所示，鼻底与颅底处于同一水平线。从正面看，头部的宽度通常介于其高度的 $^2/_3 \sim ^3/_4$ 之间。在此示意图中，我采用的是 $^2/_3$ 这一比例（正视图）。

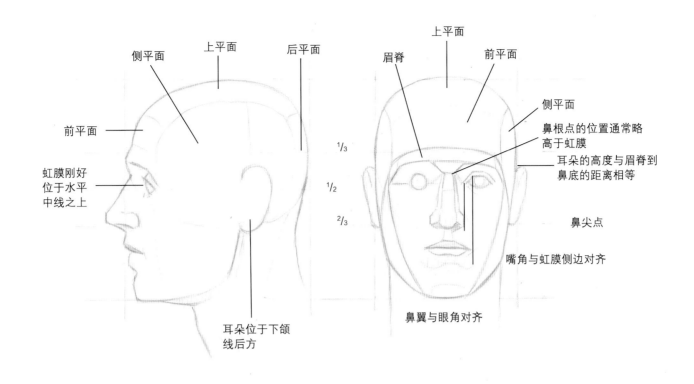

側平面　上平面　后平面

眉脊　上平面　前平面

前平面

側平面

鼻根点的位置通常略高于虹膜

虹膜刚好位于水平中线之上

耳朵的高度与眉脊到鼻底的距离相等

鼻尖点

1/3

1/2

2/3

嘴角与虹膜侧边对齐

耳朵位于下颌线后方

鼻翼与眼角对齐

2

接下来，添加五官。眉脊，起始于头部上方的 1/3 处，是面部上方的界线。鼻背，起点略低于眉脊，止于头部下方 1/3 处。下颌线与耳朵成一直线，重心线位于二者之间。口介于鼻底和下颌之间，但是更靠近鼻底；耳朵的长度相当于眉脊到鼻底的距离。

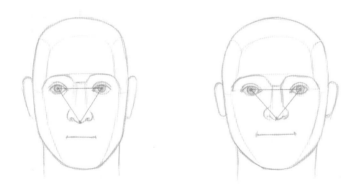

3

画面部时，首先要关注绘画对象的基本比例特征：头部是偏圆还是偏长？鼻子是长还是短？把眼睛和鼻子连接起来，形成一个三角形，这样就能清楚看到两眼之间的距离以及眼睛与鼻子之间的距离。一般而言，比起有机形态，几何图形或直线更易于我们理解人体的测量数据。

面部的组成部分

以下两幅示意简图可以帮助你熟悉面部的不同部位，了解基础的解剖学术语。

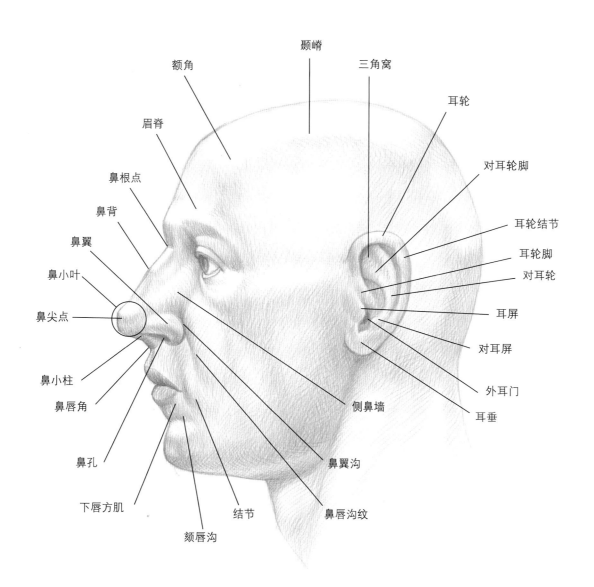

颞嵴

额角

三角窝

眉脊

耳轮

鼻根点

对耳轮脚

鼻背

耳轮结节

鼻翼

耳轮脚

鼻小叶

对耳轮

鼻尖点

耳屏

鼻小柱

对耳屏

鼻唇角

外耳门

鼻孔

耳垂

下唇方肌

侧鼻墙

结节

鼻翼沟

颏唇沟

鼻唇沟纹

上图：面部侧视图

对页图：面部前视图

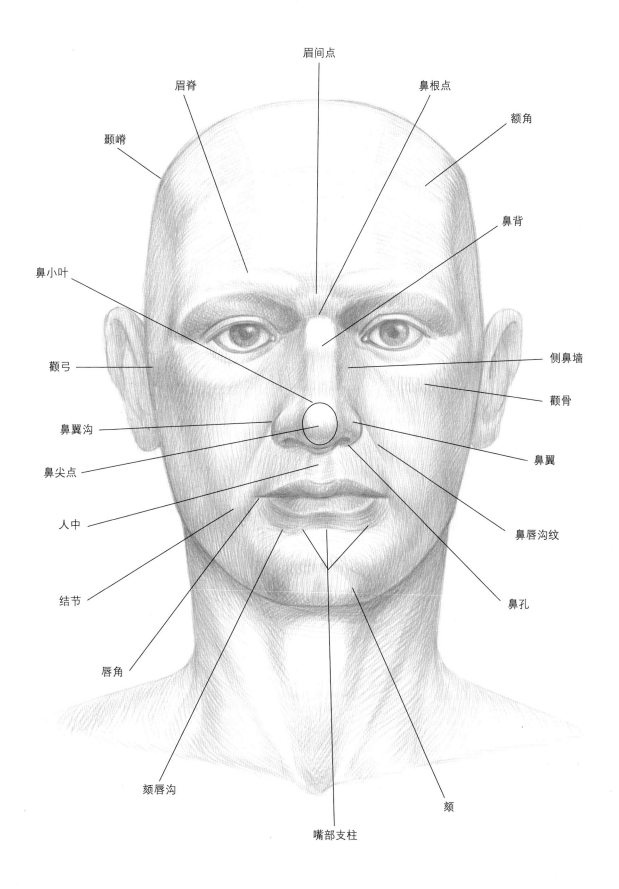

眉间点

眉脊

鼻根点

颞嵴

额角

鼻背

鼻小叶

侧鼻墙

颧弓

颧骨

鼻翼沟

鼻翼

鼻尖点

人中

鼻唇沟纹

结节

鼻孔

唇角

颏唇沟

颏

嘴部支柱

头部平面

　　我选用了弗兰克的肖像作为本部分的
演示图。弗兰克是位非常出色的模特，我
与他经常合作。该演示图旨在帮助你识别
头部平面，并对其三维特征有深入的了解。
头部背面或后部平面不在此讨论。

1

这幅已完成的弗兰克肖像画
可作为参考图。你可以选用
任何一种形式头部图像、绘
画或照片进行练习。先把描
图纸覆到图上。

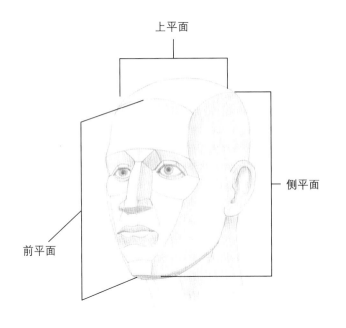

上平面

侧平面

前平面

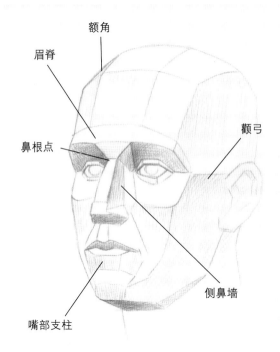

额角

眉脊

鼻根点

颧弓

侧鼻墙

嘴部支柱

2

首先，如图所示，找到主要的平面。你可以加些阴影以便突显这些平面。

3

在描图纸上逐步绘制，将主要平面切分为更小的平面。

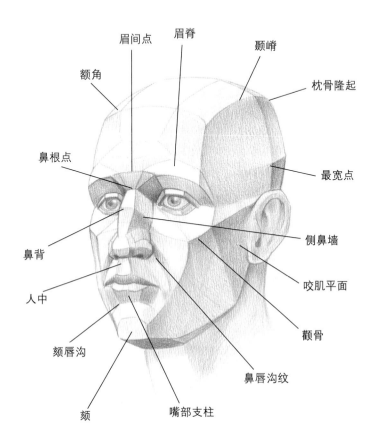

眉间点

眉脊

颞嵴

枕骨隆起

额角

最宽点

鼻根点

侧鼻墙

鼻背

咬肌平面

人中

颧骨

颏唇沟

鼻唇沟纹

颏

嘴部支柱

4

你绘制的平面越多，创作的肖像画也就会越逼真。

颅骨平面

你可以使用前几页演示图中提到的方法绘制颅骨平面。首先，临摹一张写生或照片中的颅骨，然后将描图纸铺在图上，画出主要的平面。你可以像绘制头部平面那样，不断寻找更多的颅骨平面。

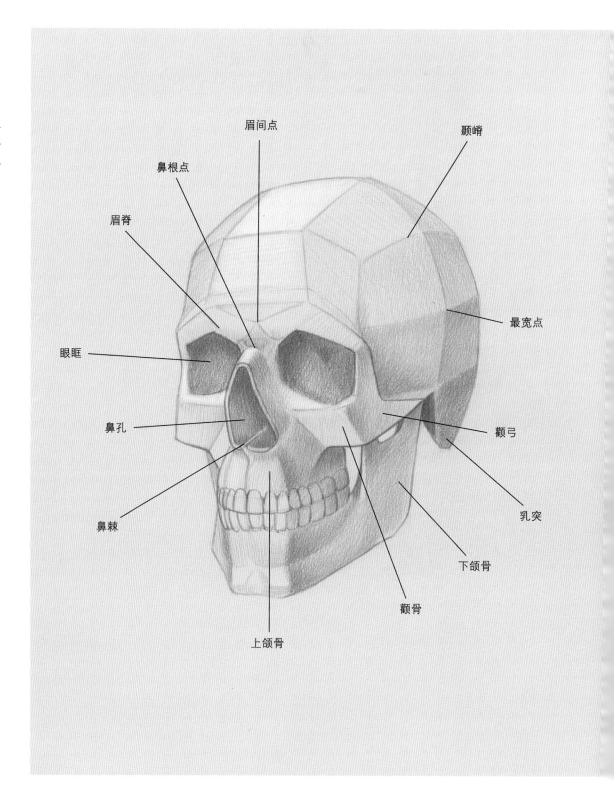

眉间点

颞嵴

鼻根点

眉脊

最宽点

眼眶

鼻孔

颧弓

鼻棘

乳突

下颌骨

颧骨

上颌骨

五官

本节描述五官的结构及解剖学特征，并介绍基本的术语。五官在面部表情中的作用将在本章后半部分探讨。

眼睛

"眼睛是心灵的窗户"是句家喻户晓的习语。关于这句话的出处有很多种说法——《圣经》、列奥纳多·达·芬奇，还有莎士比亚等。和与这句话类似的表达也层出不穷，但含义基本一致：在很大程度上，眼睛能展现个人的情感、感受和意图。正是由于这种非凡的表现力，在素描或绘画时，眼睛尤其难以捕捉。此处的图像展现了眼部一些基本的解剖学及结构特征。

眼睛是心灵的窗户。

左图：列奥纳多·达·芬奇，疑为其自画像（细节图），约1512年，红色粉笔/纸，33.29cm×21.28cm，都灵皇家图书馆

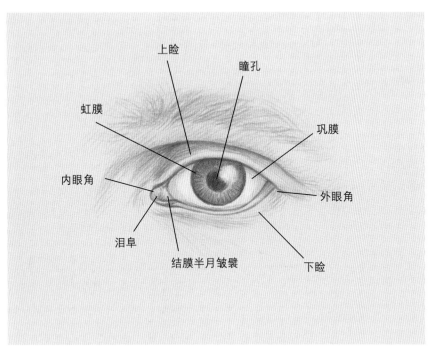

上睑
瞳孔
虹膜
巩膜
内眼角
外眼角
泪阜
结膜半月皱襞
下睑

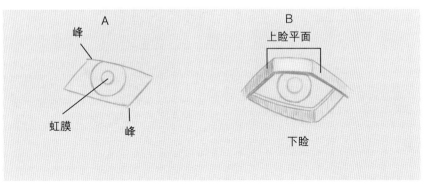

A
峰
虹膜
峰

B
上睑平面
下睑

左上图：眼睛的外部结构

左下图：眼睛的结构分析

眼睑不是对称的，无论是眼睑自身，还是眼睑之间。上睑的内眼角比外眼角短、弧度较小，而外眼角较长、也更平缓。下睑与上睑的情况恰恰相反（A）。三维效果图（B）将上睑分为三部分，下睑分为两个部分。由于空间方向不同，这几个部分的色调也不同。

右上图：半侧面，眼睛外部结构简图

该图更全面地展现了眼睛周围的平面：眉脊、眼睑、眼睛的弧度以及颧骨上缘。这幅更细致的结构分析图显示了眼睑的各个部分是如何环绕在眼球周围，从而产生特定的平面。在处理人物的面部色调时，你需要考虑这些平面。

右下图：三步画出眼睛

画眼睑时，想想眼睑是如何包裹住眼球的球体体积的。

眼球一般在眼眶上下缘
的连线后边

眼眶上缘

鼻根点 ————————— ---- 虹膜通常略低于鼻根点

眼眶下缘

上图：列奥纳多·达·芬奇，《少女头像素描》（细节图），约1483年，银尖笔/白色高光笔/纸，原尺寸图18.10cm×15.90cm，都灵皇家图书馆

列奥纳多的小幅素描作品富于美感，说明了理解人体各部分基本结构的重要性。他只用寥寥数笔，就描绘了生动传神、栩栩如生的眼睛。

下图：如图中连接两个眶缘的蓝线所示，通常情况下，眼睛位于上下眶缘的后方。欧洲人后裔的虹膜低于鼻根点。而对于其他种族，鼻根点相对于虹膜的位置不尽相同，所以要关注绘画对象的具体容貌特征，以便确定鼻子的起始位置。

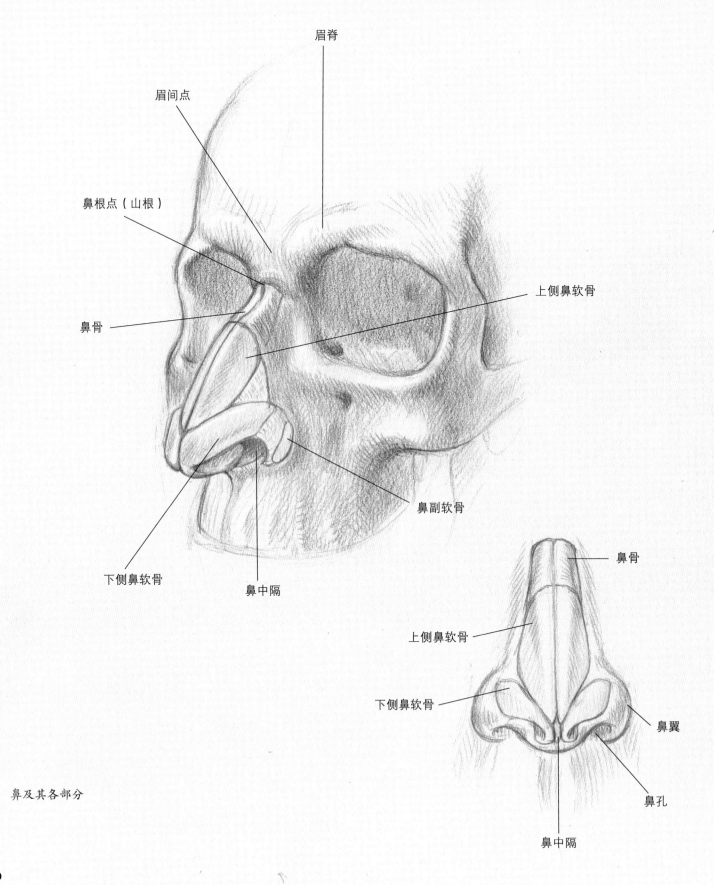

眉脊

眉间点

鼻根点（山根）

鼻骨

上侧鼻软骨

鼻副软骨

下侧鼻软骨

鼻中隔

鼻骨

上侧鼻软骨

下侧鼻软骨

鼻翼

鼻孔

鼻中隔

鼻及其各部分

鼻

鼻子的大小和形状千差万别。列奥纳多·达·芬奇观察了他的佛罗伦萨同胞们的鼻子，并对其进行了"分类"：驼峰鼻、小驼峰鼻、尖鼻、圆鼻、歪鼻、直鼻等，以此对鼻子类型进行系统化研究。

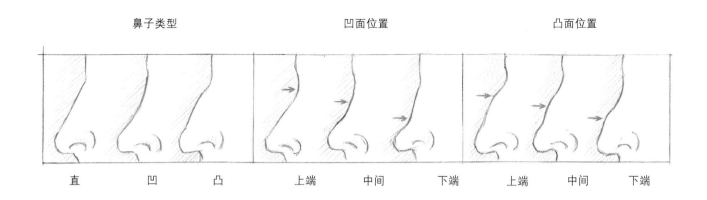

鼻子类型			凹面位置			凸面位置		
直	凹	凸	上端	中间	下端	上端	中间	下端

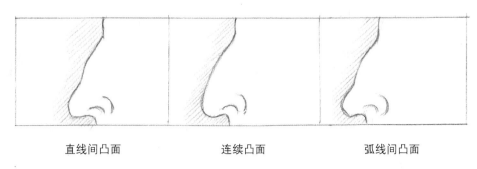

其他凸面变体

直线间凸面　　　　　连续凸面　　　　　弧线间凸面

上图：达·芬奇绘制的鼻子

达·芬奇的原手稿已遗失，该画作是我对其复本的临摹。这些素描展现了达·芬奇条理清晰的分析与分类。

嘴闪现的动作，
即可显露情感。

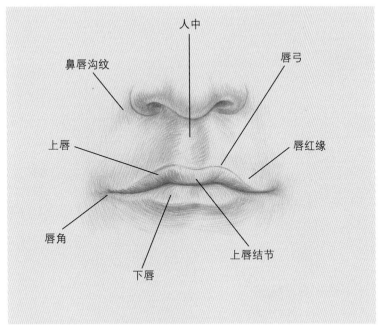

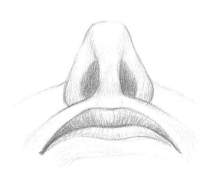

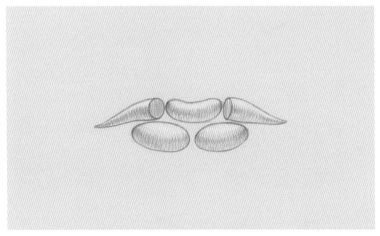

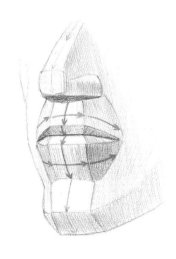

左上图：嘴及其各部分

左下图：嘴的体积

嘴唇的粉色部分可看作由五部分组成：上唇的中间部分是形似豌豆的上唇结节，两侧的"牛角"略微向下向后方；下唇形状类似两块果冻豆。将唇部（或身体的任何其他部位）想象成一组几何体，这样你就能够把它们绘制得更准确、更立体了。

右上图：嘴唇的弧度，从下方观察

右下图：嘴的平面及（红）色调素描图

要始终牢记，平面的变化会引起色调与明暗度的改变。

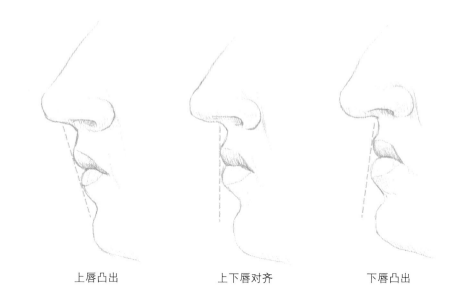

上唇凸出　　　　　　　上下唇对齐　　　　　　　下唇凸出

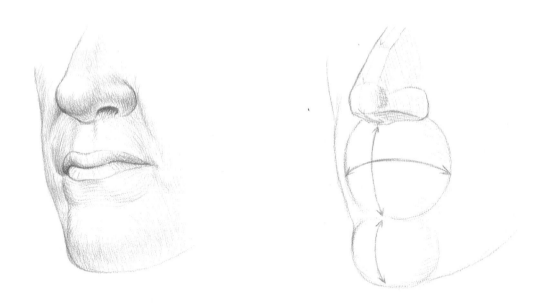

嘴唇"包裹"在牙齿的弧形轮廓上，因此，嘴前部比唇角更突出。从垂直方向上看，上唇略朝上，下唇略朝下。这样的分析有助于嘴部平面的视觉化呈现——这是给画作着色的重要前提。

上图：嘴的侧面图

绘制侧面像时，注意上下唇的对齐关系，这是明显的容貌特征。

下图：嘴唇的弧度，四分之三侧脸，前视图

耳

　　耳朵可以是可爱的、有趣的，也可以是丑陋的，但是几乎不会有人说耳朵是富有表现力的。由于耳肌退化较为严重，所以我们的耳朵几乎不会动。但是耳朵的形状很复杂，如果耳朵画得很糟糕，那很有可能毁掉原本会很精美的艺术作品。

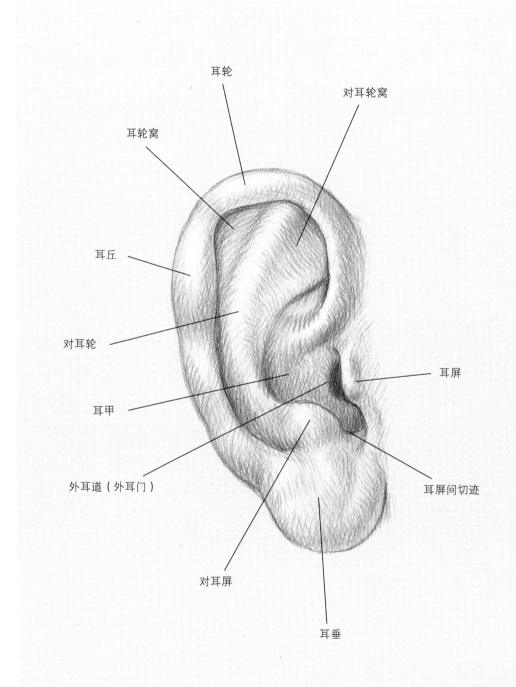

右图：耳朵及其各部分

耳轮

对耳轮窝

耳轮窝

耳丘

对耳轮

耳屏

耳甲

外耳道（外耳门）

耳屏间切迹

对耳屏

耳垂

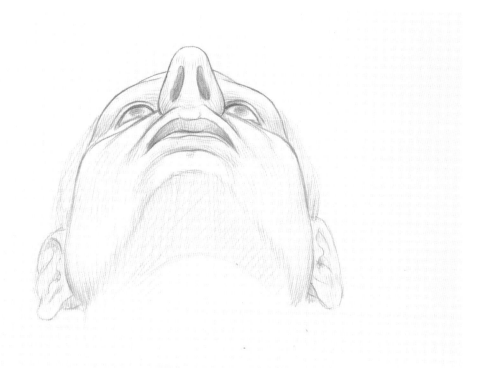

面部弧线

    图为从下方观察到的面部，图中展现了很多面部弧线，以及前额、鼻子、对齐的双眼、颧骨、嘴唇和颏部等各自独特的半径。绘画时考虑到这些面部结构，你会达到更好的体积效果，绘制出更准确的渲染图。

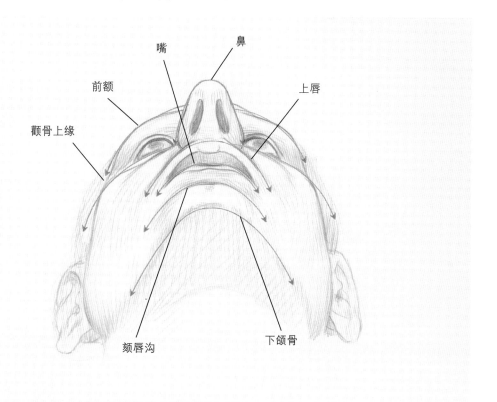

嘴　　鼻

前额　　上唇

颧骨上缘

颏唇沟　　下颌骨

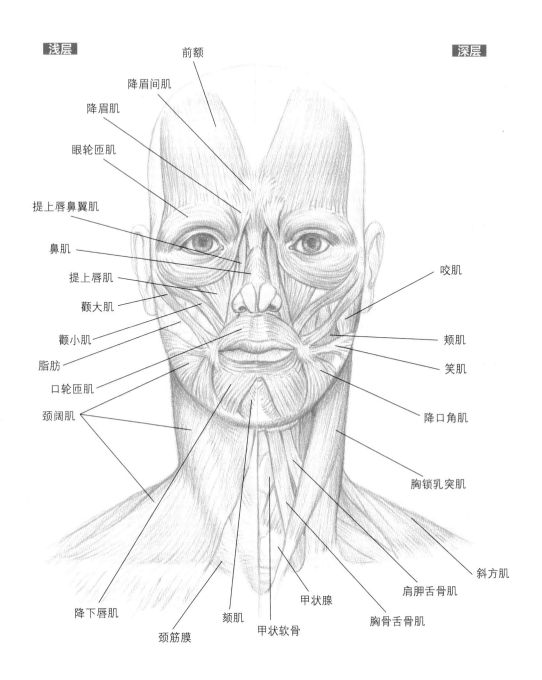

　前额　

降眉间肌

降眉肌

眼轮匝肌

提上唇鼻翼肌

鼻肌

提上唇肌

颧大肌

颧小肌

脂肪

口轮匝肌

颈阔肌

降下唇肌

颈筋膜

颏肌

甲状软骨

甲状腺

胸骨舌骨肌

肩胛舌骨肌

斜方肌

胸锁乳突肌

降口角肌

笑肌

颊肌

咬肌

上图：面部肌肉——两层

该图展现了两层面部肌肉：左侧是最浅层，包括颈阔肌以及填充面颊并隐藏部分深层肌肉的脂肪。在图的右侧，颈阔肌被移除，以便展现下层肌肉。

面部肌肉

为了更好理解面部表情，你需要熟悉做出面部表情的肌肉。此处的图描绘了面部肌肉的层次。

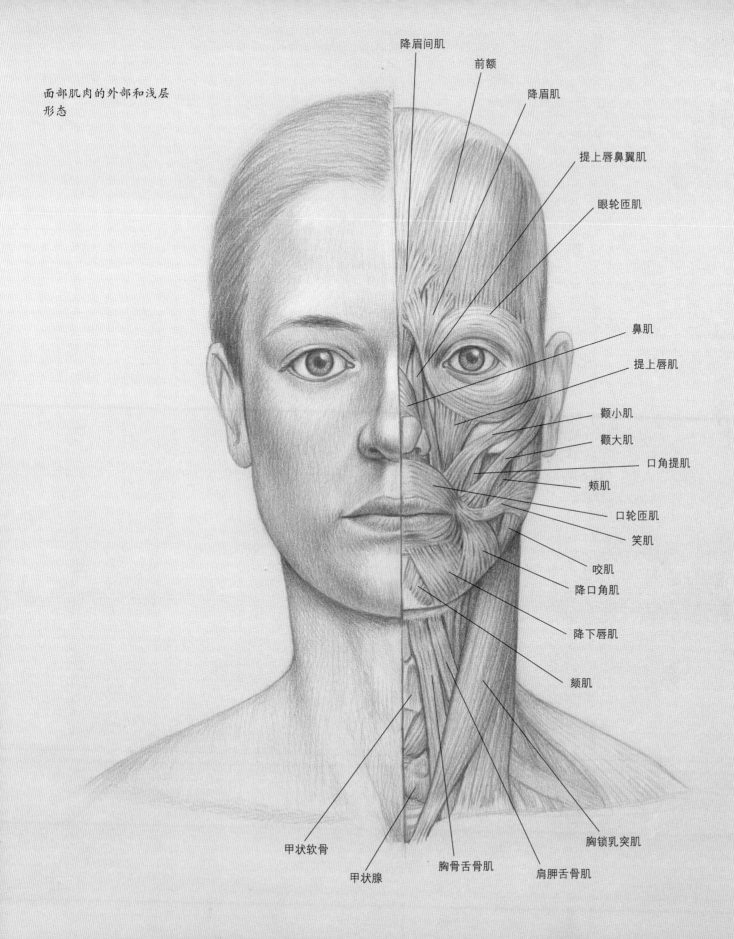

降眉间肌

前额

降眉肌

提上唇鼻翼肌

眼轮匝肌

鼻肌

提上唇肌

颧小肌

颧大肌

口角提肌

颊肌

口轮匝肌

笑肌

咬肌

降口角肌

降下唇肌

颏肌

胸锁乳突肌

面部肌肉的外部和浅层
形态

甲状软骨

甲状腺

胸骨舌骨肌

肩胛舌骨肌

297

面部表情

　　作为社会性动物，我们用面部表情传达各种各样的情绪、感受、意图与多层含义。例如，我们可以表达真情实感，也可以伪装；我们可以表现出内心的快乐，也可以假装快乐；有时候或悲或喜，也可以暗含讥讽。下面我将详细介绍头部的组成部分、面部比例、五官以及面部肌肉，以便大家可以更轻松地把握复杂的面部表情。

眼睛的表情

　　即使是眼睛和眼睑难以觉察的小动作，也能透露丰富的思想或情感。例如，有多少次你看到谈话对象的眼睑略微下沉，或许只有一毫秒——表明他对谈话感到厌倦，而你却认为谈话的内容妙趣横生，引人入胜！

　　如下图所示，眼睑的细微变化，可以带来面部表情的明显差异。

左图：居斯塔夫·库尔贝，《绝望的男人》，1843－1845年，布面油画，45cm×54cm，私人收藏

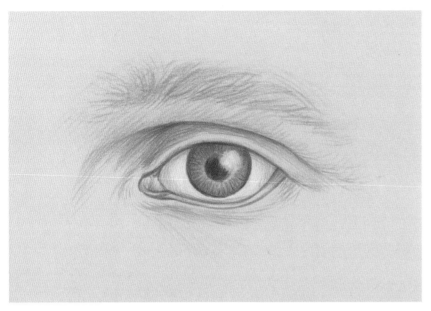

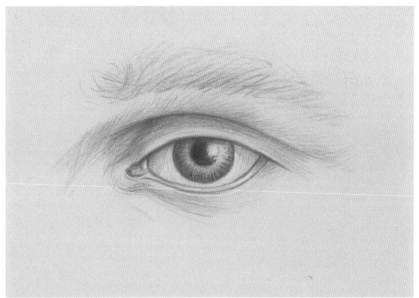

左上图：正常、放松的表情

虹膜几乎未被上眼睑遮盖，虹膜上方的巩膜几乎不可见。

左下图：警觉

警觉时，眼睑抬起，可以看到虹膜上、下方的巩膜。

右上图：疲惫或厌烦

当虹膜被眼睑遮盖一小部分时，眼睛传递出疲惫、厌烦或困倦的神态。

右下图："斜视"的眼睛

眼睛"斜视"时，下眼睑遮盖住虹膜的下缘，可能伴随着微笑——但也可能表达厌恶甚至是愤怒的情感。

A

额肌提起前额的皮肤（也附带提起眼睑），
产生警觉的表情

B

眼轮匝肌的向心纤维可以完成紧闭双眼
的动作

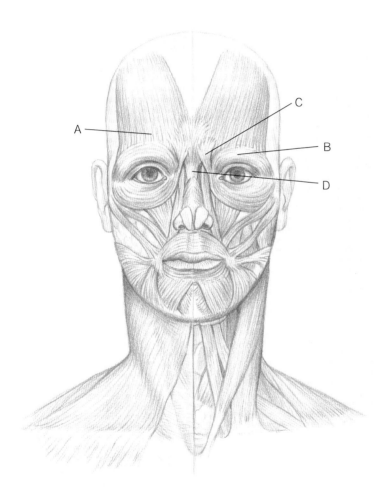

A

C

B

D

C-D

降眉间肌和降眉肌可以表现沮丧或愤怒
的情感

D

降眉肌使眉毛下降，形成严肃、失望或
沮丧的神情

眼周肌肉动作及影响

眼周肌肉——眼轮匝肌、前额、降眉间肌以及降眉
肌——参与形成了本页图示的表情。深层的皱眉肌
也参与形成了其中某些表情，将在后续讨论。

嘴部表情

比起眼部运动，嘴部的运动需要调动更多的肌肉。下几页中的图画展示了单一肌肉对嘴巴造成的影响。

左图：阿德里安·布劳威尔，《苦涩的一饮》，约 1636-1638年，油画/橡木板，47.4cm×35.5cm，德国施泰德博物馆，法兰克福

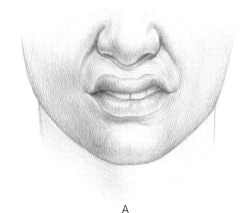

A

表达讨厌或蔑视时，提上唇肌提起上唇

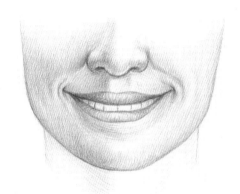

B

微笑时，颧大肌张开双唇

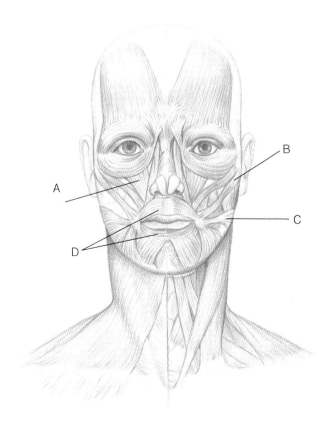

口部肌肉动作及其影响，第 1 部分

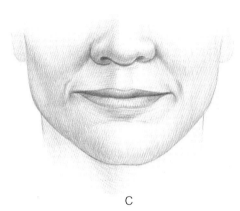

C

笑肌拉动嘴角，形成水平方向的微笑

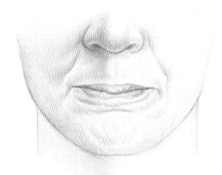

D

口轮匝肌让双唇紧闭

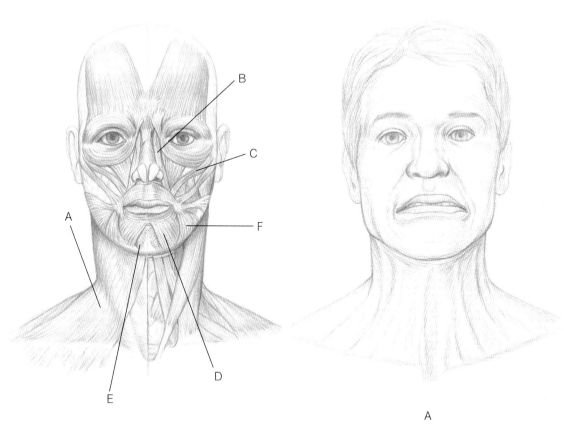

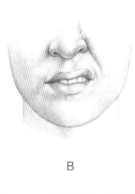

B

蔑视时，提上唇鼻翼肌提起鼻翼和上唇

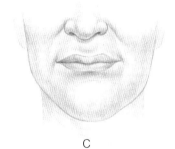

C

即将哭泣时，颧小肌提起上唇

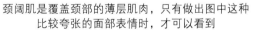

A

颈阔肌是覆盖颈部的薄层肌肉，只有做出图中这种
比较夸张的面部表情时，才可以看到

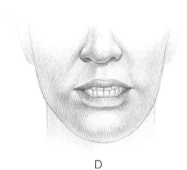

D

降下唇肌下拉下唇

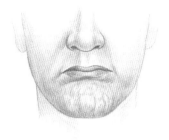

E

失望或悲伤时，颏肌使颏出现褶皱

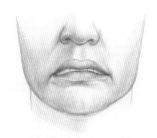

F

恐惧或悲伤时，降口角肌下拉嘴角

口部肌肉动作及其影响，第 2 部分

深层肌肉引发的表情

本页描绘了深层肌肉引发的表情。

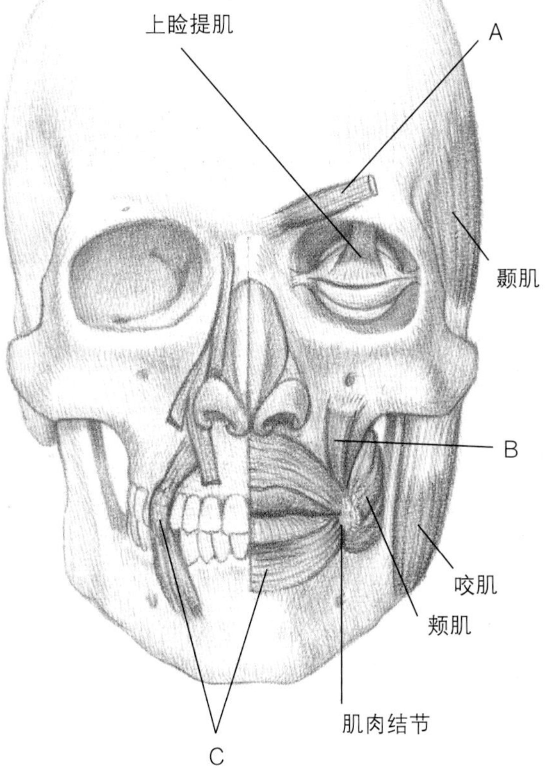
上睑提肌
A
颞肌
B
咬肌
颊肌
肌肉结节
C

深层肌肉动作及影响。

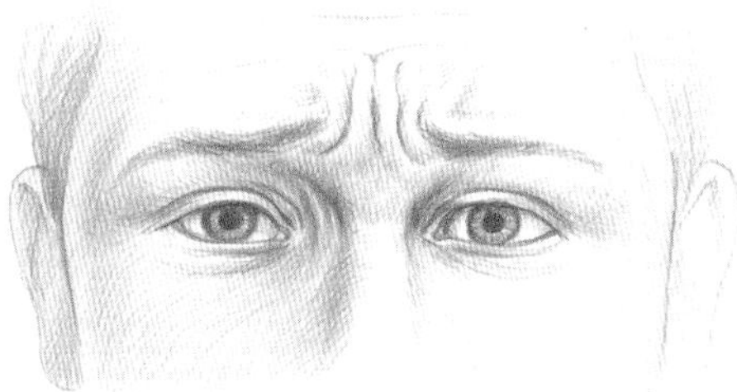

A

皱眉肌在前额中间形成垂直的皱纹

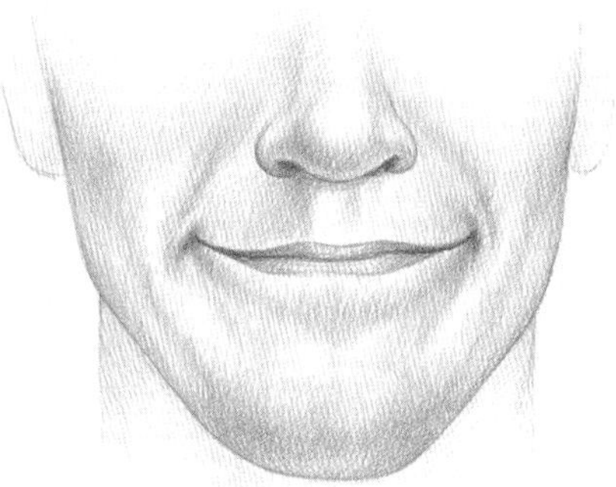

B

强颜欢笑时，提口角肌提起上嘴角

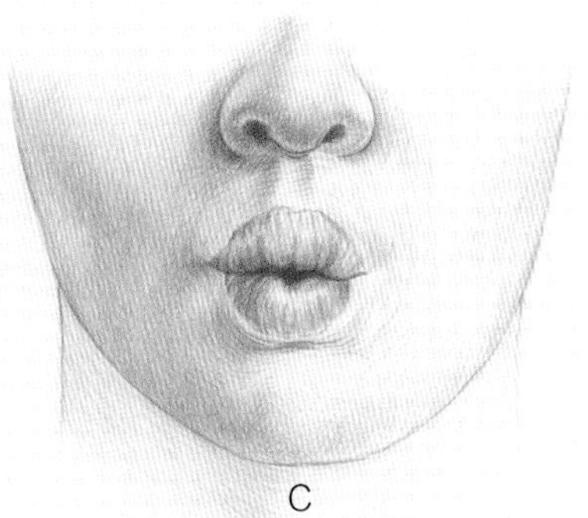

C

口轮匝肌、提上唇肌和降下唇肌协作
完成吹口哨或轻轻吹气的动作

六个基本的面部表情

　　大约有六种面部表情传递人类的主要情感。每种情感有不同的表达方式,表达的情感强度也不同。仅一种面部表情也能同时传递多种情感,下图卡拉瓦乔的画作《朱迪斯砍下赫罗弗尼斯的头颅》就是范例。赫罗弗尼斯(竟然是卡拉瓦乔的自画像)显现出惊讶、恐惧、痛苦的神情,而朱迪斯则面露嫌恶之色,但更多的是决心。画中的老妇人有可能是朱迪斯的母亲,似乎在想"他罪有应得!"

　　这里展示的六种基本面部表情是本能的反应——对情感状况做出的回应,或表现出的情绪。而面部表情也可以是刻意做出的、虚假的、或被赋予了某种具体含义:嘲讽的微笑、讽刺的皱眉,或假装的快乐。

下图:米开朗基罗·梅里西·卡拉瓦乔,《朱迪斯砍下赫罗弗尼斯的头颅》,约 1598-1599年或1602年,布面油画,145cm×195cm,罗马国立古代艺术美术馆,巴贝里尼宫

快乐

悲伤

惊讶

愤怒，盛怒

厌恶

恐惧

306

复杂的面部表情分析

大多数的面部表情并非仅靠一块肌肉完成，而是需要两块、三块或更多肌肉的配合。现在，我们来看一下多个肌肉同时协作产生的表情。如果你想研究这些表情，可以拍下你自己或朋友做鬼脸或假装表情的照片，然后打印出照片，在上面用箭头标记出肌肉运动的方向——如下页所示。要记住，面部表情中出现的皱纹方向是垂直于肌肉纤维方向的。

左图：诺亚·布坎南，《交响乐》底稿（细节图："傻瓜"），2020年，布面油画，艺术家提供

右图：丹·汤普森，《贾斯汀》，2013年，红、白色粉笔／浅色纸，艺术家提供

面部表情有时非常微妙，几乎无法透露出个人的情绪。丹·汤普森绘制的这幅精美的年轻男子肖像画就巧妙地证明了这一点。

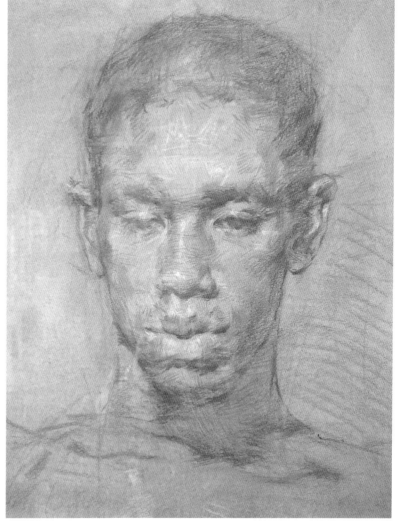

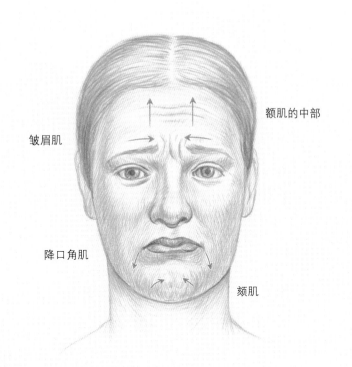

额肌的中部

皱眉肌

降口角肌

颏肌

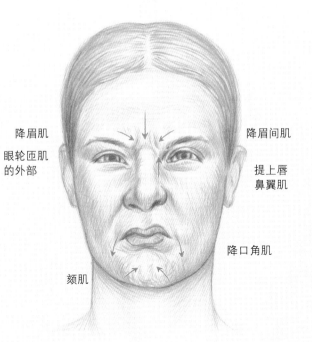

降眉肌

眼轮匝肌
的外部

降眉间肌

提上唇
鼻翼肌

颏肌

降口角肌

上图：复杂的面部表情

下图：贾科莫·特库尔，《穿东方服装的自画像》，19 世纪 40 年代，布面油画，63.50cm× 81.28cm，意大利帕维亚市立博物馆

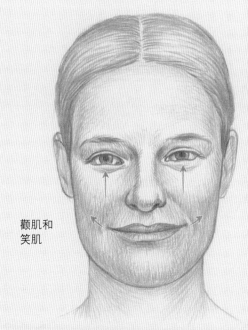
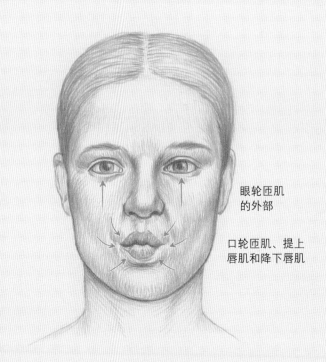

眼轮匝肌
的下部

颧肌和
笑肌

眼轮匝肌
的外部

口轮匝肌、提上
唇肌和降下唇肌

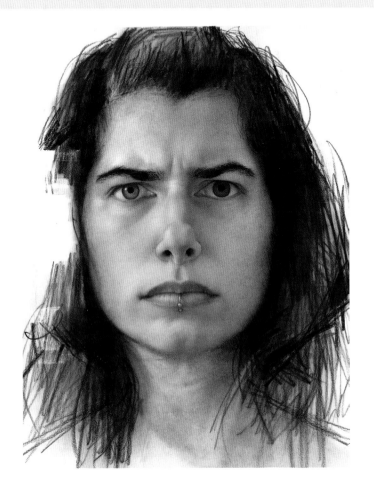

上图：复杂的面部表情，续

下图：加布里埃拉·汉达尔，
《某年龄时的自画像》，2018
年，木炭/意大利产艺术画纸，
48.89cm×37.46cm，艺术家提
供

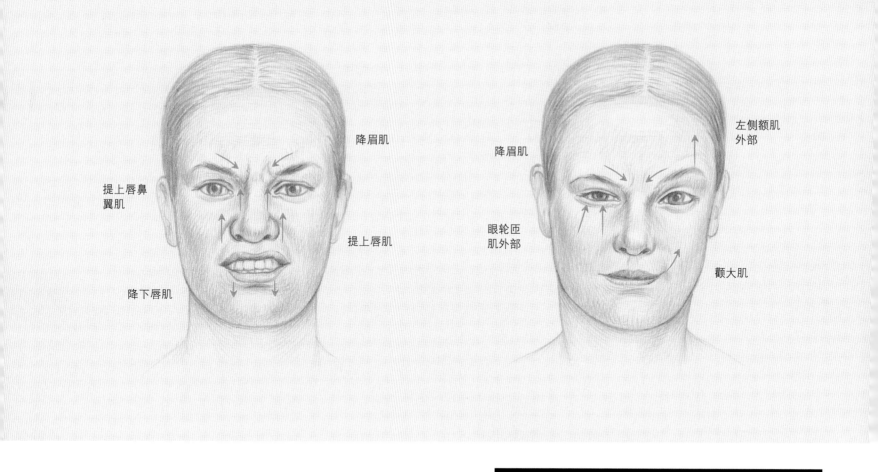

降眉肌

提上唇鼻
翼肌

提上唇肌

降下唇肌

降眉肌

左侧额肌
外部

眼轮匝
肌外部

颧大肌

上图：复杂的面部表情，续

下图：雕塑家弗朗兹·萨维尔·梅
塞施密特，《极致之简》，9 号 "人
物头像"，1770 年后，雪花石膏，
卡尔广场维也纳博物馆

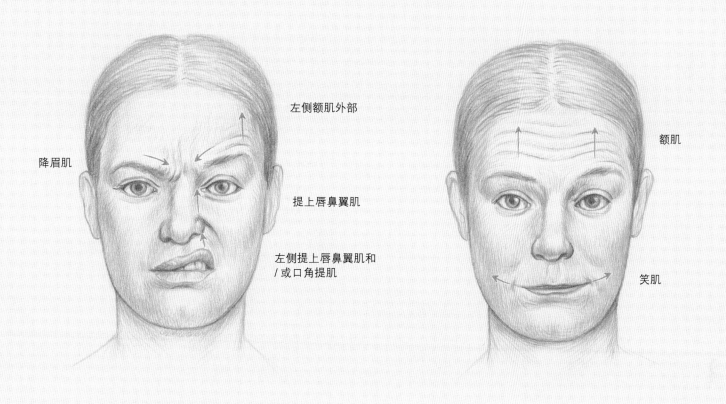

左侧额肌外部

降眉肌

提上唇鼻翼肌

左侧提上唇鼻翼肌和
/ 或口角提肌

额肌

笑肌

上图：复杂的面部表情，续

下图：扎卡里·斯蒂奇，《手中的头》，2019 年，石墨 / 纸，画幅：20cm×16cm，艺术家提供

这幅精彩的画作是我学生的课堂作业。由此可见，掌握两个最复杂的身体部分——面部和手，能够提升创造力。

练习

练习1

练习绘制不同角度的
头部体积，可以自行想象，
也可以使用朋友的头部快
照。创作约三十个速写，
如下图所示。

练习2

看着镜子，表情自然放松，练习绘制此时的眼睛。长时间有意保持更夸张的表情似乎很难实现，可以借助照片，从多种角度临摹不同表情的眼睛。

练习3

拍下你或朋友做出六种基本表情时的照片：快乐、悲伤、惊讶、愤怒、厌恶以及恐惧。使用这些照片，用线条勾勒出面部，这有助于你关注到每种表情的本质特征。

练习4

拍下你四到五个典型的面部表情照片，然后详细绘制每一种表情的明暗素描。你投入的时间越多，就越容易发现平时不太可能注意的细微面部表情。

第 9 章

测量与绘画技法

在本书的最后一章，我将介绍一些传统上与人物素描相关的几个主要测量方法与绘画技法。现在，你已经深刻理解了解剖学知识对创作人物画的重要作用。只有在解剖学方面受过良好训练的艺术家才能细致、精准地解读模特的身体、姿势，从而创作出在美学意义上更复杂、更具表现力、更逼真的艺术作品。

20 世纪的大部分时间，直到近年，在艺术和艺术创作中，观点或理念始终被认为是最重要的内容。几乎无一例外，绘画技法被视为"伎俩"，或被认为是艺术家在炫技，因而遭到摒弃。这种做法不仅严重削弱了作品的表现力，也限制了其创造力。但是，过度或片面地关注技法的做法也同样有害，它影响作品理念的表达，导致艺术作品沦为炫技者的自我陶醉。只有当技法与理念近乎炼金术般地相互作用，并且理论与实践相结合时，作品才能体现出创造性、多样性及创新性。

对页图：丹·汤普森，《奔跑者》，2017年，红色、白色粉笔/纸，50.80cm×38.10cm，艺术家提供

文艺复兴时期，风格、构图多样的艺术作品充分证明了运用技法的重要性。拉斐尔、蓬托尔莫、达·芬奇、罗素·菲伦蒂诺、米开朗基罗，安德烈·德尔·萨托等——仅举几例——这些艺术家的风格极具辨识度，展现出独有的艺术特质。历经千年，艺术技法与理念发展一直是一个恒定的过程，是不同历史时期社会经济、文化和历史事件的产物。例如，文艺复兴时期，商人阶层出现，人文理想复兴，与此同时，技术在建筑、雕塑及绘画领域得以创新，其中包括解剖学研究的兴起及透视法的发明。达·芬奇对解剖学的研究是革命性的，他对于事物敏锐且科学的描绘正是基于他精准的绘画技法。文艺复兴时期的雕塑与绘画作品对人物的刻画源于扎实的人体结构知识，有时甚至登峰造极。宗教改革与反宗教改革运动决定了艺术创作的神学内涵，使艺术成为传播宗教教义的重要工具；准确描绘人体结构依然至关重要，但这并非是为了颂扬人体是神性的写照，而是出于对画作中栩栩如生的殉道者的赞美。19世纪上半叶，约翰·沃尔夫冈·冯·歌德的《色彩论》对约瑟夫·马洛德·威廉·透纳以及其他艺术家的作品产生了巨大影响。印象派画家利用工业革命带来的新奇、强烈的色彩，推动了技术与观念的变革，引发了众多艺术运动，每个艺术流派都有其鲜明的特色，例如点彩画派、表现主义画派、野兽派、纳比派等。19世纪90年代到20世纪20年代间，量子力学理论被艺术家误读，却反而为抽象派开辟了道路。很多情况下，艺术作品的技法对其叙事或理念表达往往至关重要。

接下来，我会先介绍测量方法，之后是人物素描画的四种技法，每种技法侧重于绘画中的某一主要元素。

1. 结构画法。该技法强调对绘画对象的结构与三维特征的描绘。我喜欢把这个方法称为"框架"，用线条勾勒出的人体效果图，即用"框架"线条，用交叉轮廓影线法，描绘出绘画对象的体积特征。对页的让·巴蒂斯特·格雷兹的画作展示了该技法，可以注意观察，例如，如何使用结构线条有效地展现老妇人面部的轮廓。现代美国艺术家保罗·卡德摩斯（1904-1999年）的绘画作品也精妙地展现了这一技法。

技巧是表达至关重要的部分。

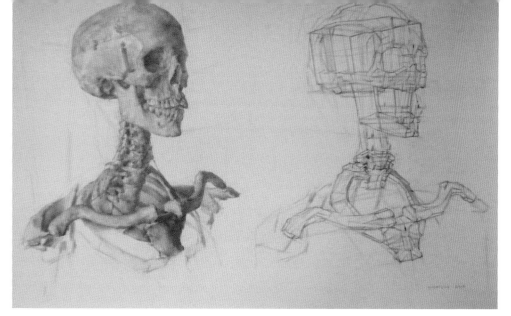

上图：丹·汤普森，为纽约中央艺术学院绘制的解剖插图，2009年，石墨/纸，38.10cm×50.80cm，艺术家提供

丹·汤普森绘制的这两幅图是对绘画对象进行结构分析的范例，右图是草图，为绘制更逼真的颅骨及躯干上端（左图）做好准备。

下图：让·巴蒂斯特·格勒兹，《抬头仰望的老妇人头像》，约1763年，红色粉笔/钢笔、棕色墨水绘制框架线条，41.27cm×32.70cm，纽约大都会艺术博物馆，罗杰斯基金，1949年

右图：皮埃尔·保罗·普吕东，
《站立的裸女后背图》，1810年

318

2．明暗画法。该技法重点关注绘画对象的明暗色调，即亮度与暗度，依托绘画区域的明暗度而非线条，再现人物的体积。皮埃尔·保罗·普吕东的绘画作品《站立的裸女后背图》（对页图）就是使用明暗画法的典范。

3．三色粉笔法。该技法的法语名称源于使用三种颜色的粉笔或蜡笔绘画：红色、黑色和白色。色温、色度以及是否透明是它关注的重点。掌握该技法非常必要，因为它仅用三种颜色，就教授了混色与色彩调控的基本要素。上面两幅图分别是安尼巴尔·卡拉奇和让·巴蒂斯特·格雷兹绘制的肖像画，是使用三色粉笔绘画技法的杰出例证。

左图：安尼巴尔·卡拉奇，《男子肖像》（马斯切罗尼家族成员？）约1580-1590年，黑、白、血红色粉笔/纸，37cm×26.8cm。巴西国立古巴艺术博物馆，里约热内卢

右图：让·巴蒂斯特·格雷兹，《微笑的少女头像》约1765年，白、黑、红色粉笔，用红色粉笔涂出部分底色，维也纳阿尔贝蒂纳博物馆

上图：运用还原法绘制男子头像

4．还原法。又称删减法，需要在画纸上使用干燥的介质来调色，如木炭粉或如我上图选用的棕褐孔泰色粉末颜料。随后，逐步地擦除颜料，以获得明暗效果。该技法的关注焦点是光；形体不再用轮廓界定，而是取决于还原的区域。

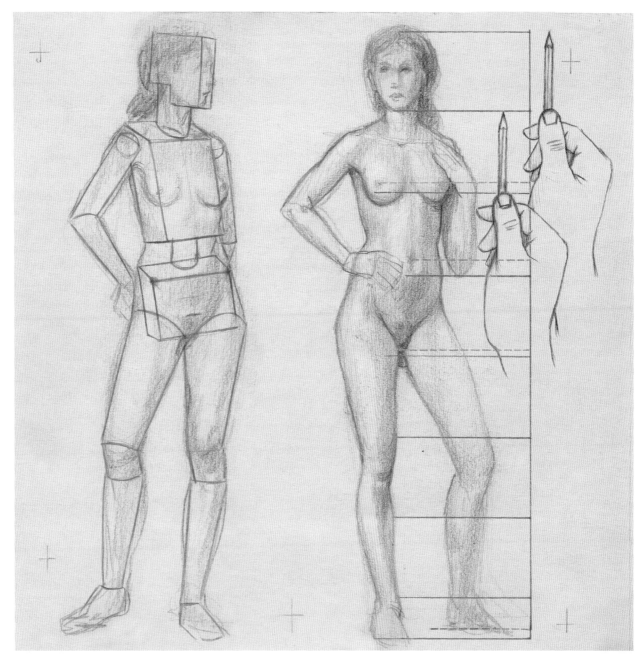

测量绘画对象

　　无论运用哪种绘画技法，正确测量绘画对象的比例都是必不可少的第一步。测量技法有多种，每种技法都有其各自的变体，每个人对这些技法也有不同的解读。下面，我将探讨两种主要的测量技法：目测法与包络法，可以大幅提升绘画的准确性。

　　两种技法都基于对绘画对象的观察，但如何获得的测量值以及如何将其应用于人像的绘制，二者存在区别。

目测法

上一页的图概述了目测法。即竖持铅笔，将笔尖与模特的头部对齐，然后拇指沿着铅笔下滑，直至获得你想要的度量值——在本例中，是头顶至下颏的长度。注意：尽管在本例中，我将头部作为度量单位，将其与身体的其他部位比较，事实上，身体的任何其他部位都可以作为度量单位，具体取决于姿势。现在你已经获得了头部的测量数据，就可以用其作为度量单位。拇指放在铅笔度量单位处不动，手慢慢垂直向下移动，直至铅笔的尖端与颏对齐。现在查看一下拇指指甲顶部与身体的哪个部位对齐。在本例中，向下移动一头的距离大约是乳房底部的位置。如简图中虚线所示，乳头略高于该位置。手持铅笔继续向下，会发现更多的测量结果：肚脐略高于向下三头的位置；生殖器底部大约与向下四头的距离持平。

包络法

正如我在前文所提到的，每种测量技法的解读方法都因人而异。下面，我来介绍一下我是如何用包络法创作的。首先，我会测量绘画对象最宽处的宽度，然后查看其高度是最宽处的几倍，计算出高宽比。依照这个比例，我会画一个包络线，将人体框入其中，随后测量出其他数据，再逐步完善，越来越准确地勾勒出人体的外形，直至达到所需的精准程度。对页的图概述了这个过程。

对页左上图：用包络法测量站立姿势——摆造型的模特

这幅人体素描展现的是一个摆造型的模特，模特的身体由包络线组成的图形构成。

对页右上图：包络法第 1 步

找到人体的最高和最宽的位置，画一个包络线，将其包含在内。在这种情况下，双肘之间最宽，最大高度约为最大宽度的 2.5 倍。

对页左下图：包络法第 2 步

继续测量，找到更多两点间的测量数据，逐步画出人体外形。灰色、蓝色和红色线条展现了这一绘画过程。

对页右下图：包络法第 3 步

最终，你将得到一个精确的线条图。此时，你可以继续完善画作中的人体

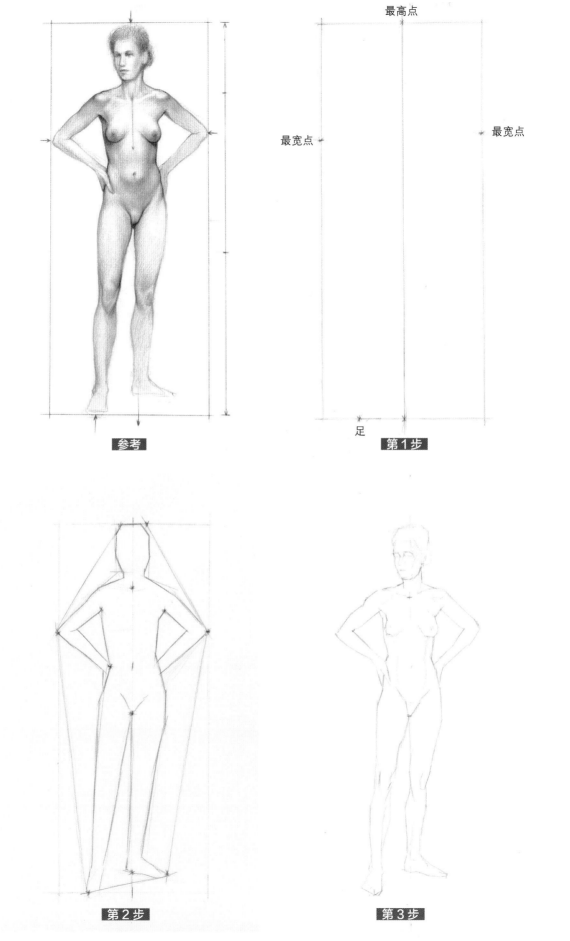

最高点

最宽点　　　　　　　　　　　　　　　　　最宽点

足

参考　　　　　　　　　　　　　　　　第1步

第2步　　　　　　　　　　　　　　　　第3步

用包络法测量复杂姿势

比起其他姿势，绘制站立的人体会相对容易一些，因为比例、比例关系和界标清晰可辨。下面的步骤图说明了当模特摆出复杂姿势或透视缩短时，如何使用包络法测量、绘制。

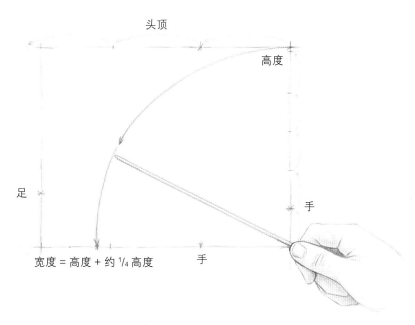

1

首先，我们测量人体的最大高度（在本例中，是从模特的头顶到她放在身前的手）和最大宽度（从右脚到左手），从而获得该姿势的高宽比。在这一姿势中，最大宽度约为高度的 1.25 倍。有了这两个测量值，你就可以绘制包络线，将人体包含在内。随后，获得更多的测量值，"收紧"包络线，标注界标的位置，确定包络线边缘的高和宽。右侧手的位置约在包络线整体高度的 $1/5$ 处。头部的位置约在方框右侧宽度 $1/3$ 处。用同样的方法，你可以在包络线下缘找到模特身前手的位置，以及包络线右侧边缘脚的位置。

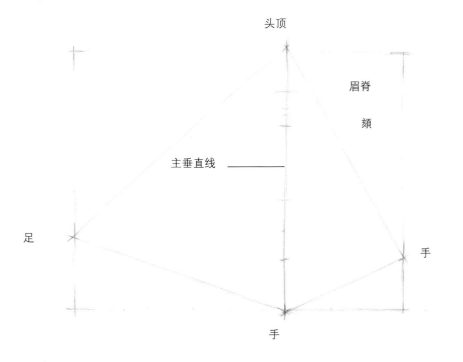

头顶

眉脊

頦

主垂直线

足

手

手

2

接下来，连接这四个点，确定更为精确的人体所占空间的轮廓。之后，找到主垂直线——三到四个其他界标与之对齐的直线。在本例中，主垂直线始于头顶，经过頦部，穿过腰部与股形成的角的顶点，直至位于身前方的手。需要注意的是，主垂直线并非总是如在本例的姿势中一样，与包络线的最大高度一致。

主垂直线

9   1

眉脊

鼻翼

8   2

口

頦

胸骨颈静脉窝

胸骨止点

股起点

7

6

5   4   3

3

现在，确定更多测量值，寻找更多角度，完善人体的轮廓。该图概述了两个测量阶段：灰线表示初步测量值，红线表示更完整的测量值。沿主垂直线找到更多界标，并标注测量点的位置。

4

继续完善人体，不断寻找更多的测量点。此时，你可以开始擦除包络线和测量线。

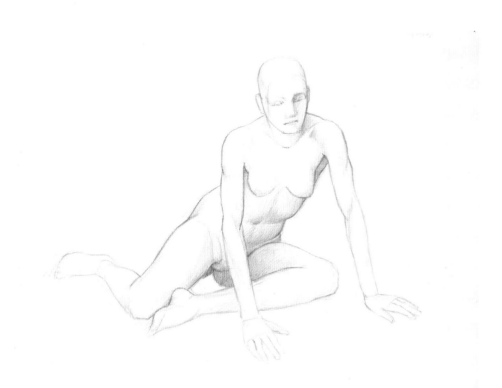

5

进一步完善线条图，使人体更写实，使画作呈现明暗色调或立体结构。

用目测法测量透视缩短的人体

测量透视缩短的人体姿势，可能没你想象的那么复杂。只需用一些客观的测量数据，绘制出人体的立体合成图，然后再添加有机形态即可。例如，当绘制如下图所示斜躺的人体时，我决定将股作为起始点，这是因为大腿位于中心位置，且容易测量。通过测量胸腔、骨盆和耻骨与股相交点的位置，可以确定它们各自的位置。

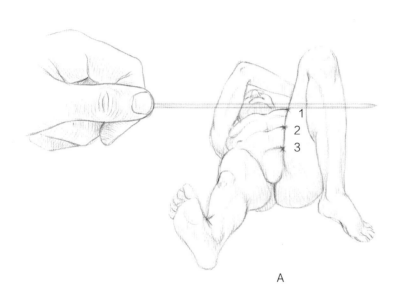

A

上、下图：测量透视缩短的斜躺人体

借助编织针（任何细而直的物体均可），我发现躯干上的主要界标——胸腔顶端、至肚脐的腹白线、耻骨（A）——是如何沿大腿排列成一行的。我用大腿作参照，仅仅是因为它相当于一把尺子，沿着它，我可以轻松地标记出界标的位置。为了方便，胸腔顶端（1）可以看作是位于股的中间。起始于该点，我找到骨盆的顶部（2）和耻骨顶部（3）与大腿对齐的位置。之后，我大致绘制出大腿体积，试图再现该角度，并标记出股后面身体部位的位置。（B）然后，我重构了头部、胸部以及骨盆等基本体积（C）。最后，我将编织针水平放置（蓝色线条表示水平线），找到更多测量数据以便完善绘画，并逐渐添加主要体积（D）勾勒出整个人体。借助铅垂线或垂直拿着编织针，可以获得垂直方向的测量数据。如D图中红线所示。

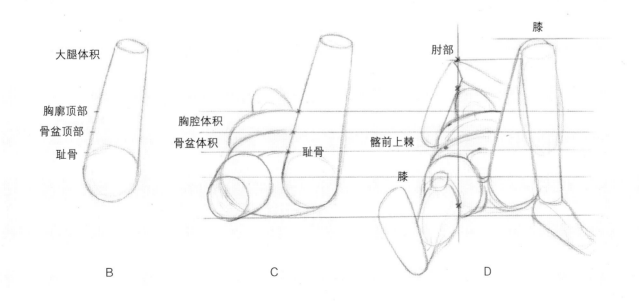

B　　　　　　　C　　　　　　　D

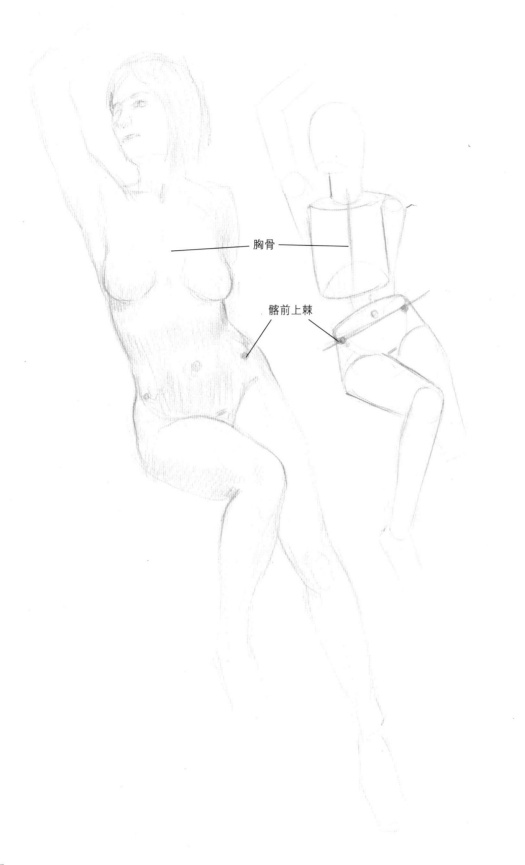

胸骨

髂前上棘

左图：绘制身体部位有重叠的
坐立人体

使用界标确定并绘制躯干、头
部以及四肢的主要体积，观察
各部分如何重叠。本例中，确
定胸骨和髂前上棘有助于发现
胸腔和骨盆的倾斜度。

结构画法

　　我用结构画法这一术语来指代运用线条和影线来描绘绘画对象结构和体积的技法。这类技法种类繁多，在此我重点讲解其中三个：交叉轮廓线法，交叉轮廓影线法以及交叉轮廓影线明暗法（这是我的定义，在其他地方，你可能会发现不同的定义）。下图概述了这三种技法。

　　结构画法有助于准确地绘制身体的平面和体积。该方法需要丰富的人体解剖学相关知识，也可以帮助你在绘画的过程中完善知识。

下图：影线

运用交叉轮廓线法时，线条描绘的通常是形体水平或垂直的剖面线（A）。在交叉轮廓影线法中（B），依然沿形体剖面勾勒线条，但是线条会在平面转换处重叠交汇，营造出体积旋转的感觉。在交叉轮廓影线色调法中（C），影线相互交错，以获得明暗及立体效果。

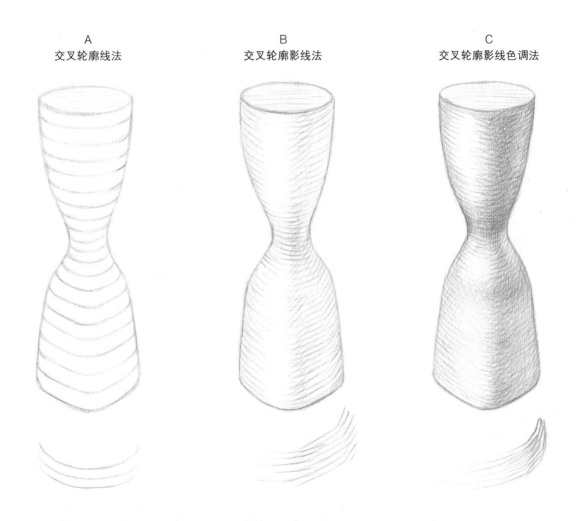

A	B	C
交叉轮廓线法	交叉轮廓影线法	交叉轮廓影线色调法

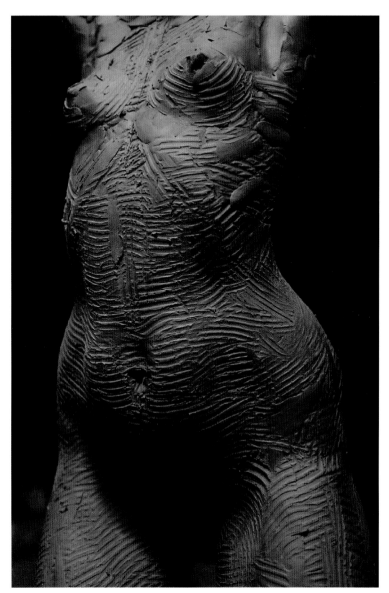

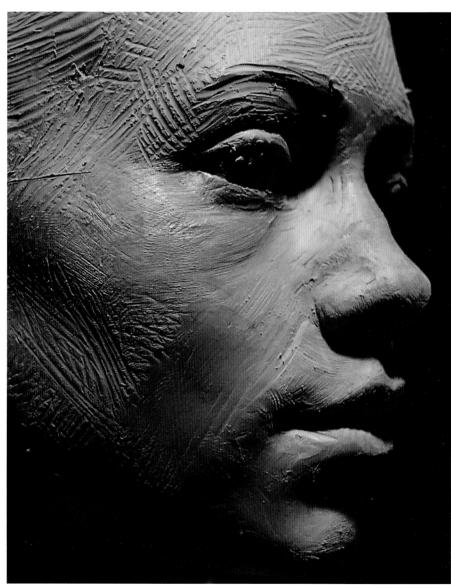

上图：布莱恩·布斯·克雷格，泥塑细节图（后用青铜铸造），2020年，艺术家提供

布莱恩·布斯·克雷格这两个半成品作品表明，雕塑也会用到类似结构画法这样的技法。雕像面部和身体上的交叉影线是借助了锯齿状的模具形成的。在米开朗基罗和卡拉奇等早期绘画大师的作品中，也可以看到类似的影线图案。

在绘画中运用该技法时，你可以像雕塑家那样构思，雕塑家需要重构、展现人体体积。类似于地形图上反映地表形态的线条，结构画法也是用线条描绘人体体积的运动状态以及平面方向。

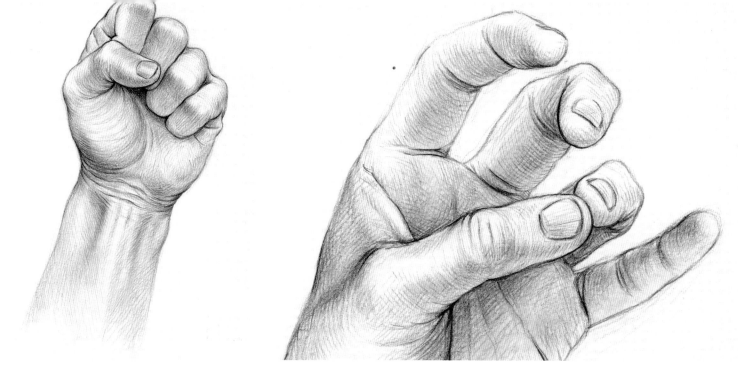

上图：运用结构画法绘制的手部

这两幅绘画作品展现了我是如何运用该技法的。右图中的线条交错，更清晰可见。

下图：安尼巴尔·卡拉奇，《男人肖像》（《鲁特琴弹奏者马斯凯罗尼》），约1593-1594年，红色粉笔／白色高光笔／红棕色纸，奥地利阿尔贝蒂纳博物馆，维也纳

安尼巴尔·卡拉奇，是来自我的故乡意大利博洛尼亚的著名画家，他绘制了大量富有表现力的肖像画作品。值得注意的是，在这幅画中，画家用红色粉笔在浅色纸上绘制出结构精巧的交叉影线，同时使用白色高光粉笔提亮。

米开朗基罗的绘画技法

米开朗基罗的许多画作都运用了交叉影线技法，尽管这些线条常常被打磨得很平滑。在他的作品中，鲜明的立体感总是被展现得淋漓尽致，这得益于他对解剖学知识的透彻掌握，以及极其精湛的绘画技巧。

右图：米开朗基罗·博那罗蒂，《利比亚女先知习作》，1510–1511年，红、白色粉笔在人物的左肩处略微点缀，画幅：28.9cm×21.4cm，纽约大都会艺术博物馆，约瑟夫·普利策购买，遗赠，1924年

明暗画法

本页的图展示了法国浪漫主义艺术家皮埃尔·保罗·普吕东（1758-1823年）如何巧妙地运用明暗画法进行创作。从右下方的图中，你其实能看到他运用这一技法的不同阶段。普吕东先用炭条描画出人体的总体轮廓（在足部和小腿处仍留有第一阶段的痕迹。）随后，普吕东确定了三个主要的明暗度区域：用白色粉笔绘制亮面；用炭条绘制暗面，对于中间面部分，则不加处理，与浅色纸的明暗度保持一致。之后，他开始逐次增强色调值，慢慢调和明暗度。画作的上部呈现了这一过程的最终阶段，色调更柔和，明暗融为一体。普吕东使用了浅色纸进行创作，你也可以在白纸上运用该技法。

当代明暗画法大师

　　这两幅理查德·莫里斯的作品完美诠释了明暗画法。《萨拉》是一幅浅色纸炭笔素描作品，画家通过逐层使用炭笔，形成柔和的色调过渡效果。《人物研究》(萨拉)也是在浅色纸上绘制的，但是莫里斯并没有对纸张做色调处理，因为其明暗度与模特肤色的明暗度相得益彰。明、暗面之间借用暖光过渡，莫里斯用炭笔加深暗面，用白色粉笔提亮亮面。

下图：理查德·莫里斯，《萨拉》，未注明日期，炭笔画，25.40cm×30.48cm，艺术家提供

右图：理查德·莫里斯，《人物研究》(萨拉)，2014年，红、黑、白色粉笔/纸，40.64cm×20.32cm，艺术家提供

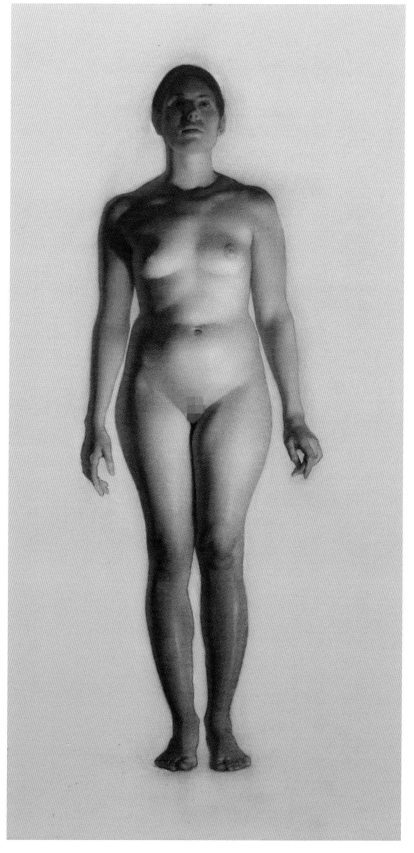

还原法

　　还原法，又称删减法，从着色的纸面上——通常先使用条状或粉末状的炭笔或色粉笔着色，然后逐步去除干颜料。该技法关注形体上的光感和光影区域的对比效果。

　　使用橡皮或麂皮布擦除颜料，获得主要的明暗区域后，可以继续用炭笔加强较暗的区域，用白色粉笔提亮高光区域，以获得理想的色调效果。通常而言，仅擦除纸张上原有的底色无法获得纯白色的效果。在最后这个步骤中，采用的方法基本和在浅色纸上绘画的方法一样。

下图：我绘制了洛伦佐·贝尼尼的《大卫》的头部，用于线上课程演示。我运用了还原法，使用了炭笔以及白色高光粉笔。

还原技法，炭笔和粉笔纸上素描

　　想要模仿此示范，你需要准备木炭条或木炭粉以及一些擦除工具：麂皮、可塑橡皮以及机械铅笔型橡皮。此外，你还需要笔状或棒状的白色色粉笔以及砂纸，以保证绘画工具的锋利。

1

拿一张白纸或浅色纸，用炭粉或炭条在纸上涂抹。轻轻在纸面上擦拭碳粉，使其布满纸张。向纸张吹气，去除松散的颜料微粒。

2

简略绘制出对象的主要轮廓和体积。此时，不必绘制过多细节——仅需画出主要的体积。随后，使用可塑橡皮或麂皮，剥离出主要的亮面区域。

3

用越来越精细的擦除工
具擦掉木炭，给亮面提
亮。同时，可以根据需
要，继续使用炭笔，加
深暗面。

4

根据需要，使用炭笔或
白色粉笔，逐步完善、
勾勒出人体轮廓。

右图：彼得·保罗·鲁本斯，
《儿子尼古拉斯戴着红帽子》，
约1619年，白、黑、血红色粉笔/
纸，29.05cm×24.13cm，阿尔贝蒂
纳博物馆，维也纳

彼得·保罗·鲁本斯使用三色粉笔，
绘制出展现儿子愉悦、生动表情
的素描作品。

三色粉笔法

　　另一个主要的绘画技法是被称为三色粉笔法的冷暖技法，原因在于该技法需要三种颜色的粉笔或孔泰蜡笔：红色、黑色和白色。三色粉笔技法能让你有效地练习色温、高 / 低色度、色调与调色、透明度等概念。

　　色温可被定义为冷色或暖色，这取决于颜色在光谱上的位置：例如，朱红更靠近光谱上橙色或黄色一侧，而暗玫红色更靠近光谱上较冷的蓝色或紫色的一侧，所以朱红比暗玫红色更暖。

　　色度是指色彩的强度。同一种颜色可以为高色度也可以是低色度。例如，朱红属于高色度的红色，而威尼斯红则是低色度的红色。

在颜色中加入白色，可以生成浅色调，颜色会变得更亮、更冷，色度降低；而加入黑色产生的色调可以降低色度和色温。颜色也会由于不透明、半透明或透明的罩色而变浅。使用该技巧，薄薄地加一层红色和黑色可以营造层次感，而用不透明的白色粉笔增加高光亮度，可以产生立体感。

上图：诺亚·布坎南，《下落的西勒诺斯研究》，2020年，红、黑、白色粉笔/浅色纸，38.10cm×45.72cm，艺术家提供

三色粉笔法也可以在创作时灵活运用。这幅当代画作由我的同事兼挚友诺亚·布坎南创作。在冷灰色的浅色纸上，他只运用了加色方法，但是色温、色度、透明度等概念在画作中也都有所体现。

用红色颜料调色的白纸，三色粉笔法和还原法的应用

简述一下三色粉笔技法的应用：首先用红色粉笔或孔泰蜡笔在浅色纸上作画，在亮面仅用红色，在暗面使用红色粉笔和黑炭，调出人物的色调效果。在高色度区（即光直接照射的区域），只使用红色，以此区分暗面。在暗面，将黑色和红色颜料混合起来，以便降低色调，形成一个更暗的色调范围，这样使暗面更立体、同时加强了冷色调和透明度。在想要突显亮度的区域使用白色。不要将白色和红色混色。当擦除了所有的红色底色后，如果想获得更亮的明暗度的时候，再添加白色。红色和黑色颜料可以营造透明感，而白色不同，白色带来的是不透明感。因此，通过渐进分层涂抹颜料的方法，可以获得从半透明到微微透明，再到半不透明，最后到不透明的效果。透明的暗面带来立体感，不透明的亮面产生体积感，这样一来，便能加强作品整体的三维效果。

通过以下三个步骤，你可以了解三色粉笔技法的主要内容（将颜料从纸上去除时，还使用了还原法）。

你会用到白纸或浅色纸、红色粉末颜料，如奥地利卡塔红色粉颜料，一支红土孔泰蜡笔，白粉笔和炭笔。彩色铅笔也可作为备选用品。除此之外，还会用到还原法中的那些擦除工具。

1

在白纸上涂抹红色颜料粉末（庞贝红、砖红或类似于红土的土红色）。

2

接下来，绘制人物的基本轮廓，之后提亮高光部分，
使用红色颜料进行加深，改进画作。

3

最后，使用黑色扩大色调范围，并降低暗部的色度。
用红色强化亮部区域，用白色提亮高光区。

用中心线和重心线测量并校准

　　中心线（A）和重心线（B）有助于测量造型。当这些假想线条呈直线时，可以看到铅垂线或编织针与摆好造型的模特在一条直线上。在图 A 中，中心线将人体一分为二，这样更便于比较两边的对称性。在中间图 B 中，重心线（红色虚线）始于头顶，穿过身体的中心，将其分成两个不对称的部分，这样可以方便我们比较和测量人体。此外，注意蓝色线条，观察中心线如何沿着身体的外在形态分布，并体现其体积特征。胸骨颈静脉窝和第七颈椎分别是胸腔重心线的前后起始点。在图 C 中，如蓝色箭头所示，中心线位于扭转的人体中间，描绘出身体形态的轮廓，并将其分成两个不对称的部分，方便我们比较和精确测量。重心线投射在胸腔的外部，胸骨颈静脉窝处。

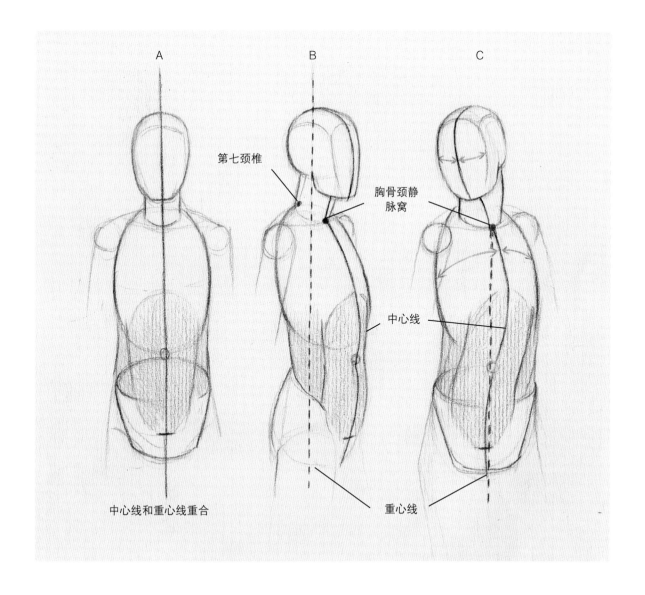

A

B

C

第七颈椎

胸骨颈静脉窝

中心线

重心线

中心线和重心线重合

练习

展示下你学到的内容——并不断精进你的技艺——可以选取本章中一幅或多幅大师的作品进行临摹。下面是卡拉奇以及两位当代艺术家绘制的画作，可供选择。

左图：安尼巴尔·卡拉奇，《男人肖像》（完整信息见331页）

344 页图：丹尼尔·梅德曼，《玛丽亚》，2017 年，黑、白霹雳马彩铅/坎福德铁灰色纸，38.10cm×43.18cm，艺术家提供

345 页图：帕特里西亚·沃特伍德，《坐着的瑞秋》，2018 年，红、白霹雳马彩铅/杏色纸，45.7cm×31.7cm，艺术家提供

Watword

致谢

我想向帮助我完成此书的人表示谢意，感谢他们给予我的帮助、建议、专业指导以及支持。首先，我要感谢维多利亚·克雷文，莫纳切利出版社的副社长。这是我的第二本书，感谢他对我的信任，在艰苦的创作阶段始终同我保持着密切联系。万分感谢詹姆斯·沃勒，他驾轻就熟、一丝不苟地完成了本书的编辑工作，赋予其优雅的视觉效果和完美的阅读体验。

感谢我的好友伊凡娜·马拉巴尔巴，感谢她在肖像研究方面提供的宝贵帮助，以及感谢马西莫·德玛，她巧妙地完成了包括封面在内的图片电子转换工作。

还要感谢给我提供精美画作的朋友、同事以及我之前教过的学生们，他们的作品极大地丰富了本书的内容：丹·汤普森、迈克尔·格里马尔迪、布莱恩·布斯·克雷格、诺亚·布坎南、斯科特·诺埃尔、帕特里西亚·沃特伍德、丹尼尔·梅德曼、理查德·莫里斯、加布里埃拉·汉达尔、海莉·曼琼、何力怀以及扎卡里·史密斯。同样感谢我亲爱的朋友、同事，天才的艺术家帕特里克·康纳斯，感谢他对书中许多主题都提出了专业的意见，谢谢他花费大量的时间同我讨论这些内容。

在过去的二十年中，我曾在纽约艺术学院、宾夕法尼亚州美术学院以及费城艺术大学任教，在此期间研究开发了本书（以及第一本书）的内容和教学方法。上述学校开设的课程包括解剖学、人体解剖、人体结构以及人体素描。校方坚持并且傲然坚守着古典时期和文艺复兴时期的传统，为学生提供严格而深入的艺术教育。

此外，我还要感谢与我合作过的出色的模特们，他们非常专业，是我的灵感来源。已故的克里斯朵夫·纳耶尔是我的挚友，他是位充满激情的模特，我们在一起合作近二十年。还有本书中与我合作的其他模特们，他们也非常优秀。他们是罗杰、达罗、梅根、希瑟、约瑟夫、弗兰克以及大卫。

最后，我要感谢并铭记我挚爱的亡妻，安吉拉·康拉德博士，感谢她始终如一支持、鼓励我，感恩与她共度的美好时光。

罗伯特·奥斯提

作者简介

罗伯特·奥斯提（Roberto Osti）曾先后就读于意大利博洛尼亚大学的国立美术学院以及解剖与外科绘画学院，并于 2007 年获得纽约艺术学院艺术硕士学位。作为科学插画师，他与众多出版物和出版商合作，其中包括《科学美国人》、《纽约时报》、里佐利出版社、蒙达多里出版社以及美国学者出版社。其插画作品曾在美国的现代艺术博物馆、意大利的博洛尼亚宫波吉博物馆及米兰自然历史博物馆、摩纳哥的蒙特卡洛摩纳哥海洋博物馆展出。其绘画作品曾在纽约、新泽西、费城以及美国其他地区和国外画廊展出，并在诸多出版物上发表，如《创意季刊》、《美国艺术家》以及《纽约绘画中心画刊》。自 2005 年起，奥斯提一直为艺术家们开设解剖学课程，目前他执教于费城艺术大学、宾夕法尼亚州美术学院和纽约艺术学院，讲授解剖学和人体素描。他还面向大学、画室以及工作坊讲授线上课程。目前，奥斯提和两个孩子埃米莉亚、马西莫在新泽西州居住。

力：动态人体写生（10周年纪念版）（全彩）

艺术基础（第二版）（全彩）

加加美高浩的手部绘画技法（全彩）

日本动漫人物描摹拓展训练（全彩）